民用建筑节能技术应用

主　编　刘晓勤
副主编　汪建国
主　审　曹毅然

同濟大學出版社
TONGJI UNIVERSITY PRESS

内 容 提 要

本书是从建设资源节约型社会的国情出发，为普及建筑节能基础知识，为走向建筑行业的学生拓展建筑节能知识面，为弥补职业教育土建类专业现有教材中建筑节能专项验收项目知识的空白而组织编写的。全书共分6个模块20个项目。模块1基本知识介绍了节能的基本术语、概念。其余5个模块就墙体、门窗、幕墙、屋面、用能设备等从节能构造特点、节能材料性能特点及选用、施工工艺、施工主要技术要点、质量验收规范、节能检测实例等方面进行了较为详细的介绍。

本书内容全面，图文并茂，适用于建筑节能基础知识的普及与施工现场一线技术水平提升的培训用书，也可作为职业教育土建类专业的相关课程教材或作为工程建设、监理、施工等单位一线项目管理及技术人员的参考读物。

图书在版编目(CIP)数据

民用建筑节能技术应用/刘晓勤主编. --上海：同济大学出版社，2014.9

ISBN 978-7-5608-5611-7

Ⅰ.①民… Ⅱ.①刘… Ⅲ.①民用建筑—节能—技术 Ⅳ.①TU24

中国版本图书馆CIP数据核字(2014)第199006号

全国高职高专教育建筑工程技术专业新理念教材

民用建筑节能技术应用

主编 刘晓勤 副主编 汪建国 主审 曹毅然

责任编辑 高晓辉 **助理编辑** 陆克丽霞 **责任校对** 徐春莲 **封面设计** 陈益平

出版发行 同济大学出版社 www.tongjipress.com.cn

(地址：上海市四平路1239号 邮编：200092 电话：021-65985622)

经 销 全国各地新华书店

印 刷 同济大学印刷厂

开 本 787 mm × 1092 mm 1/16

印 张 13

字 数 324 000

版 次 2014年8月第1版 2014年8月第1次印刷

书 号 ISBN 978-7-5608-5611-7

定 价 32.00元

序

“十一五”期间,中央财政投入100亿元专项资金支持职业技术教育发展,其中包括建设100所示范性高职学院计划,各省市也纷纷实施省级示范性高职院校建设计划,极大地改善了办学条件,有力地促进了高等职业教育由规模扩张向内涵提升的转变。

但是,我国高等职业教育的办学水平和教学质量尚待迅速提高。课程、教材、师资等“软件”建设明显滞后于校园、设备、场地等“硬件”建设。课程建设与教学改革是提高教学质量的核心,也是专业建设的重点和难点。在我国现有办学条件下,教材是保证教学质量的重要环节。用什么样的教材来配合学校的专业建设、来引导教师的教学行为是当前大多数院校翘首以盼需要解决的课题。

同济大学出版社依托同济大学在土木建筑学科教学、科研的雄厚实力,借助同济大学在职业教育领域研究的领先优势,组织了强有力的编辑服务团队,着力打造高品质的土建类高等职业教育教材。他们按照教育部教高[2006]16号文件精神,在全国高职高专土建施工类专业教学指导分委员会的指导下,组织全国土建专业特色鲜明的高职院校的专业带头人和骨干教师,分别于2008年7月和10月召开了“高职高专土建类专业新理念教材”研讨会,在广泛交流和充分讨论的基础上,确立了教材编写的指导思想。具体主要体现在以下四个方面:

一、体系上顺应基于工作过程系统的课程改革方向

我国高等职业教育课程改革正处于由传统的学科型课程体系向工作过程系统化课程体系转变的过程中,为了既顺应这一改革发展方向又便于各个学校选用,这套教材又分为两个系列,分别称之为“传统教材”和“新体系教材”。“传统教材”系列的书名与传统培养方案中的课程设置一致,教材内容的选定完全符合传统培养方案的课程要求,仅在内容先后顺序的编排上会按照教学方法改革的要求有所调整。“新体系教材”则基于建设类高职教育三阶段培养模式的特点,对第一阶段的教学内容进行了梳理和整合,形成了“建筑构造与识图”、“建筑结构与力学”等新的课程名称,或在原有的课程名称下对课程内容进行了调整。针对第二阶段提高学生综合职业能力的教学要求编写了系列综合实训教材。

二、内容上对应行业标准和职业岗位的能力要求

建筑工程技术专业所对应的职业岗位主要有施工员、造价员、质量员、安全员、资料员等,课程大纲制定的依据是职业岗位对知识和技能的要求,即相关职业资格标准。教材内容组织注重体现

建筑施工领域的新技术、新工艺、新材料、新设备。表达方式上紧密结合现行规范、规程等行业标准，忠实于规范、规程的条文内容，但避免对条文进行简单罗列。另外在每章的开始，列出本章所涉及的关键词的中、英文对照，以方便学生对专业英语的了解和学习。

三、结构上适应以职业行动为导向的教学法实施

职业教育的目的不是向学生灌输知识，而是培养学生的职业能力，这就要求教师以职业行动为导向开展教学活动。本套教材在结构安排上努力考虑到教学双方对教材的这一要求，采用了项目、单元、任务的层次结构。以实际工程作为理论知识的载体，按施工过程排序教学内容，用项目案例作为教学素材，根据劳动分工或工作阶段划分学习单元，通过完成任务实现教学目标。目的是让学生得到涉及整个施工过程的、与施工技术直接相关的、与施工操作步骤和技术管理规章一致的、体现团队工作精神的一体化教育，也便于教师运用行动导向教学法，融"教、学、做"为一体的方法开展教学活动。

四、形式上呼应高职学生的学习心理诉求，接应现代教育媒体技术

针对高职学生的心智特点，本套教材在表现形式上作了较大的调整。大幅增加图说的成分，充分体现图说的优势；版式编排形式新颖；装帧精美、大方、实用。以提高学生的学习兴趣，改善教学效果。同时，利用现代教育媒体技术的表现手法，开发了与教材配套的教学课件可供下载。利用视频动画解释理论原理，展现实际工程中的施工过程，克服了传统纸质教材的不足。

在同济大学出版社和全体作者的共同努力下，"全国高职高专教育建筑工程技术专业新理念教材"正在努力实践着上述理念。我们有理由相信该套教材的出版和使用将有益于高职学生良好学习习惯的形成，有助于教师先进教学方法的实施，有利于学校课程改革和专业建设的推进，并最终有效地促进学生职业能力和综合素质的提高。我们也深信，随着在教学实践过程中不断改进和完善，这套教材会成为我国高职土建施工类专业的精品教材，成为我国高等职业教育内涵建设的样板教材，为我国土建施工类专业人才的培养作出贡献。

高职高专教育土建类专业教学指导委员会

土建施工类专业指导分委员会

2009 年 7 月

前　言

高职高专教育是高等教育的重要组成部分，主要培养适应于生产、建设、管理、服务第一线需要的高等技术应用型人才。加快建设资源节约型社会是从我国的基本国情出发，立足当前，着眼长远，为实现全面建设小康社会和可持续发展作出的重大战略决策，而节约能源是资源节约型社会的重要组成部分。为开展建筑节能知识的宣传教育，提高职业教育各层次学生、建筑工程各参与方的节能意识，提高我国全民建筑节能应用技术水平，培养建筑行业具备建筑节能知识的专业技术管理应用型人才，本书依据《高等职业院校建筑工程类专业职业资格标准》、《建筑节能工程施工质量验收规程》(DGJ 08—113—2009)、《建筑节能工程施工质量验收规范》(GB 50411—2007)、《建筑给水排水及采暖工程施工质量验收规范》(GB 50242—2002)、《建筑电气安装工程施工质量验收规范》(GB 50303—2011)等与建设工程相关的法律、法规、规范，结合当前建筑节能市场发展的趋势编制而成。

本书突破了已有相关书籍的知识框架，采用全新体例编写，全书共分6个模块20个项目。每个模块均从节能构造特点、节能材料的性能、节能系统施工工艺、施工技术要点、质量验收要点、节能检测等方面层层展开。本书内容全面，图文并茂，每个模块均由实际问题引出来，每个模块后附有实训练习题。

本书为高职高专土建施工类建筑工程技术专业教材，也可供土建类其他专业选择使用，同时可作为成人教育、相关职业岗位培训教材以及有关的工程技术人员的参考或自学用书。

本书由湖州职业技术学院副教授刘晓勤担任主编并统稿，新疆兵团兴新职业技术学院高级讲师汪建国担任副主编，参与本书编写的人员分工如下：模块1、模块2、模块4由刘晓勤编写；模块3由湖州职业技术学院潘健康编写；模块5由汪建国编写；模块6项目6.1，6.2由湖州职业技术学院高级工程师胡意志老师编写，项目6.3，6.4由湖州职业技术学院陈捷老师编写。本书由上海建筑科学研究院、上海建科建筑节能评估事务所的曹毅然博士主审。

限于时间和编者水平，本书难免存在不足之处，敬请广大读者批评指正。

本书电子课件下载网址 http://pan.baidu.com/，登录名：building_structure@126.com，密码：jzjg123，请需要的读者至该网址下载。读者也可以将本书的意见和建议发送至 183637703@qq.com，我们将及时给予回复。

编　者

2014年8月

目录

序

前言

模块 1
基本知识

能力目标:能辨别围护结构节能、采暖空调系统节能、照明节能、可再生能源利用、绿色建筑等。

知识目标:

1. 了解建筑节能技术的范围和内涵。
2. 熟悉建筑节能技术常用术语。
3. 了解建筑节能与结构一体化的概念。

背景资料

当你看见这样一幅图画的时候,你想到了什么?我们每个人都有自己居住的房屋,但是你知道什么是围护结构吗?你居住的房屋围护结构节能符合标准吗?你的房屋属于绿色建筑吗?组成你家墙、屋顶、楼板、门窗的材料中是由再生材料组成的吗?

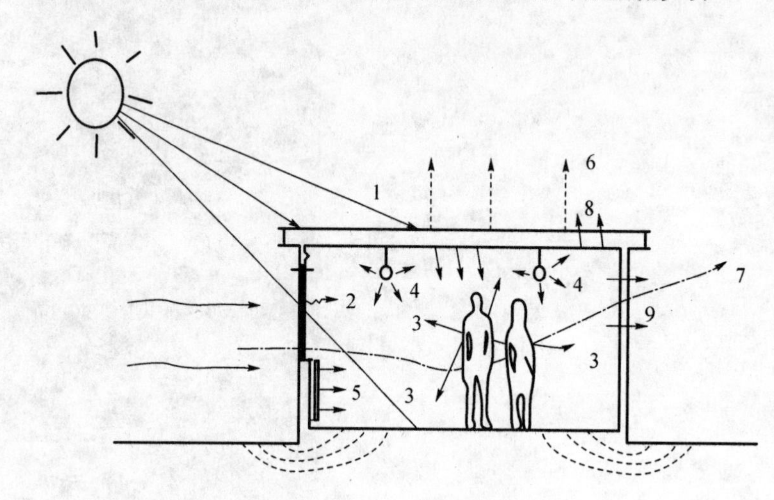

项目 1.1 建筑围护结构节能基本知识

问题提出:面对日益恶化的空气环境,我们每个人都会津津乐道节能这个话题,那么你知道在我国能耗有多少种吗?最大的能耗是建筑能耗吗?建筑能耗又包括哪些?

提示与分析:中国一个普通的工薪层为了能拥有一套属于自己的住房,当房奴的同时也要啃老,才能达到目的。拥有房屋的同时,我们希望住的房子没有甲醛,冬天夏天我们的空调能不那么费电,我们的门窗密封性好,房子不漏水。那么这一切是不是空想呢?当然不是,这些全存在着能耗。我们要开车、在酒店消费都是在与能耗打交道,在空气雾霾天越来越多的时候,我们是否该把节能从口头变成行动了。

1.1.1 建筑围护结构

1. 建筑围护结构的含义

围护结构分透明和不透明两部分:不透明围护结构有墙、屋顶和楼板等;透明围护结构有窗户、天窗和阳台门等。

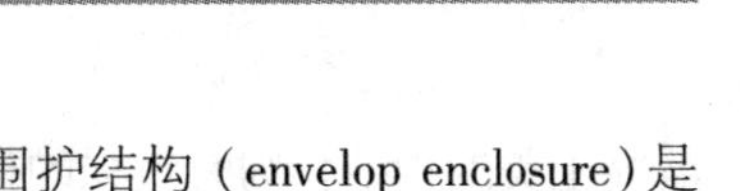

《建筑工程建筑面积计算规范》(GB/T 50353—2005)中规定:围护结构(envelop enclosure)是指围合建筑空间四周的墙体、门、窗等,构成建筑空间,抵御环境不利影响的构件(也包括某些配件)。

2. 建筑围护结构的分类

根据在建筑物中的位置,围护结构分为外围护结构和内围护结构。外围护结构包括外墙、屋顶、外窗、外门等,用以抵御风雨、温度变化、太阳辐射等,应具有保温、隔热、隔声、防水、防潮、耐火、耐久等性能。内围护结构如隔墙、楼板和内门窗等,起分隔室内空间作用,应具有隔声、隔视线以及某些特殊要求的功能。围护结构通常是指外墙和屋顶等外围护结构。

3. 围护结构的构造

外围护结构的材料有砖、石、土、混凝土、纤维水泥板、钢板、铝合金板、玻璃、玻璃钢和塑料等。外围护结构按构造可分为单层构造和多层复合构造两类。单层构造如各种厚度的砖墙、混凝土墙、金属压型板墙、石棉水泥板墙和玻璃板墙等。多层复合构造围护结构可根据不同要求,结合材料特性分层设置。通常外层为防护层,中间为保温或隔热层(必要时还可设隔蒸汽层),内层为内表面层。各层或以骨架作为支承结构,或以增强的内防护层作为支承结构。

4. 围护结构性能

(1) 保温。在寒冷地区,保温与否与房屋的使用质量和能源消耗关系密切。围护结构在冬季应具有保持室内热量、减少热损失的能力。其保温性能用热阻和热稳定性来衡量。保温措施有:增加墙厚;利用保温性能好的材料;设置封闭的空气间层等。

(2) 隔热。围护结构在夏季应具有抵抗室外热作用的能力。在太阳辐射热和室外高温作用下,围护结构内表面如能保持适应生活需要的温度,则表明隔热性能良好;反之,则表明隔热性能不良。提高围护结构隔热性能的措施有:设隔热层,加大热阻;采用通风间层构造;外表面采用对太阳辐射热反射率高的材料等。

(3) 隔声。围护结构对空气声和撞击声的隔绝能力。墙和门窗等构件以隔绝空气声为主;楼板以隔绝撞击声为主。

(4) 防水防潮。对于处在不同部位的构件,在防水防潮性能上有不同的要求。屋顶应具有可靠的防水性能,即屋面材料的吸水性要小而抗渗性要高。外墙应具有防潮性能,潮湿的墙体会使室内环境恶化,降低保温性能,损坏建筑材料。外墙受潮的原因有:①雨水通过毛细管作用或风压作用向墙内渗透;②地下毛细水或地下潮气上升到墙体内;③墙内水蒸气在冬季形成的凝结水等。为避免墙身受潮,应采用密实的材料作外饰面;设置墙基防潮层以及在适当部位设隔汽层。

(5) 耐火。围护结构要有抵抗火灾的能力,常以构件的燃烧性能和耐火极限来衡量。构件按燃烧性能可分为燃烧体、难燃烧体、非燃烧体。构件材料经过处理可改变燃烧性能,例如木构件为燃烧体,如果在外表设保护层可成为难燃烧体。构件的耐火极限,取决于材料种类、截面尺寸和保护层厚度等,耐火极限的单位以小时计,在建筑防火规范中有详细规定(见建筑防火)。

(6) 耐久。围护结构在长期使用和正常维修条件下,仍能保持所要求的使用质量的性能。影响围护结构耐久性的因素有冻融作用、盐类结晶作用、雨水冲淋和受潮、老化、大气污染、化学腐蚀、生物侵袭、磨损和撞击等。不同材料的围护结构受这些因素影响的程度是不同的。例如,黏土砖墙耐久性容易受到冻融作用、环境湿度变化、盐类结晶作用、酸碱腐蚀等的影响;混凝土或钢筋混凝土类围护结构则有较强的抵抗不利影响的能力。为了提高耐久性,对于木围护结构,主要应防止干湿交替和生物侵袭;对于钢板或铝合金板,主要应做表面保护和合理的构造处理,防止化学腐蚀;对于沥青、橡胶、塑料等有机材料制作的外围护结构,在阳光、风雨、冷热、氧气等的长期作用下会老化变质,可设置保护层。

1.1.2 建筑围护结构节能技术

1. 围护结构节能技术的概念

围护结构节能技术指通过改善建筑围护结构热工性能,达到夏季隔绝室外热量进入室内,冬季防止室内热量泄出室外,使建筑物室内空气温度尽可能接近舒适温度,以减少通过辅助设备如采暖、制冷设备来达到合理舒适室温的负荷,最终达到节能的目的。

2. 围护结构节能的分类

1) 墙体节能技术

墙体节能技术又分为复合墙体节能与单一墙体节能。复合墙体节能是指在墙体主体结构基础上增加一层或几层复合的绝热保温材料来改善整体墙体的热工性能。根据复合材料与主体结构位置的不同,又分为内保温技术、外保温技术及夹心保温技术。单一墙体节能指通过改善主体结构材料本身的热工性能来达到墙体节能效果,目前常用的墙材中加气混凝土、空洞率高的多孔砖或空心砌块可用作单一节能墙体。

2) 窗户节能技术

窗户节能技术主要从减少渗透量、减少传热量、减少太阳辐射热三方面进行。减少渗透量可以减少因室内外冷热气流的直接交换产生的冷热负荷,可通过采用密封材料增加窗户的气密性;减少传热量是防止室内外温差的存在而引起的热量传递,建筑物的窗户由镶嵌材料(玻璃)和窗框、扇形材组成,通过采用节能玻璃(如中空玻璃、热反射玻璃等)、节能型窗框(如塑性窗框、隔热铝型框等)来增大窗户的整体传热系数以减少传热量。在南方地区太阳辐射夏季非常强烈,通过窗户传递的辐射热占主要地位,因此可通过遮阳设施(外遮阳、内遮阳等)及高遮蔽系数的镶嵌材料(如 Low-E 玻璃)来减少太阳辐射热量。

3) 屋面节能技术

屋面节能的原理与墙体节能一样,通过改善屋面层的热工性能阻止热量的传递。主要措施有保温屋面(外保温、内保温)、架空通风屋面、坡屋面、绿化屋面等。

1.1.3 建筑节能常用术语

(1) 导热系数:导热系数是指在稳定传热条件下,1 m 厚的材料,两侧表面的温差为 1 度(K,℃),在 1 s 内,通过 1 m^2 面积传递的热量,用 λ 表示,单位:瓦/(米·度),W/(m·K),此处的 K 可用℃代替。

(2) 围护结构传热系数:围护结构两侧空气温差为 1 K,在单位时间内通过单位面积围护结构的传热量,单位:W/(m^2·K)。

(3) 气密性能:外门窗在正常关闭状态时,阻止空气渗透的能力。

(4) 外墙平均传热系数:外墙包括主体部位和周边热桥(构造柱、圈梁以及楼板伸入外墙部分等)部位在内的传热系数平均值。按外墙各部位(不包括门窗)的传热系数对其面积的加权平均值求得,单位:W/($m^2 \cdot K$)。

(5) 围护结构传热阻:围护结构(包括两侧空气边界层)阻抗传热能力的物理量,为结构热阻(R)与两侧表面换热阻之和,单位:$m^2 \cdot K/W$。

(6) 围护结构热惰性指标(D):表征围护结构对温度波衰减快慢程度的无量纲指标。单一材料围护结构热惰性指标 $D = R \cdot S$;多层材料围护结构热惰性指标 $D = \sum (R \cdot S)$。式中,R, S 分别为围护结构材料层的热阻和蓄热系数。

(7) 材料蓄热系数(S):当某一足够厚度的单一材料层一侧受到谐波热作用时,通过表面的热流波幅与表面温度波幅的比值,可表征材料热稳定性的优劣,单位:W/($m^2 \cdot K$)。蓄热系数越大,材料的热稳定性越好。

(8) 建筑物形体系数(S):建筑物与室外大气接触的外表面面积与其所包围的体积的比值。

(9) 窗墙面积比:窗户洞口面积与房间立面单元面积的比值。(可以按照《住宅建筑围护结构节能应用技术规范》采用对同一朝向外窗取窗墙面积比的平均值方式或按单立面取窗墙比值)

(10) 换气次数:建筑物在单位时间内室内空气的更换次数,单位:次/h。

(11) 建筑物耗热量指标(H)、耗冷量(C):建筑物按照冬季和夏季室内热环境设计指标和设定的计算条件,计算得出的单位建筑面积在单位时间内消耗的需由采暖和空调设备提供的热量和冷量,单位:W/ m^2。其中,计算时所用的建筑面积为整栋建筑的建筑面积。

(12) 空调、采暖设备能耗比:在额定工况下,空调、采暖设备提供的冷量或热量与设备本身所消耗的能耗之比。

(13) 采暖度日数:一年中,当某天室外日平均温度低于 18℃时,将低于 18℃的度数乘以 1 天,并将此乘积累加。

(14) 空调度日数:一年中,当某天室外日平均温度高于 26℃时,将高于 26℃的度数乘以 1 天,并将此乘积累加。

(15) 空调年耗电量:按照夏季室内热环境设计标准和设定的计算条件,计算出的单位建筑面积空调设备每年所要消耗的电能。

(16) 采暖年耗电量:按照冬季室内热环境设计标准和设定的计算条件,计算出的单位建筑面积采暖设备每年所要消耗的电能。

(17) 累年:多年,特指整编气象资料时,所采用的以往一段连续年份(不少于 3 年)的累计。

(18) 比热容(比热):1 kg 的物质,温度升高或降低 1℃所需吸收或放出的热量。

(19) 密度(容重):1 m^3 的物体所具有的质量。

(20) 表面蓄热系数:在周期性热作用下,物体表面温度升高或降低 1℃时,在 1 h 内,1 m^2 表面积贮存或释放的热量。

(21) 导温系数(热扩散系数):材料的导热系数与其比热和密度乘积的比值。表征物体在加热或冷却时各部分温度趋于一致的能力。值越大,温度变化速度越快。

(22) 内表面换热系数(内表面热转移系数):围护结构内表面温度与室内空气温度之差为 1℃,1 h 内通过 1 m^2表面积传递的热量。

(23) 外表面换热系数(外表面热转移系数):围护结构内表面温度与室外空气温度之差为

1℃,1 h 内通过 1 m^2 表面积传递的热量。

(24) 最小传热阻:特指设计计算中容许采用的围护结构和传热阻的下限值。规定最小传热阻的目的,是为了限制通过围护结构的传热量过大,防止内表冷凝,以及限制内表面与人体之间的辐射换热量过大而使人体受凉。

(25) 经济传热阻(经济热阻):围护结构与单位面积的建造费用(初次投资的折旧费)与使用费用(由围护结构单位面积分摊的采暖运行费和设备折旧费)之和达到最小值时的传热阻。

(26) 围护结构的热稳定性:在周期性热作用下,围护结构本身抵抗温度波动的能力。维护结构的热惰性是影响其稳定性的主要因素。

(27) 露点温度:在大气压力一定、含湿量不变的情况下,未饱和的空气因冷却而达到饱和状态时的温度。

(28) 冷凝或结露(凝结):特指围护结构表面温度低于附近空气露点温度时,表面出现冷凝水的现象。

(29) 空气相对湿度:空气中实际水蒸气分压力与同一温度下饱和水蒸气分压力的百分比。

(30) 蒸气渗透系数:1 m 厚的物体,两侧水蒸气分压力差为 1 Pa, 1 h 内通过 1 m^2 面积渗透的水蒸气量。

项目 1.2 可再生能源

1.2.1 可再生能源的概念及种类

1. 可再生能源的概念

可再生能源是指可以再生的能源总称,包括生物质能源、太阳能、光能、沼气等。生物质能源是指利用大气、水、土地等通过光合作用而产生的各种有机体,即一切有生命的可以生长的有机物质通称为生物质,包括植物、动物、微生物。严格来说,可再生能源是人类历史时期内都不会耗尽的能源。可再生能源不包含现时有限的能源,如化石燃料和核能。

2. 可再生能源的种类

(1) 木材。柴是最早使用的能源,透过燃烧成为加热的能源。烧柴在煮食和提供热力方面很重要,它让人们在寒冷的环境下仍可生存。

(2) 动物牵动。传统的农家动物如牛、马和骡除了会运输货物之外,亦可以拉磨、推动一些机械以产生能源。

(3) 生物质燃料。此种燃料原为可再生能源,如能产出与消耗平衡则不会增加二氧化碳。但如消耗过量而毁林与耗竭可返还土壤的有机物,就会破坏产耗平衡。用生物质在沼气池中产生沼气供炊事照明用,残渣还是良好的有机肥。用生物质制造乙醇甲醇可用作汽车燃料。

(4) 水力。磨坊就是采用水力的好例子。而水力发电更是现代的重要能源,中国有很长的海岸线,也很适合用来作潮汐发电。图 1-1 所示为三峡大坝水电站。

(5) 风力。指地球表面大量空气流动所产生的动能。是一种清洁、安全、可再生的绿色能源。据估计,全世界的风能总量为 1 300 亿 kW,中国的风能总量约 16 亿 kW。人类已经使用了风力几百年了。图 1-2 为新疆大阪城风力发电站。

图 1-1 三峡大坝水电站

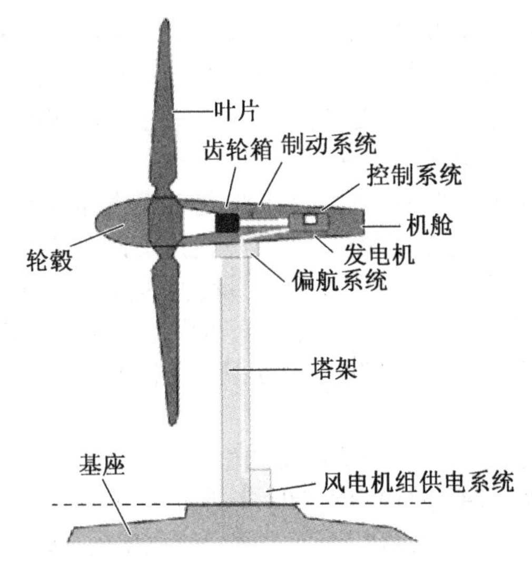

图 1-2 新疆大阪城风力发电站

(6) 太阳能。太阳直接提供了能源给人类已经很久了,但使用机械来将太阳能转成其他能量形式还是近代的事。本书模块6对太阳能的利用介绍的较详细,这里不再赘述。

(7) 潮汐能。潮汐是一种世界性的海平面周期性变化的现象,由于受月亮和太阳这两个万有引力源的作用,海平面每昼夜有两次涨落。潮汐电站利用潮水涨落产生的潮汐能来发电,目前,世界上已建成并运行发电的潮汐发电站总装机容量为160 266万kW。图1-3为朗斯潮汐电站及潮汐发电原理图。

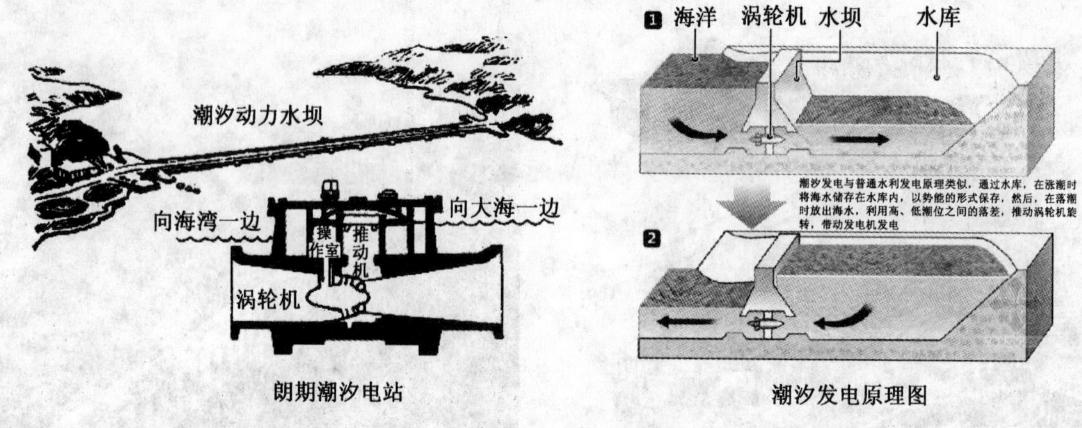

图 1-3　朗斯潮汐电站及潮汐发电原理

1.2.2　可再生能源的利用现状

可再生能源是可以永续利用的能源资源，如水能、风能、太阳能、生物质能和海洋能等，不存在资源枯竭问题。中国除了水能的可开发装机容量和年发电量均居世界首位之外，太阳能、风能和生物质能等各种可再生能源资源也都非常丰富。中国太阳能资源较丰富的区域占国土面积的2/3以上，年辐射量超过6 000 MJ/m^2，每年地表吸收的太阳能大约相当于1.7万亿 tce 的能量；风能资源量约为32亿 kW，初步估算可开发利用的风能资源约10亿 kW，按德国、西班牙、丹麦等风电发展迅速的国家的经验进行类比分析，中国可供开发的风能资源量可能超过30亿 kW；海洋能资源技术上可利用的资源量估计为4亿～5亿 kW；地热资源的远景储量为1 353亿 tce，探明储量为31.6亿 tce；现有生物质包括秸秆、薪柴、有机垃圾和工业有机废物等，资源总量达7亿 tce，通过品种改良和扩大种植，生物能的资源量可以在此水平上再翻一番。总之，中国可再生能源资源丰富，具有大规模开发的资源条件和技术潜力，可以为未来社会和经济发展提供足够的能源，开发利用可再生能源大有可为。

随着越来越多的国家采取鼓励可再生能源的政策和措施，可再生能源的生产规模和使用范围正在不断扩大，2007年全球可再生能源发电能力达到了24万 MW，比2004年增加了50%。

2007年至少有60多个国家制订了促进可持续能源发展的相关政策，欧盟已建立了到2020年实现可持续能源占所有能源20%的目标，而中国也确立了到2020年使可再生能源占总能源的比重达15%的目标。与2000年相比，2007年全球并网太阳能发电能力增加了52%，风能发电能力增加了28%。全球大约有5 000万户家庭使用安放在屋顶的太阳能热水器获取热水，250万户家庭使用太阳能照明，2 500万户家庭利用沼气做饭和照明。

根据中国中长期能源规划，2020年之前，中国基本上可以依赖常规能源满足国民经济发展和人民生活水平提高的能源需要，到2020年，可再生能源的战略地位将日益突出，届时需要可再生能源提供数亿吨乃至十多亿吨标准煤的能源。因此，中国发展可再生能源的战略目的将是：最大限度地提高能源供给能力，改善能源结构，实现能源多样化，切实保障能源供应的安全。

项目1.3 采暖空调系统节能

问题的提出:项目1.1里提到了能耗,建筑能耗与采暖空调能耗之间有什么关系呢?采暖空调的能耗指哪些?有哪些因素决定采暖空调能耗的大小?在我们平常的生活中可以减少采暖空调的能耗吗?如果能,你知道有哪些方法?

提示与分析:我们的房间冬季要采暖,夏季要制冷,在不同的地区,能耗随着房间的墙体材料、厚度、房间的朝向、门窗的大小、组成材料等而不同,那么采暖空调节能就与围护结构节能密不可分。

我们通常说采暖空调能耗是建筑能耗中的大户。一些发达国家的采暖空调能耗占建筑能耗的60%~70%,目前我国这一比例约为55%。随着我国国民经济及人民生活水平的不断提高,这一比例将有所增加。以建筑能耗占全社会总能耗的35%计算,采暖空调能耗占全社会总能耗的比例可高达23%左右,依照终端节能理论,建筑节能的工作重点应该是采暖空调的节能。采暖空调的能耗大小主要取决于空调冷热负荷的确定及系统的合理配置。

1.3.1 采暖空调能耗的组成

夏天室外空气的热量和太阳辐射热量从室外通过围护结构(墙、门、窗、屋顶、地板等)传入室内,从而形成冷负荷。冬天由于室内外存在较大的温差,室内的热量通过围护结构传到室外,从而形成热负荷。所以,采暖空调的节能工作应从这里着手:合理选择建筑物的位置、朝向、采暖空调室内设计计算参数,正确选择围护结构的形状和材料,以尽可能地减少采暖空调的能耗。

1.3.2 采暖空调能耗的影响因素

1. 室外环境因素的影响

室外环境因素主要包括室外空气温度、室外空气湿度和太阳辐射强度等参数。其中,太阳辐射强度是建筑室外环境对采暖空调节能的主要影响因素。

1)室外空气温度和湿度

建筑室外空气的温度和湿度的取值直接会影响到采暖空调设备的容量,不过前提是必须要将围护结构和室内的计算温度加以确定。目前在建筑室外空气温度和湿度数值的选取上主要是根据《采暖通风与空气调节设计规范》来确定的。由于室外温度和湿度发生变化之后,一般都会让采暖空调设备在绝大部分时间都处于负荷运行的状态,所以,在采暖空调的节能设计上必须要给予充分的考虑,从而提高空调设备的使用效率。

2)太阳辐射

太阳辐射对于采暖空调节能的影响随着季节的不同会产生不同的后果。冬季的时候,太阳辐射对采暖空调节能所产生的影响是有利的。太阳辐射在除了部分被建筑墙体反射之外,在建筑墙体表面以及房顶上的热量都会被存储和吸收,从而在建筑墙体的表面形成热流。而这种热流绝大部分都会直接进入建筑室内,最后被室内的物体所吸收,这样就会相应地提高了建筑物内的温度,从而减少了采暖空调的采暖用能。

2. 建筑室内环境对采暖空调节能的影响

1)室内空气温度

这里存在的一个客观事实是很明显的,也就是当夏天的时候将空调室内计算的温度定得越低，房间的计算冷负荷也就越大，相应的采暖空调在能源的消耗上也就越大；而在冬天的时候，将空调室内计算的温度定得越高，房间内部的计算热负荷也就越大，采暖空调在能源消耗上也就越高。总体而言，室内计算温度同室外自然温度之间的温差越大，采暖空调在能源消耗上也就越高。

2）室内新风量

采暖空调房间的室内新风量大小将直接影响到房间冷热负荷的大小。新风量越大采暖空调负荷越大。从改善室内空气品质角度，新风量多些为好，但是送入室内的新风都要经过热湿处理消耗一定的能量，因此新风量宜少些；确定新风量还要考虑围护结构和室内装饰发出的挥发性有机物等污染物需要新风稀释等因素。所以，在保证人体健康和满足卫生要求的情况下，采暖空调系统的新风比一般在冬季不小于总风量的 10%；夏季不小于总风量的 20%，春秋季节采暖空调房间的新风百分比将随室外空气温度的升高而增大。

3）围护结构对采暖空调耗能的影响

在采暖建筑中，通过围护结构的传热热损失约占全部热损失的 70%。近年来，一些开发商为了追求建筑外型的新颖美观，过多地使用那些保温性能较差的玻璃幕墙和玻璃屋顶等建材，使围护结构的热损失比例进一步加大。所以，改善和提高围护结构的热工性能对减少采暖空调负荷具有十分重要的意义。

复习思考题

1. 什么是围护结构节能技术？分为哪几类？
2. 围护结构性能有哪些要求？
3. 什么是可再生能源？分为哪几类？
4. 影响采暖空调能耗的因素有哪些？

模块 2
墙体节能

能力目标：能根据施工图纸正确开展墙体节能施工；能正确运用质量验收规范；能进行墙体材料改变时传热系数的校核计算。

知识目标：熟悉墙体节能强制性条文；熟悉墙体节能标准；掌握墙体节能常用术语内涵；了解墙体节能常用材料的特性及施工要点。

背景资料

我们来看图 2-1 和图 2-2，发生此类现象不论是外墙还是内墙都给我们的生活带来了很大的影响，那么这些破坏是什么原因造成的？是否可以避免呢？

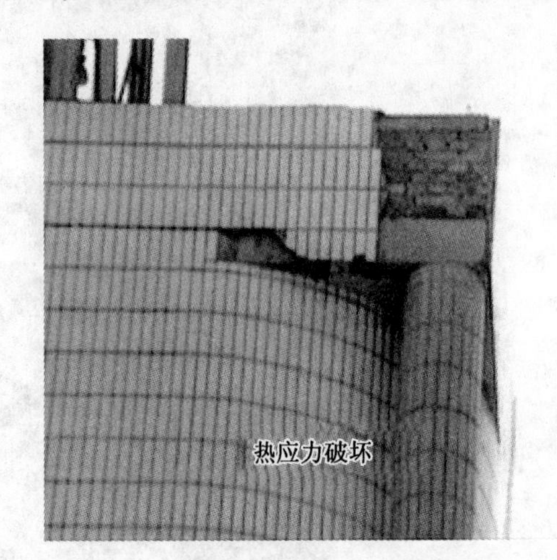

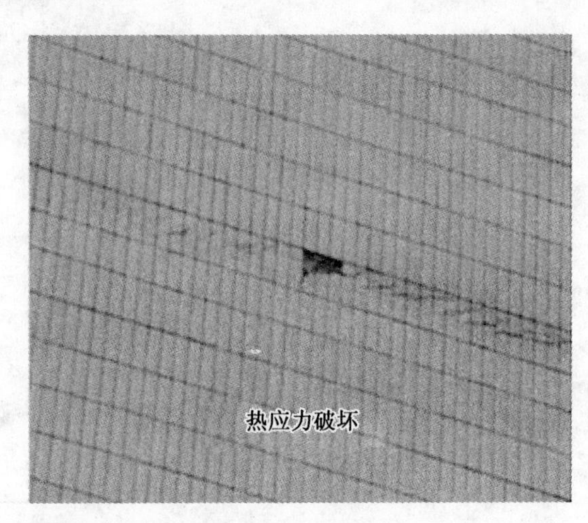

图 2-1　发生在建筑物外墙上的破坏现象

图 2-2　发生在建筑物内墙上的破坏现象

项目 2.1 外墙外保温体系

建筑节能是一项节约资源、保护环境、促进经济社会可持续发展的重要工作，是执行“节约能源、保护环境”这一基本国策及贯彻国家《节约能源法》的重要组成部分，也是当前全球性的大趋势。能耗大致可分为生产能耗和消费能耗。建筑能耗属于消费性能耗，对于消费性能耗，除了保证正常消费需要的部分，余者完全浪费。因此，在世界范围内能源问题日益急迫、建筑能耗不断增长的今天，讨论建筑节能问题意义十分重大。

近年来，由于建筑节能的需要，单一材料导热系数过大，不能满足保温隔热的要求，因此，往往采用承重材料与高效保温材料（如岩棉板或聚苯板等）组成复合墙体。按保温材料所处位置不同，又分为多种方式，其中外墙内保温和外墙外保温是目前最常用的两种方式。复合墙体很好地发挥了两种材料的长处，既不会使墙体过厚，又能承重，保温效果也好，因此发达国家新建建筑基本上都采用此种方式。我国建筑围护结构的保温隔热措施基本上分为外墙外保温、外墙内保温和墙体自保温三种方式（图 2-3）。

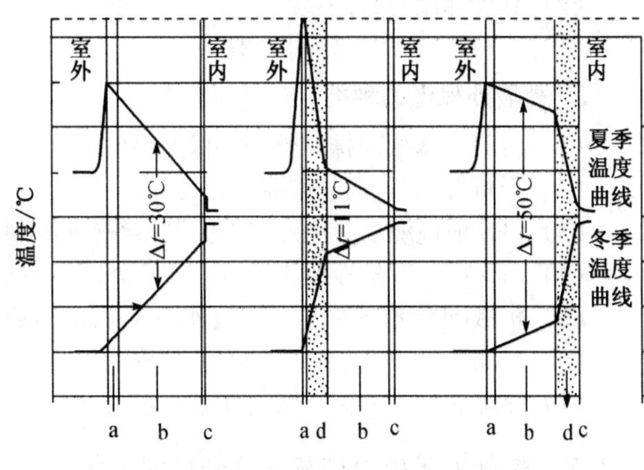

a—外抹灰，b—实心砖墙，c—内抹灰，d—EPS 板

图 2-3 外墙外保温构造冬、夏温度分布

2.1.1 外墙外保温的概念及类别

1. 外墙外保温的概念

外墙外保温是通过将膨胀聚苯板、保温浆料等保温体系置于外墙外侧，从而优化建筑物保温隔热性能的一种保温方式。它改变热量直接通过墙体进行传递的传热方式，既起到了保温隔热作用，又降低了主体结构的温度。

2. 外墙外保温的优点

（1）适用范围广。

（2）保护主体结构，延长建筑物的寿命。保温层设在外表面使内部的砖墙或混凝土墙受到保护，室外气候不断变化引起墙体内部较大的变化主要发生在外保温层内，从而使内部的主体结构温度变化较为平缓，热应力减少，因而主体墙产生裂缝、变形、破损的危险大为减轻，使用寿命得以延长。

（3）基本消除“热桥”的影响。外保温系统对柱、梁、墙角等敏感部位处理容易，可减少“热桥”产生，并可避免内表面结露。

（4）使墙体潮湿情况得到改善。

（5）有利于室温的稳定，改善室内热环境质量。围护结构内侧为蓄热能力较大的重质砌体，当室内受到不稳定热作用，室内空气温度上升或下降时，墙体结构层能够吸收或释放热流，有利于室温保持稳定。

（6）有利于提高墙体的防水和气密性。

(7) 有利于改善室内热环境,在夏季,外保温材料对墙体能起到很好的隔热作用,使墙体不会升温过快,内表面温度降低,增加了室内舒适度。

(8) 便于旧建筑物进行节能改造,最大的优点是无须临时搬迁,基本不影响用户的室内活动和正常生活。

(9) 减少保温材料用量。

(10) 不减少房屋的使用面积。

3. 外墙外保温的种类

(1) 膨胀聚苯板薄抹灰外墙外保温系统。

(2) 无机轻集料保温砂浆系统。

(3) EPS 板现浇混凝土外墙外保温系统(无网现浇系统)。

(4) EPS 钢丝网架板现浇混凝土外墙外保温系统(有网现浇系统)。

(5) 机械固定 EPS 钢丝网架板外墙外保温系统(机械固定系统)。

(6) 喷涂硬泡聚氨酯外墙外保温系统。

(7) 保温装饰一体化外墙外保温系统。

2.1.2 膨胀聚苯板薄抹灰外墙外保温系统

膨胀聚苯板(EPS 板)的密度一般为 18 ~ 30 kg/m^3。每立方米体积中含有 300 万 ~600 万个独立密闭气泡,由于空气的导热性能很小且又被封闭于泡沫中而不能对流,因而 EPS 板具有良好的绝热性能。膨胀聚苯板薄抹灰外墙外保温系统是以膨胀聚苯板为保温材料,用胶粘剂固定在基层墙面上,以玻纤网格布增强薄抹灰面层和外饰面涂层作为保护层且保护层厚度小于 6 mm 的外墙保温系统。建筑物高度在 20 m 以上时,在受负风压作用较大的部位宜使用锚栓辅助固定。

1. 系统构造图

膨胀聚苯板薄抹灰外墙外保温系统的构造图如图 2-4 所示。

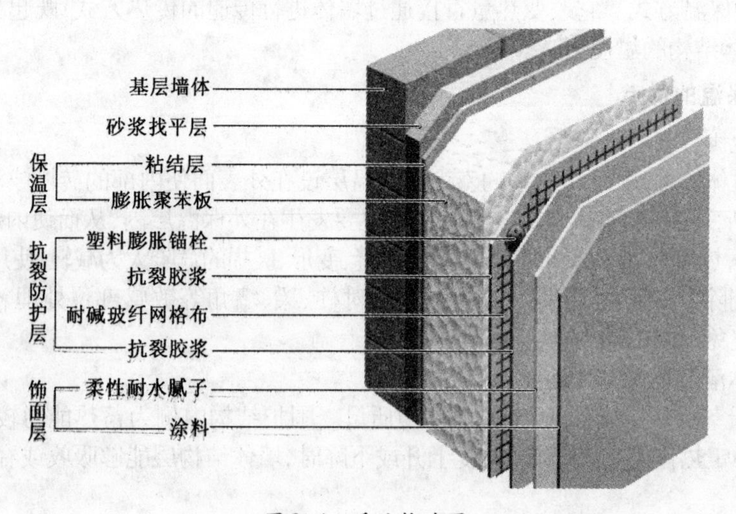

图 2-4 系统构造图

2. 系统材料性能要求

EPS板薄抹灰外墙外保温系统的主要组成材料有胶粘剂(也叫粘结砂浆)、EPS板、锚栓、抹面胶浆、耐碱网格布等。

1）胶粘剂

胶粘剂用于将EPS板粘结到基层墙体。产品形式有两种：一是在工厂生产的液状胶粘剂，施工时按使用说明加入一定量的水泥或厂家提供的干粉料，搅拌均匀即可使用(就是平常所说的双组份)；二是在工厂里预混合好的干粉状胶粘剂，施工时按使用说明加入一定量的拌合用水，搅拌均匀即可使用(就是平常所说的单组份)。胶粘剂的性能指标见表2-1。

表2-1　胶粘剂的性能指标

检测项目		性能指标
拉伸粘结强度/MPa(与水泥砂浆)	原强度	≥0.60
	耐水	≥0.40
拉伸粘结强度/MPa(与EPS板)	原强度	≥0.10,破坏界面在EPS板上
	耐水	≥0.10,破坏界面在EPS板上
可操作时间/h		1.5~4.0

2）EPS板

EPS板出厂前应在自然条件下陈化42 d或在60℃蒸汽中陈化5 d方可使用。EPS板应为阻燃型。

EPS板导热系数应小于或等于0.041 W/(m·K),表观密度为18.0~22.0 kg/m^3,压缩强度大于或等于100 kPa,尺寸稳定性应小于或等于3%。

3）抹面胶浆

抹面胶浆用以薄抹在粘贴好的EPS板的外表面,用以保证外保温系统的机械强度和耐久性。抹面胶浆的性能指标见表2-2。

表2-2　抹面胶浆的性能指标

检测项目		性能指标
拉伸粘结强度(与EPS板)/MPa	原强度	≥0.10,破坏界面在EPS板上
	耐水	≥0.10,破坏界面在EPS板上
	耐冻融	≥0.10,破坏界面在EPS板上
柔韧性	压折比(水泥基)	≤3.0
	开裂应变(非水泥基)	≥1.5%
可操作时间/h		1.5~4.0

4）耐碱网格布

耐碱网格布由表面涂覆耐碱防水材料的玻璃纤维网格布制成,埋入抹面胶浆中,形成薄抹灰增强防护层,用以提高防护层的机械强度和抗裂性。薄抹灰增强防护层的厚度宜控制在:普通型3~5 mm,加强型5~7 mm。具体的性能指标见表2-3。

表2-3　　耐碱网格布的性能指标

检　测　项　目	性能指标
单位面积质量/(g·m^{-2})	≥130
耐碱断裂强力(经、纬向)/(N·50 mm^{-1})	≥750
耐碱断裂强力保留率(经、纬向)	≥50%
断裂应变(经、纬向)	≤5.0%

5)锚栓

锚栓是指把EPS板固定于基层墙体的专用连接件,通常情况下包括塑料钉或具有防腐性能的金属螺钉和带圆盘的塑料膨胀套管两部分。

金属螺钉应采用不锈钢或经过表面防腐处理的金属制成,塑料钉和带圆盘的塑料膨胀套管应采用聚酰胺、聚乙烯或聚丙烯制成,制作塑料钉和塑料套管的材料不得使用回收的再生材料。锚栓有效锚固深度不小于25 mm,塑料圆盘直径不小于50 mm。

锚栓的主要技术性能指标:单个锚栓抗拉承载力标准值应不小于0.30 kN,单个锚栓对系统传热增加值应不大于0.004 W/(m^2·K)。

另外,EPS板薄抹灰外墙外保温系统性能指标主要有吸水量、抗冲击强度、抗风压值、耐冻融、水蒸气湿流密度、不透水性、耐候性等。

3. 膨胀聚苯板薄抹灰外墙外保温系统施工

1)施工工艺

清理基层→检查平整度(若超差6 mm应抹1:3水泥砂浆找平层15厚)→刷界面处理剂→采用点粘法或条粘法粘贴保温板(当房屋外墙高度大于20 m时,应采用附加塑套膨胀螺栓固定)→抹聚合物胶抗裂砂浆层3~6 mm厚,并压铺耐碱玻纤网格布3~6 mm厚(或直接做成彩色抗裂砂浆层饰面)→刮耐水、耐候性柔性外墙腻子→涂刷高弹性外墙涂料。具见施工工艺过程如图2-5所示。

基层检查

涂抹聚合物粘贴砂浆

压入网格布

贴保温板

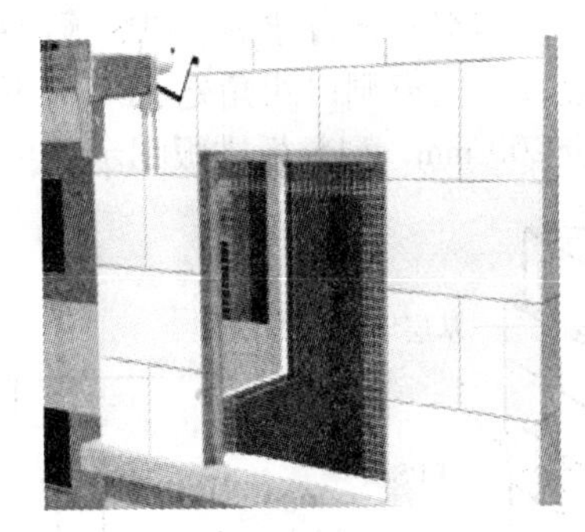

保温板固定

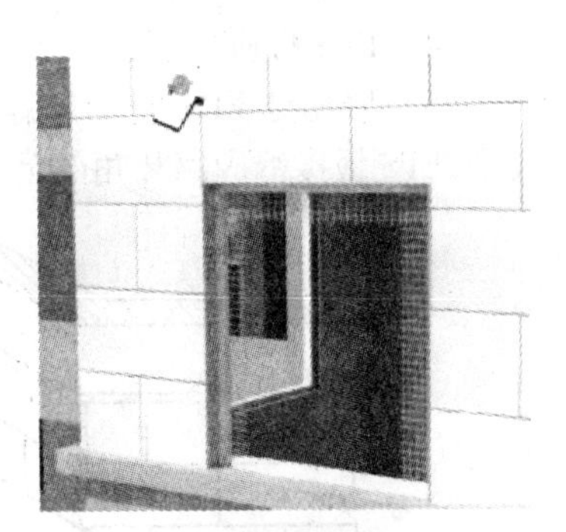

保温板固定

打磨底层

聚合砂浆物抹面

窗口翻包网格布

窗口四角加强

大面铺贴网格布

抹面层聚合物砂浆

图 2-5 膨胀聚苯板薄抹灰外墙外保温系统施工工艺过程图

2）施工技术要点

（1）EPS 板宽度不宜大于 1 200 mm，高度不宜大于 600 mm；EPS 板薄抹灰系统的基层表面应清洁，无油污、脱模剂等妨碍粘结的附作物。凸起、空鼓和疏松部位应剔除并找平。

（2）找平层应与墙体粘结牢固，不得有脱层、空鼓、裂缝，面层不得有粉化、起皮、爆灰等现象。

（3）粘贴 EPS 板时，应将胶粘剂涂在 EPS 板背面，涂胶粘剂面积不得小于 EPS 板面积的 40%。

（4）EPS板应按顺砌方式粘贴，竖缝应逐行错缝。EPS板应粘贴牢固，不得有松动和空鼓。

（5）墙角处EPS板应交错互锁。门窗洞口四角处EPS板不得拼接，应采用整块EPS板切割成型，EPS板接缝应离开角部至少200 mm。EPS板排版图示范见图2-6。

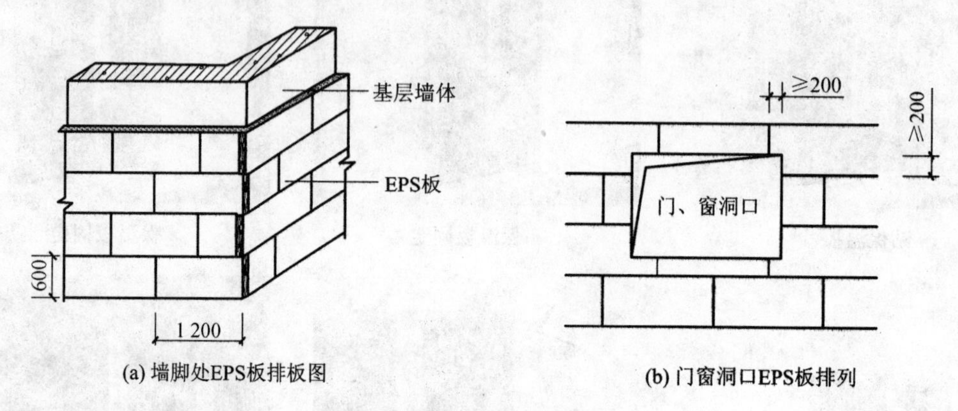

(a) 墙脚处EPS板排板图

(b) 门窗洞口EPS板排列

图2-6　EPS板排板图

（6）施工注意事项。

① 固定件个数为不小于5～6个/m^2，深入墙体深度，随基层墙体不同而有区别：加气混凝土墙≥45 mm，混凝土和其他各类砌块墙≥30 mm；在墙体转角、门窗洞口边缘的水平、垂直方向应加密，其间距不大于300 mm，固定件距基层墙体边缘应不小于60 mm。粘贴酚醛泡沫保温板的专用粘结剂铺盖面积应占板面≥40%，可采用条粘法及条点法粘结。网格布水平方向搭接不小于100 mm，垂直方向搭接不小于80 mm，墙身阴、阳角处网格布搭接200 mm。附加网格布应对接，不得搭接。

② 安装EPS板配制胶粘剂，稠度适中一次的配制量以60 min内用完为宜。将抹好的专用粘结剂的EPS板迅速粘贴在墙面上，以防止表面结皮而失去粘结作用。不得在EPS板侧面涂抹专用粘结剂。EPS板贴上墙面后，应用2 m靠尺压平操作，保证其平整度及粘贴牢固，板与板之间要挤紧，不得有缝。因切割不直形成的缝隙，用EPS板条塞入并磨平。每贴完一块板，应将挤出的用专用粘结剂清除。

③ 将整幅网格布沿水平方向绷直绷平，注意将网格布内曲的一面朝里，用抹子由中间向上、下两边将网格布抹平，使其紧贴。

④ 在墙面施工预留洞四周100 mm范围内仅抹底层聚合物砂浆并压入网格布，暂不抹面层聚合物砂浆，待大面积施工完毕后修补。在阴阳角处应贴附加层，门窗洞口四角处应沿45°方向补贴一块200 mm×300 mm的标准网格布。

4. 膨胀聚苯板薄抹灰外墙外保温系统质量验收要求

我国对建筑构造节能墙体的质量标准有明确规定，出台的有《建筑装饰装修工程质量验收规范》(GB 50210)、《建筑节能工程施工质量验收规范》(GB 50411)等，验收范围是采用板材、浆料、块材及预制复合墙板等墙体保温材料或构件的建筑墙体节能工程质量验收。

（1）验收的程序：主体结构完成后进行施工的墙体节能工程，应在基层质量验收合格后施工，施工过程中应及时进行质量检查、隐蔽工程验收和检验批验收，施工完成后应进行墙体节能分项工程验收。与主体结构同时施工的墙体节能工程，应与主体结构一同验收。

(2) 验收质量要求：墙体节能工程应采用外保温定型产品或成套技术时，其形式检验报告中应包括安全性和耐候性检验。

(3) 墙体节能工程需做隐蔽工程验收及附详细的文字记录和必要的图像资料的部位：

① 保温层附着的基层及其表面处理；

② 保温板粘结或固定；

③ 锚固件；

④ 增强网铺设；

⑤ 墙体热桥部位处理；

⑥ 预置保温板或预制保温墙板的板缝及构造节点；

⑦ 现场喷涂或浇注有机类保温材料的界面；

⑧ 被封闭的保温材料的厚度；

⑨ 保温隔热砌块填充墙体；

⑩ 胶粘剂与水泥砂浆的拉伸粘结强度在干燥状态下不得小于 0.6 MPa，浸水 48 h 后不得小于 0.4 MPa；与 EPS 板的拉伸粘结强度在干燥状态下不得小于 0.1 MPa，并且破坏部位应位于 EPS 板内；

⑪ 玻纤网经向、纬向和耐碱拉伸断裂强力均不得小于 750 N/50 mm，耐碱拉伸断裂强力保留率不得小于 50%。

(4) 墙体节能工程的保温材料在施工过程中应采取防潮、防水等保护措施。

(5) 墙体节能工程验收的检验批划分应符合下列规定：采用相同材料、工艺和施工做法的墙面，每 500～1000 m^2 面积划分为一个检验批，不足500 m^2 也为一个检验批。检验批的划分也可根据与施工流程相一致且方便施工与验收的原则，由施工单位与监理(建设)单位共同商定。

该部分核心内容质量要求如下：

(1) 用于墙体节能工程的材料、构件等，其品种、规格应符合设计要求和相关标准的规定。

检验方法：观察、尺量检查；核查质量证明文件。

检查数量：按进场的批次，每批随机抽取 3 个试样进行检查；质量证明文件应按照其出厂检验批进行核查。

对墙体节能材料的基本规定。要求材料应符合设计要求，不能随意改变和替代。在材料进场时通过目视和尺量、秤重等方法检查，并对其质量证明文件核查。检查数量为每种材料、构件按进场批次每批次随机抽取 3 个试样或取样 3 次进行检查。当能够证实多次进场的同种材料属于同一生产批次时，可按该材料的出厂检验批次和抽样数量进行检查。如果发现问题，应扩大抽查数量，最终确定该批材料、构件是否符合设计要求。

(2) 用于墙体节能工程的材料、构件等，其热工性能和燃烧性能必须符合设计要求和强制性标准的规定。

检验方法：核查质量证明文件及进场复验报告。

检查数量：全数检查。

强制性条文。材料的热工性能和燃烧性能是否满足本条规定，主要依靠对各种质量证明文件的核查和进场复验。对有进场复验规定的要核查进场复验报告。本条中除材料的燃烧性能外均应进行进场复验,故均应核查复验报告。对材料燃烧性能则应核查其质量证明文件。对于新材料,应检查是否通过技术鉴定,其热工性能和燃烧性能检验结果是否符合设计要求和本规范相关规定。

(3) 墙体节能工程采用的保温材料和粘结材料等,进场时应对其下列性能进行复验,复验应为见证取样送检:保温材料的导热系数、材料密度、抗压强度或压缩强度;粘结材料的粘结强度;增强网的力学性能、抗腐蚀性能。

检验方法:随机抽样送检,核查复验报告。

检查数量:同一厂家同一品种的产品,当单位工程建筑面积小于 2 万 m^2 时各抽查不少于 3 次。当单位工程建筑面积大于 2 万 m^2 时各抽查不少于 6 次。

(4) 严寒、寒冷和夏热冬冷地区应对外保温使用的粘结材料进行冻融试验,其结果应符合该地区最低气温环境的要求。

检验方法:随机抽样送检,核查试验报告。

检查数量:每类粘结材料抽样检验应不少于 1 次。

本条所要求进行的冻融试验不是进场复验,是指由材料生产、供应方委托送检的试验。这些试验应按照有关产品标准进行,其结果应符合产品标准的规定。冻融试验可由生产或供应方委托通过计量认证具备产品检验资质的检验机构进行试验并提供报告。

(5) 墙体节能工程施工前应按照设计和施工方案的要求对基层进行处理,处理后的基层应符合保温层施工方案的要求。

检验方法:对照设计和施工方案观察检查。核查隐蔽工程验收记录。

检查数量:全数检查。

(6) 墙体节能工程的施工,应符合下列规定:

① 保温材料的厚度必须符合设计要求;保温板与基层及各构造层之间的粘结或连接必须牢固。粘结强度和连接方式应符合设计要求和相关标准的规定。保温板材与基层的粘结强度应做现场拉拔试验,试验结果应符合要求。

② 保温浆料应分层施工。当外墙采用保温浆料做外保温时,保温层与基层之间及各层之间的粘结必须牢固,不应脱层、空鼓和开裂。

③ 当墙体节能工程采用预埋或后置锚固件时,其数量、位置、锚固深度和拉拔力应符合设计要求。后置锚固件应进行现场拉拔试验,试验结果应符合要求。

检验方法:观察;手扳检查;保温材料厚度采用钢针插入或剖开尺量检查;粘结强度和锚固力核查试验报告;核查隐蔽工程验收记录。

检查数量:每个检验批抽查不少于 3 处。

(7) 外墙采用预置保温板现场浇筑混凝土墙体时,保温板的安装应位置正确、接缝严密,保温板在浇筑混凝土过程中不得移位、变形,保温板表面应采取界面处理措施,与混凝土粘结应牢固。混凝土和模板的验收,应执行《混凝土结构工程施工质量验收规范》(GB 50204)的相关规定。

检验方法:观察检查,核查隐蔽工程验收记录。

检查数量:全数检查。

(8) 当外墙采用保温浆料做保温层时,应在施工中制作同条件试件,检测其导热系数、干密度和压缩强度。保温浆料同条件试件应见证取样送检。

检验方法:检查试验报告。

检查数量:每个检验批抽样制作同条件试块不少于 3 组。

(9) 墙体节能工程各类饰面层的基层及面层施工,应符合设计和《建筑装饰装修工程质量验收规范》(GB 50210)的要求,并应符合下列规定:

① 饰面层施工的基层应无脱层、空鼓和裂缝,基层应平整、洁净,含水率应符合饰面层施工的要求。

② 外墙外保温工程不宜采用粘贴饰面砖做饰面层。当采用时,其安全性与耐久性必须符合设计要求。饰面砖应做粘结强度拉拔试验,试验结果应符合设计和有关标准的规定。

③ 外墙外保温工程的饰面层不得渗漏。当外墙外保温工程的饰面层采用饰面板开缝安装时,保温层表面应具有防水功能或采取其他相应的防水措施。

④ 外墙外保温层及饰面层与其他部位交接的收口处,应采取密封措施。

检验方法:观察,核查试验报告和隐蔽工程验收记录。

检查数量:全数检查。

(10) 采用保温砌块砌筑的墙体,应采用具有保温功能的砂浆砌筑。砌筑砂浆的强度等级应符合设计要求。砌体的水平灰缝饱满度不应低于 90%,竖直灰缝饱满度不应低于 80%。

检验方法:对照设计核查施工方案和砌筑砂浆强度试验报告。用百格网检查灰缝砂浆饱满度。

检查数量:每楼层每施工段至少抽查一次,每次抽查 5 处,每处不少于 3 个砌块。

(11) 采用预制保温墙板现场安装的墙体,应符合下列规定:

① 保温墙板应有型式检验报告,型式检验报告中应包括安装性能的检验;

② 保温墙板的结构性能、热工性能及与主体结构的连接方法应符合设计要求,与主体结构连接必须牢固;

③ 保温墙板的板缝处理、构造节点及嵌缝做法应符合设计要求;

④ 保温墙板板缝不得渗漏。

检验方法:核查型式检验报告、出厂检验报告、对照设计观察和淋水试验检查。核查隐蔽工程验收记录。

检查数量:型式检验报告、出厂检验报告全数检查;其他每个检验批抽查 5%,并不少于 3 块(处)。

(12) 当设计要求在墙体内设置隔汽层时,隔汽层的位置、使用的材料及构造做法应符合设计要求和相关标准的规定。隔汽层应完整、严密,穿透隔汽层处应采取密封措施。隔汽层冷凝水排水构造应符合设计要求。

检验方法:对照设计观察检查,核查质量证明文件和隐蔽工程验收记录。

检查数量:每个检验批应抽查 5% 并不少于 3 处。

(13) 外墙或毗邻不采暖空间墙体上的门窗洞口四周的侧面,墙体上凸窗的侧面,应按设计要求采取节能保温措施。

检验方法:对照设计观察检查,必要时抽样剖开检查。核查隐蔽工程验收记录。

检查数量:每个检验批抽查5%,并不少于5个洞口。

(14) 严寒、寒冷和夏热冬冷地区外墙热桥部位,应按设计要求采取节能保温等隔断热桥措施。

检验方法:对照设计和施工方案观察检查。核查隐蔽工程验收记录。

检查数量:按不同热桥种类,每种抽查20%,不少于5处。

(15) 当采用加强网作为防止开裂的措施时,加强网的铺贴和搭接应符合设计和施工方案的要求。表层砂浆抹压应密实,不得空鼓,加强网不得皱褶、外露。

检验方法:观察检查;核查隐蔽工程验收记录。

检查数量:每个检验批抽查不少于5处,每处不少于2 m^2。

(16) 设置空调房间,其外墙热桥部位,应按设计要求采取隔断热桥措施。

检验方法:对照设计和施工方案观察检查。核查隐蔽工程验收记录。

检查数量:按不同热桥种类,每种抽查10%,不少于5处。

(17) 施工产生的墙体缺陷,如穿墙套管、脚手眼、孔洞等,应采取隔断热桥措施,不得影响墙体热工性能。

检验方法:对照施工方案观察检查。

检查数量:全数检查。

(18) 墙体保温板材接缝方法应符合施工方案要求。保温板接缝应平整严密。

检验方法:观察检查。

检查数量:每个检验批抽查10%,并不少于5处。

(19) 墙体采用保温浆料时,保温浆料层宜连续施工;保温浆料厚度应均匀、接茬应平顺密实。

检验方法:观察、尺量检查。

检查数量:每个检验批抽查10%,并不少于10处。

(20) 墙体上容易碰撞的阳角、门窗洞口及不同材料基体的交接处等特殊部位,其保温层应采取防止开裂和破损的加强措施。

检验方法:观察、核查隐蔽工程验收记录。

检查数量:按不同部位,每类抽查10%,并不少于5处。

(21) 采用现场喷涂或模板浇注有机类保温材料做外保温时,有机类保温材料应达到陈化时间后方可进行下道工序施工。

检查方法:对照施工方案和产品说明书检查。

检查数量:全数检查。

2.1.3 无机轻集料保温砂浆系统

无机轻集料保温砂浆是以改性膨胀珍珠岩、膨胀蛭石、玻化微珠或其他轻质骨料以及胶凝材料为主要成分,掺加其他功能组分制成的用于建筑物墙体绝热的干拌混合物。

无机保温砂浆外墙外保温系统的构造与胶粉聚苯保温砂浆外墙外保温系统相似,与胶粉聚苯颗粒保温浆料相比,该系统的温度稳定性和化学稳定性更好,防火阻燃安全性更好,导热系数略高,保温效果相对较差,但蓄热性能大于有机保温材料,隔热效果较好。

1. 系统构造图

外墙外保温系统构造一般由基层、界面层、保温层、抗裂面层、饰面层组成，如图 2-7 所示。

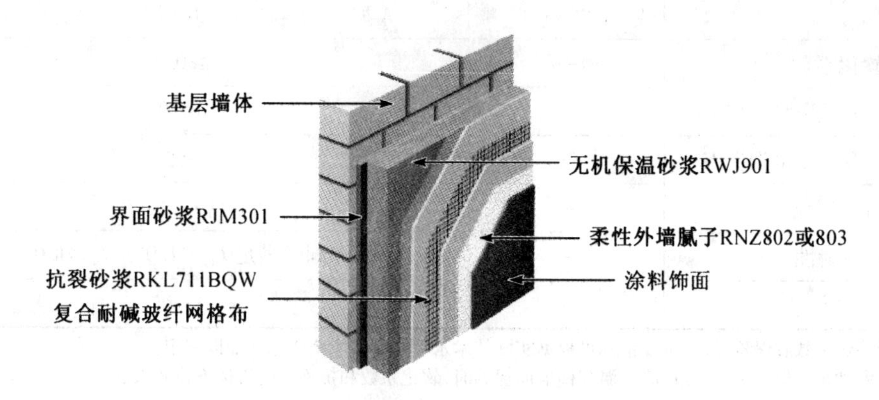

图 2-7　无机轻集料保温砂浆系统构造图

2. 无机轻集料保温砂浆系统材料性能要求

1）界面砂浆性能指标

界面砂浆性能指标如表 2-4 所列。

表 2-4　界面砂浆性能指标

项　目		单　位	指　标
拉伸粘结强度	原强度	MPa	≥0.9
	浸水	MPa	≥0.7
	耐冻融	MPa	≥0.7
可操作时间		h	1.5～4.0

2）无机轻集料保温砂浆的性能指标

无机轻集料保温砂浆的性能指标如表 2-5 所列。

表 2-5　无机轻集料保温砂浆性能指标

项　目	单　位	性能要求		
		A 型	B 型	C 型
干密度①	kg/m^3	≤550	≤450	≤350
抗压强度	MPa	≥2.00	≥1.00	≥0.6
拉伸粘结强度	kPa	≥250	≥200	≥150
导热系数	W/(m·K)	≤0.100	≤0.085	≤0.070
线性收缩率	%	≤0.25		

(续表)

项目		单位	性能要求		
			A型	B型	C型
软化系数②		—	≥0.6		
抗冻性能②	抗压强度损失率	%	≤20		
	质量损失率	%	≤5		
石棉含量		—	不含石棉纤维		
放射性		—	同时满足 $I_{Ra}\leqslant1.0$ 和 $I_{\gamma}\leqslant1.0$		
燃烧性能		—	A1级		

注:① 当导热系数有保障时,干密度指标可根据实际技术水平制订相应企业标准加以规定。
② 保温砂浆用于内保温、分户墙保温和楼地面保温时,软化系数和抗冻性能指标不作要求。

3）耐碱网布的性能指标

耐碱网布的性能指标如表2-6所列。

表2-6 耐碱网布性能指标

项目	单位	性能要求
网孔中心距	mm	4~8
单位面积质量	g/m^2	≥130
拉伸断裂强力(经、纬向)	N/50 mm	≥1 000
断裂伸长率(经、纬向)	%	≤4.0
耐碱断裂强力保留率(经、纬向)	%	≥75
氧化锆、氧化钛含量	—	ZrO_2含量为(14.5±0.8)%,TiO_2含量为(6.0±0.5)%;或ZrO_2和TiO_2的合量≥19.2%,同时ZrO_2含量≥13.7%;或ZrO_2含量≥16.0%
可燃物含量	%	≥12

4）抗裂砂浆的性能指标

抗裂砂浆性能指标如表2-7所列。

表2-7 抗裂砂浆性能指标

项目			单位	指标
抗裂砂浆	可使用时间	可操作时间	h	≥1.5
		在可操作时间内拉伸粘结强度	MPa	≥0.7
	原拉伸粘结强度(常温28d)		MPa	≥0.7

（续表）

项　　　目		单　位	指　标
抗裂砂浆	浸水拉伸粘结强度(常温 28 d,浸水 7 d)	MPa	≥0.5
	透水性(24 h)	mL	≤2.5
	压折比	—	≤3.0

注：① 水泥应采用强度等级 42.5 的普通硅酸盐水泥，并应符合 GB 175 的要求；砂应符合 JGJ 52 的规定，筛除大于 2.36 mm 颗粒，含泥量小于 3%。

② 当工程有要求时，由供需双方协商确定，可参考 JC/T 547—2005 增加横向变形指标。

5）弹性底涂的性能指标

弹性底涂的性能指标如表 2-8 所列。

表 2-8　　弹性底涂性能指标

项　　　目		单　位	指　标
容器中的状态		—	搅拌后无结块，呈均匀状态
施工性		—	刷涂无障碍
干燥时间	表干时间	h	≤4
	实干时间	h	≤8
断裂伸长率		%	≥100
表面憎水率		%	≥98

6）柔性腻子的性能指标

柔性腻子的性能指标如表 2-9 所列。

表 2-9　　柔性腻子性能指标

项　　　目	单　位	技术指标
容器中状态	—	无结块、均匀
施工性	—	刮涂无障碍
干燥时间(表干)	h	≤5
初期干燥抗裂性(6 h)	—	无裂纹
打磨性	—	手工可打磨
吸水量	g/10 min	≤2.0
耐水性(96 h)	—	无起泡、无开裂、无掉粉

（续表）

项目		单位	技术指标
耐碱性(48 h)		—	无起泡、无开裂、无掉粉
粘结强度	标准状态	MPa	≥0.60
	冻融循环(5 次)	MPa	≥0.40
柔性		—	直径 50 mm，无裂纹
非粉状组分的低温贮存稳定性		—	-5℃冷冻 4 h 无变化，刮涂无障碍

7）柔性腻子与涂料层的相容性

柔性腻子与涂料层的相容性如表 2-10 所列。

表 2-10　　柔性腻子与涂料层的相容性技术指标

项目	技术指标
柔性腻子复合上涂料层后的耐水性(96 h)	无起泡、无起皱、无开裂、无掉粉、无脱落、无明显变色
柔性腻子复合上涂料层后的耐冻融性(5 次)	无起泡、无起皱、无开裂、无掉粉、无脱落、无明显变色

8）保温饰面涂料的抗裂性能指标

保温饰面涂料的抗裂性能指标如表 2-11 所列。

表 2-11　　保温饰面涂料的抗裂性能指标

项目		指标
抗裂性	平涂用涂料	断裂伸长率≥150%
	连续性复层建筑涂料	主涂层的断裂伸长率≥100%
	浮雕类非连续性复层建筑涂料	主涂层初期干燥抗裂性满足要求

9）饰面砖的性能指标

饰面砖的性能指标如表 2-12 所列。

表 2-12　　饰面砖性能指标

项目		单位	指标
单块尺寸	表面面积	cm^2	≤200
	厚度	cm	≤0.75
单位面积质量		kg/m^2	≤20
吸水率		%	1.0～3.0
抗冻性		—	10 次冻融循环无破坏

10）陶瓷墙地砖胶粘剂的性能指标

陶瓷墙地砖胶粘剂的性能指标如表 2-13 所列。

表 2-13　　陶瓷墙地砖胶粘剂性能指标

项　　目		单　位	指　标
拉伸粘结强度	原强度	MPa	≥0.5
	浸水后	MPa	≥0.5
	热老化后	MPa	≥0.5
	冻融循环后	MPa	≥0.5
	晾置时间,20 min	MPa	≥0.5

注:① 水泥应采用强度等级 42.5 的普通硅酸盐水泥,并应符合 GB 175 的要求;砂应符合 JGJ 52 的规定,筛除大于 2.36 mm 颗粒,含泥量小于 3%。

② 当工程有要求时,由供需双方协商确定,可参考 JC/T 547—2005 增加横向变形指标。

11）陶瓷墙地砖填缝剂的性能指标

陶瓷墙地砖填缝剂的性能指标如表 2-14 所列。

表 2-14　　陶瓷墙地砖填缝剂性能指标

项　　目		单　　位	指　　标
耐磨损性		mm^3	<2 000
收缩值		mm/m	<3.0
抗折强度	标准试验条件	MPa	>2.50
	冻融循环后	MPa	>2.50
抗压强度	标准试验条件	MPa	>15.0
	冻融循环后	MPa	>15.0
吸水量	30 min	g	<2.0
	240 min	g	<5.0
横向变形		mm	≥2.0

3. 无机轻集料保温砂浆系统施工

外保温工程施工期间以及完工后 24 h 内,基层及环境空气温度不应低于 5℃。夏季应避免阳光暴晒。在 5 级以上大风天气和雨天不得施工。

保温工程实施前应编制专项施工方案并经监理(建设)单位批准后方可实施。施工前应进行技术交底,施工人员应经过培训并经考核合格。

保温砂浆工程的施工应在基层施工质量验收合格后进行。避免在潮湿的墙体上做保温层。原墙面为加气混凝土或马赛克、面砖等旧墙面时,需做专门的界面处理。

1）施工准备

（1）基层墙体经过工程验收达到质量标准。施工前应将基层墙面的灰尘、污垢、油渍及残留灰块等清理干净。基层表面高凸处应剔平，对蜂窝、麻面、露筋、疏松部分等凿到实处，用1∶2.5水泥砂浆分层补平，把外露钢筋头和铅丝头等清除掉。低处用保温砂浆（或混合砂浆）分层补平，窗台砖应补平。门窗口与墙体交接处应填补实。

（2）外保温施工前，外门窗洞口应通过验收，洞口尺寸、位置应符合设计要求和质量要求，门窗框或辅框应安装完毕，伸出墙面的消防梯、水落管、各种进户管线和空调器等的预埋件、连接件应安装完毕，并按外保温系统厚度留出间隙。

（3）脚手架或操作平台需验收合格。脚手架搭设必须符合 JGJ 130 的要求。

（4）施工应准备以下主要机具和设备：

① 机械设备：垂直运输机械、砂浆搅拌机或手提式电动搅拌器、磅秤等。

② 粉刷工具：锯齿型批刀、平口批刀、铝合金刮尺、托盘、滚筒、冲击钻、螺丝刀、切割机等。

③ 检测器具：水准仪、经纬仪、钢卷尺、靠尺、塞尺、墨斗、方尺、探针等。

（5）对采用相同的构造做法，应在现场采用相同工艺制作样板间或样板件，并经有关各方确认后方可实施。

2）施工工艺

（1）涂料饰面外墙外保温工程的工艺流程一般按下列工序进行：基层处理、验收→吊垂线、套方、弹抹灰厚度控制线（块）→做灰饼、冲筋→涂刷界面砂浆→配置保温砂浆→保温砂浆施工→保温砂浆养护→保温层验收→弹分格线、安装分格槽等→抹底层抗裂砂浆→压入耐碱网格布（安装锚固件）→抹面层抗裂砂浆→验收→涂料饰面施工。

（2）面砖饰面外墙外保温工程的工艺流程一般按下列工序进行：基层处理、验收→吊垂线、套方、弹抹灰厚度控制线（块）→做灰饼、冲筋→涂刷界面砂浆→配置保温砂浆→保温砂浆施工→保温砂浆养护→保温层验收→弹分格线、安装分格槽等→抹底层抗裂砂浆→铺增强网→安装锚固件→抹面层抗裂砂浆→验收→粘贴饰面砖。

3）施工技术要点

（1）基层处理和验收：检查基层是否满足设计和施工方案要求。原墙面是面砖或涂料的旧建筑物墙面的处理应符合设计要求。

（2）吊垂线、套方：在建筑外墙大角及其他必要处挂垂直基准线，控制保温砂浆表面垂直度。

（3）弹抹灰厚度控制线：保温砂浆施工前应根据建筑里面和外墙外保温技术要求，在墙面弹出外门窗水平、垂直控制线及伸缩缝线、装饰缝线。

（4）做灰饼、冲筋：应用保温砂浆做标准饼，然后冲筋，其厚度以墙面最高处抹灰厚度不小于设计厚度为准，并进行垂直度检查，门窗口处及墙体阳角部分宜做护角。

（5）涂刷界面砂浆：界面砂浆应均匀涂刷基层面。

（6）保温砂浆配置：保温砂浆应按照设计或产品使用说明书配置，采用机械搅拌，机械搅拌时间不少于 3 min，且不宜大于 6 min。搅拌好的砂浆应在 2 h 内用完。

（7）保温浆料施工应在界面砂浆干燥固化前分层施工，保温层与基层之间及各层之间粘结必须牢固，不应脱层、空鼓和开裂。

（8）保温砂浆养护及验收：施工后 24 h 内应做好保温隔热层的养护，严禁水冲、撞击和振动。

用检测工具进行检验，保温层应垂直、平整、阴阳角方正、顺直，对不符合要求的，应进行修补。

(9) 抗裂砂浆施工：抗裂砂浆应预先均匀布在保温层上，网布须埋入抗裂砂浆层中，严禁网布直接铺在保温面上用砂浆涂布粘结。抗裂砂浆层厚度为：涂料面层不小于 3 mm，单层网布加面砖不小于 5 mm，双层网布加面砖不小于 7 mm。搅拌好的砂浆应在 1.5 h 内用完，过时不可上墙。

(10) 耐碱网格布施工：

① 施工大面网格布前，必须把门、窗洞口的网格布翻包边先做好。在门、窗的四个角各做一块 200 mm×300 mm 的网格布 45°斜贴后，大面上的网布才可继续粘贴埋入。

② 大面积网格布埋填：在抗裂砂浆可操作时间内，将裁剪好的网格布铺展在第一层抗裂砂浆上，并将弯曲的一面朝里，沿水平方向绷直绷平，用抹刀边缘线抹压铺展固定，尽量将耐碱网布压入底层抗裂砂浆中。然后由中间向上下、左右方向将面层抗裂砂浆抹平整，确保砂浆紧贴网布粘结牢固、表面平整，砂浆料涂抹均匀。网格布左右搭接宽度不小于 100 mm，上下搭接宽度不小于 80 mm，不得使网格布皱褶、空鼓、翘边。

③ 在保温系统与非保温系统部分的接口部分，在大面上的网布需要延伸搭接到非保温系统部分，搭接宽度不小于 100 mm。

④ 对装饰缝、伸缩缝，应沿凹槽将网格布埋入抗裂砂浆内。

(11) 锚固件安装：锚固件的安装应在网格布埋填后进行。应使用冲击钻钻孔，在基层内的锚固深度不小于 25 mm，钻孔深度根据使用的保温层厚度采用相应长度的钻头，钻孔深度比锚固件长 10～15 mm。

(12) 涂料饰面施工：涂料饰面应采用柔性腻子和弹性涂料。涂饰均匀、粘结牢固，不得漏涂透底、起皮和掉粉。

(13) 面砖饰面施工：面砖粘贴应采用专用柔性粘结剂和填缝剂，面砖应采用轻质面砖。面砖的填缝应在面砖固定至少 24 h，面砖已经稳定并具一定强度后进行。

4. 无机轻集料保温砂浆系统质量验收标准*

1) 一般规定

(1) 主体结构完成后进行施工的保温工程，应在主体或基层质量验收合格后施工，施工过程中应及时进行质量检查、隐蔽工程验收和检验批验收，施工完成后应进行墙体节能分项工程或楼地面节能分项工程验收。与主体结构同时施工的墙体节能工程，应与主体结构一同验收。

(2) 墙体节能工程当采用外保温定型产品或成套技术时，其型式检验报告中应包括安全性和耐候性检验。

(3) 墙体节能工程应对下列部位或内容进行隐蔽工程验收，并应有详细的文字记录和必要的图像资料：①保温层附着的基层及其表面处理；②锚固件；③增强网铺设；④墙体热桥部位处理；⑤被封闭的保温材料厚度。

(4) 墙体节能工程的保温材料在施工过程中应采取防潮、防水等保护措施。

(5) 墙体节能工程验收的检验批划分应符合下列规定：

① 采用相同材料、工艺和施工做法的墙面，每 500～1000 m^2 面积划分为一个检验批，不足

* 本节内容参照浙江省工程建设标准《无机轻集料保温砂浆及系统技术规程》(DB33/T 1054—2008)。

500 m^2 也为一个检验批。

② 检验批的划分也可根据与施工流程相一致且方便施工与验收的原则，由施工单位与监理（建设）单位共同商定。

2）主控项目

（1）用于保温工程的材料、构件等，其品种、规格应符合设计要求和相关标准的规定。

检验方法：观察、尺量检查；核查质量证明文件。外保温饰面砖的吸水率不得大于 3%，饰面砖的面密度不得大于 20 kg/m^2，单块饰面砖面积不得大于 0.02 m^2。

检查数量：按进场批次，每批随机抽取 3 个试样进行检查；质量证明文件按进场批次全数检查。

（2）无机轻集料保温砂浆的导热系数、密度、抗压强度应符合设计要求。

检验方法：核查质量证明文件及进场复验报告。

检查数量：全数检查。

（3）保温工程采用的保温材料、粘结材料及增强网等，其复验项目、检验方法及检查数量按《建筑节能工程施工质量验收规范》（GB 50411）5.2.1 第 2 款和 5.2.2 执行。

（4）保温工程施工前应按照设计和施工方案的要求对基层进行处理，处理后的基层应符合保温层施工方案的要求。

检验方法：对照设计和施工方案观察检查；核查隐蔽工程验收记录。

检查数量：每 100 m^2 抽查一处，每处不得少于 10 m^2；楼地面节能工程中，每个房间检查不得少于 1 处。

（5）保温工程各层构造做法以及保温层的厚度应符合设计要求，并应按照经过审批的施工方案施工。

检验方法：对照设计和施工方案观察检查；核查隐蔽工程验收记录。

检查数量：墙体节能工程中，每检验批不同构造做法各抽查 3 处；楼地面节能工程中，每个房间至少抽查 1 处。

（6）保温工程的施工，应符合下列规定：

① 无机轻集料保温砂浆的厚度必须符合设计要求。

② 保温浆料应分层施工。保温层与基层之间及各层之间的粘结必须牢固，不应脱层、空鼓和开裂。

③ 当墙体节能工程的保温层采用预埋或后置锚固件固定时，锚固件数量、位置、锚固深度和拉拔力应符合设计要求。后置锚固件应进行锚固力现场拉拔试验。

④ 楼地面节能工程中，穿越楼地面直接接触室外空气的各种金属管道应按设计要求，采取隔断热桥的保温措施。

检验方法：观察；手扳检查；保温材料厚度采用钢针插入或剖开尺量检查；粘结强度和锚固力核查试验报告；核查隐蔽工程验收记录。

检查数量：墙体节能工程中，每个检验批抽查不少于 3 处；楼地面节能工程中，每个检验批抽查 2 处，每处 10 m^2，穿越楼地面的金属管道处全数检查，同时隐蔽工程验收记录全数检查。

（7）无机轻集料保温砂浆应在施工中制作同条件养护试件，检测其导热系数、干密度和抗压强度。无机轻集料保温砂浆的同条件养护试件应见证取样送检。

检验方法：核查试验报告。

检查数量:每个检验批应抽样制作同条件养护试块 3 组。

(8) 墙体节能保温工程各类饰面层的基层及面层施工,应符合设计和《建筑装饰装修工程质量验收规范》(GB 50210)的要求,并应符合下列规定:

① 饰面层施工的基层应无脱层、空鼓和裂缝,基层应平整、洁净,含水率应符合饰面层施工的要求。

② 采用粘贴饰面砖做饰面层时,其安全性与耐久性必须符合设计和有关标准的规定。饰面砖应做粘结强度拉拔试验,试验结果应符合设计和有关标准的规定。

③ 外墙外保温工程的饰面层不得渗漏。当外墙外保温工程的饰面层采用饰面板开缝安装时,保温层表面应具有防水功能或采取其他防水措施。

④ 外墙外保温层及饰面层与其他部位交接的收口处,应采取密封措施。

检验方法:观察检查;核查试验报告和隐蔽工程验收记录。

检查数量:

① 每检验批每 100 m^2 抽查一处,每处不得小于 10 m^2。

② 饰面砖现场粘结强度拉拔试验同一厂家同一品种的产品,当单位工程保温墙体面积在 20 000 m^2 以下时,各抽查不少于 3 次;当单位工程保温墙体面积在 20 000 m^2 时,各抽查不少于 6 次。现场拉拔强度检验应符合 JGJ 110 的相关规定。

③ 饰面层渗漏检查和表面防水功能、防水措施检查每检验批每 100 m^2 抽查一处,每处不得小于 10 m^2。

④ 外墙外保温层及饰面层与其他部位交接的收口处密封措施检查。每检验批抽查 10%,并不应少于 5 处。

(9) 当设计要求在墙体内设置隔汽层时,隔汽层的位置、使用的材料及构造做法应符合设计要求和相关标准的规定。隔汽层应完整、严密,穿透隔汽层处应采取密封措施。隔汽层冷凝水排水构造应符合设计要求。

检验方法:对照设计观察检查;核查质量证明文件和隐蔽工程验收记录。

检查数量:每个检验批抽查 5%,并不少于 3 处。

(10) 外墙或毗邻不采暖空间墙体上的门窗洞口四周的侧面,墙体上凸窗四周侧面,应按设计要求采取节能保温措施。

检验方法:对照设计观察检查,必要时抽样剖开检查;核查隐蔽工程验收记录。

检查数量:每个检验批抽查 5%,并不少于 5 个洞口。

(11) 设置空调的房间,其外墙热桥部位应按设计要求采取隔断热桥措施。

检验方法:对照设计和施工方案观察检查;核查隐蔽工程验收记录。

检查数量:按不同热桥种类,每种抽查 10%,并不少于 5 处。

(12) 采暖地下室与土壤接触的外墙、毗邻不采暖空间的楼地面以及底面直接接触室外空气的楼地面应按设计要求采取保温措施。

检验方法:对照设计观察检查。

检查数量:每 100 m^2 抽查一处,每处 10 m^2,每个房间不得少于 1 处。

3) 一般项目

(1) 进场节能保温材料与构件的外观和包装应完整无破损,符合设计要求和产品标准的规定。

检验方法:观察检查。

检查数量:全数检查。

(2) 当采用加强网作为防止开裂的措施时,加强网的铺贴和搭接应符合设计和施工方案的要求。砂浆抹压应密实,不得空鼓,加强网不得皱褶、外露。

检验方法:观察检查;核查隐蔽工程验收记录。

检查数量:每个检验批抽查不少于5处,每处不少于2 m^2。

(3) 施工产生的墙体缺陷,如穿墙套管、脚手眼、孔洞等,应按照施工方案采取隔断热桥措施,不得影响墙体热工性能。

检验方法:对照施工方案观察检查。

检查数量:全数检查。

(4) 墙体采用无机轻集料保温砂浆时,保温砂浆层宜连续施工;保温砂浆厚度应均匀,接茬应平顺密实。

检验方法:观察、尺量检查。

检查数量:每个检验批抽查10%,并不少于10处。

(5) 墙体上容易碰撞的阳角、门窗洞口及不同材料基体的交接处等特殊部位,其保温层应采取防止开裂和破损的加强措施。

检验方法:观察检查;核查隐蔽工程验收记录。

检查数量:按不同部位,每类抽查10%,并不少于5处。

2.1.4 EPS板现浇混凝土外墙外保温系统(无网现浇系统)

1. EPS板现浇混凝土外墙外保温系统构造图

EPS板现浇混凝土外墙外保温系统具体构造如图2-8所示。

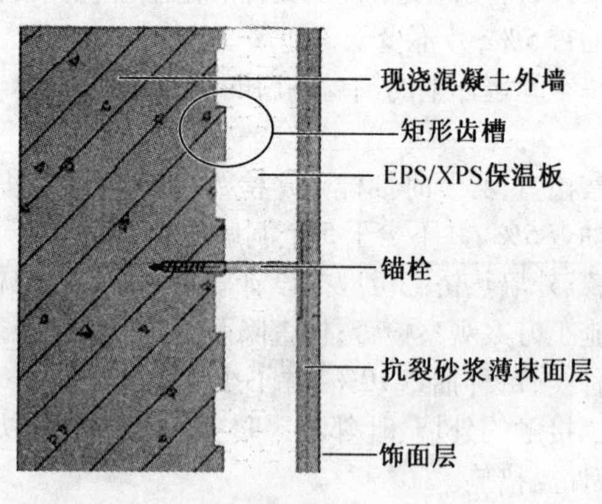

图2-8 构造图

2. 系统材料性能要求

《胶粉聚苯颗粒外墙外保温系统》由界面层、胶粉聚苯颗粒保温层、抗裂防护层和饰面层构成,并明确规定可做涂料饰面和面砖饰面。具体各组分的性能指标如表2-15—表2-23所列。

表2-15　**界面砂浆性能指标**

项　　目		单　　位	指　　标
界面砂浆压剪粘结强度	原强度	MPa	≥0.7
	耐水	MPa	≥0.5
	耐冻融	MPa	≥0.5

表2-16　**胶粉料性能指标**

项　　目	单　　位	指　　标
初凝时间	h	≥4
终凝时间	h	≤12
安定性(试饼法)	—	合格
拉伸粘结强度	MPa	≥0.6
浸水拉伸粘结强度	MPa	≥0.4

表2-17　**聚苯颗粒性能指标**

项　　目	单　　位	指　　标
堆积密度	kg/m^3	8.0～21.0
粒度(5 mm筛孔筛余)	%	≤5

表2-18　**胶粉聚苯颗粒保温浆料性能指标**

项　　目	单　　位	指　　标
湿表观密度	kg/m^3	≤420
干表观密度	kg/m^3	180～250
导热系数	$W/(m \cdot K)$	≤0.060
蓄热系数	$W/(m^2 \cdot K)$	≥0.95
抗压强度	kPa	≥200
压剪粘结强度	kPa	≥50
线性收缩率	%	≤0.3
软化系数	—	≥0.5
难燃性	—	B_1级

表 2-19　抗裂剂及抗裂砂浆性能指标

项目			单位	指标
抗裂剂	不挥发物含量		%	≥20
	贮存稳定性(20℃ ±5℃)		—	6个月,试样无结块凝聚及发霉现象,且拉伸粘结强度满足抗裂砂浆指标要求
抗裂砂浆	可使用时间	可操作时间	h	≥1.5
		在可操作时间内拉伸粘结强度	MPa	≥0.7
	拉伸粘结强度(常温 28 d)		MPa	≥0.7
	浸水拉伸粘结强度(常温 28 d,浸水 7 d)		MPa	≥0.5
	压折比		—	≤3.0

表 2-20　耐碱网布性能指标

项目		单位	指标
外观		—	合格
长度、宽度		m	50~100、0.9~1.2
网孔中心距	普通型	mm	4×4
	加强型		6×6
单位面积质量	普通型	g/m^2	≥160
	加强型		≥500
断裂强力(经、纬向)	普通型	N/50 mm	≥1 250
	加强型	N/50 mm	≥3 000
耐碱强力保留率(经、纬向)		%	≥90
断裂伸长率(经、纬向)		%	≤5

表 2-21　面砖粘结砂浆的性能指标

项目		单位	指标
拉伸粘结强度		MPa	≥0.60
压折比		—	≤3.0
压剪粘结强度	原强度	MPa	≥0.6
	耐温 7 d	MPa	≥0.5
	耐水 7 d	MPa	≥0.5
	耐冻融 30 次	MPa	≥0.5
线性收缩率		%	≤0.3

表 2-22　　面砖勾缝料性能指标

项　　目		单　　位	指　　标
外观		—	均匀一致
颜色		—	与标准样一致
凝结时间		h	大于 2 h,小于 24 h
拉伸粘结强度	常温常态 14 d	MPa	≥0.60
	耐水(常温常态 14 d,浸水 48 h,放置 24 h)	MPa	≥0.50
压折比		—	≤3.0
透水性(24 h)		mL	≤3.0

表 2-23　　热镀锌电焊网性能指标

项　　目	单　　位	指　　标
工艺	—	热镀锌电焊网
丝径	mm	0.90 ±0.04
网孔大小	mm	12.7 ×12.7
焊点抗拉力	N	>65
镀锌层质量	g/m^2	≥122

3. EPS 板现浇混凝土外墙外保温系统施工技术要点

(1) 以现浇混凝土外墙作为基层,EPS 板为保温层。

(2) EPS 板内表面(与现浇混凝土接触的表面)沿水平方向有矩形齿槽,内、外表面均满涂界面砂浆。

(3) 施工时将 EPS 板置于外模板内侧,并安装锚栓结合为一体。EPS 板表面抹抗裂薄抹面层,薄抹面层中满铺玻纤网,外表以涂料为饰面层。

(4) 无网现浇系统 EPS 板两面必须预喷刷界面砂浆。

(5) 锚栓每平方米宜设 2 ~3 个。水平抗裂分隔缝宜按楼层设置,垂直抗裂分隔缝宜按墙面面积设置,在板式建筑中不宜大于 30 m^2,在塔式建筑中可视具体情况而定,宜留在阴角部位。

(6) 应采用钢制大模板施工。

(7) 混凝土一次浇筑高度不宜大于 1 m,混凝土需振捣密实均匀,墙面及接茬处应光滑、平整。混凝土浇筑后,EPS 板表面局部不平整处宜抹胶粉 EPS 颗粒保温浆料修补和找平,修补和找平处厚度不得大于 10 mm。

2.1.5　EPS 钢丝网架板现浇混凝土外墙外保温系统(有网现浇系统)

1. EPS 钢丝网架板现浇混凝土外墙外保温系统构造图

EPS 钢丝网架板现浇混凝土外墙外保温系统构造如图 2-9 所示。

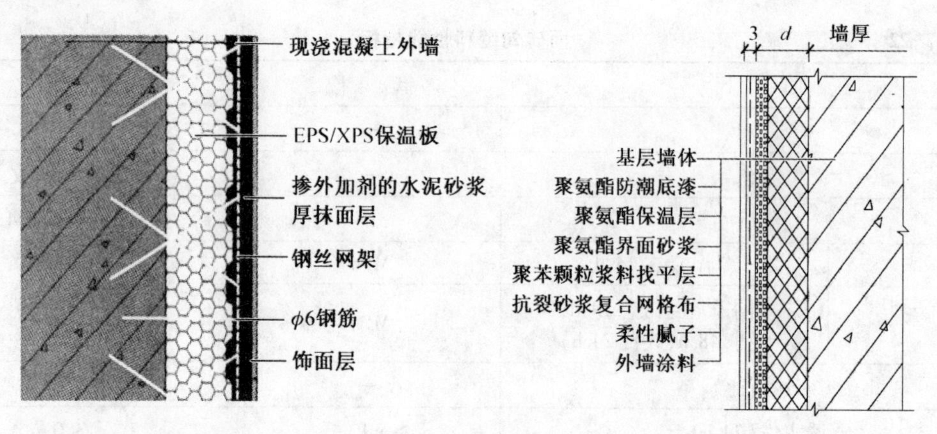

图 2-9 EPS 钢丝网架板现浇混凝土外墙外保温构造

2. 材料的性能要求

以现浇混凝土外墙作为基层,EPS 单面钢丝网架板置于外模板内侧,并安装 $\phi6$ 钢筋与混凝土结合为一体。EPS 单面钢丝网架板表面抹掺外加剂的水泥砂浆形成抗裂砂浆厚抹面层,外表做饰面层。以涂料为饰面层时,应加抹玻纤网抗裂砂浆薄抹面层。

3. EPS 钢丝网架板现浇混凝土外墙外保温系统施工技术要点

(1) EPS 单面钢丝网架板每平方米斜插腹丝不得超过 200 根,斜插腹丝应为镀锌钢丝,板两面应预喷刷界面砂浆。

(2) 有网现浇系统 EPS 钢丝网架板厚度、每平方米腹丝数量和表面荷载值应通过试验确定。EPS 钢丝网架板构造设计和施工安装应考虑现浇混凝土侧压力影响,抹面层厚度应均匀,钢丝网应完全包覆于抹面层中。

(3) $\phi6$ 钢筋每平方米宜设 4 根,锚固深度不得小于 100 mm。

(4) 混凝土一次浇筑高度不宜大于 1 m,混凝土需振捣密实均匀,墙面及接茬处应光滑、平整。

2.1.6 机械固定 EPS 钢丝网架板外墙外保温系统(机械固定系统)

机械固定系统由机械固定装置、腹丝非穿透型 EPS 钢丝网架板(SB_1 板)、抹掺外加剂的水泥砂浆形成抗裂砂浆厚抹面层和饰面层构成。

机械固定 EPS 钢丝网架板外墙保温系统的特点是以涂料为饰面层时,应加抹玻纤网抗裂砂浆薄抹面层。机械固定系统不适用于加气混凝土和轻集料混凝土基层。其构造图如图 2-10 所示。

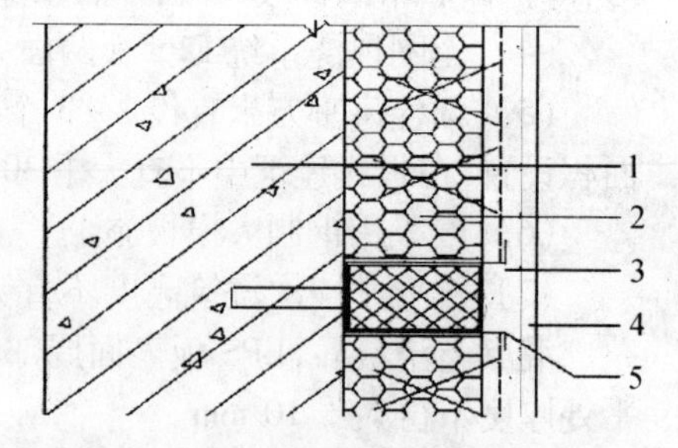

图 2-10 机械固定 EPS 钢丝网架板外墙外保温系统构造

1—基墙; 2—EPS 钢丝网架板; 3—抹灰外加剂的水泥砂浆形成抗裂砂浆厚抹面层; 4—饰面层; 5—机械固定装置

2.1.7 喷涂硬泡聚氨酯外墙外保温系统

喷涂硬泡聚氨酯外墙外保温系统采用现场发泡,现场喷涂的方式,将硬泡聚氨酯喷于外墙外侧,一般由基层、防潮底漆层、现场喷涂硬泡聚氨酯保温层、专用聚氨酯界面剂层、抗裂砂浆层、饰面层构成。喷涂硬泡聚氨酯外墙外保温系统构造图如图2-11所示。

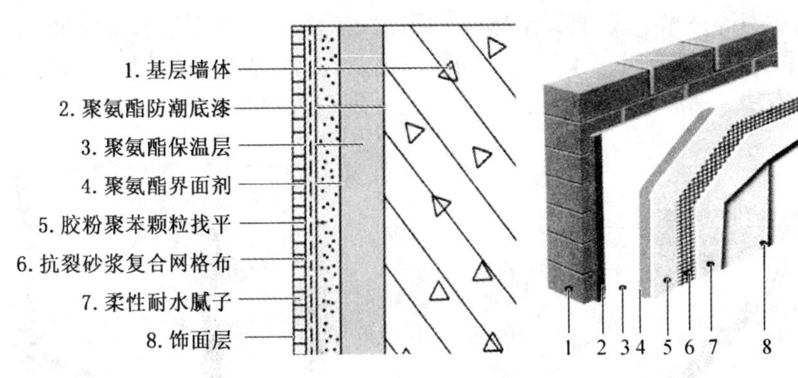

图2-11　喷涂硬泡聚氨酯外墙外保温系统构造

硬泡聚氨酯由异氰酸酯(俗称黑料)和聚醚多元醇(俗称白料)及发泡剂、催化剂、阻燃剂等组成,采用现场直接喷涂发泡成型技术,形成高闭孔率、无接缝不透水的整体硬质泡沫体。因其有优异的保温和防水性能,最初大多用于屋面防水保温,近年来开始在外墙外保温方面得到大量应用。其构造特点如下:

(1) 粘结力极强。能在混凝土、砖、砌块、木材、钢材等表面粘结牢固。

(2) 保温隔热性好。导热系数仅为0.017~0.022 W/(m·K),每公分厚度相当于40 cm红砖保温效果;假设外墙体的传热系数限值为0.57 W/(m^2·K),若采用聚氨酯保温,保温层厚度30~40 mm,而EPS板需80 mm左右,XPS板需60 mm左右。

(3) 防水性能好。闭孔率大于90%以上,自结皮闭孔率100%,尤其是门窗旁施工时整体发泡,能堵塞所有空隙,而EPS、XPS为空腔粘贴,水、结露水很容易透过裂缝及空腔渗入室内。

(4) 密封性好。整体密封、无空腔无缝粘结,适应各种形状基面。

(5) 尺寸稳定性小于1%,具有一定的韧性,延伸率大于5%,不易开裂。

(6) 抗风揭性与对面砖层的承受能力强。PU密度为35 kg/m^3,拉伸粘结强度0.3 MPa,完全可承受高层建筑外墙所受风荷载及饰面砖30~35 kg/m^2的重量。

(7) 阻燃性好。阻燃型聚氨酯离火3 s能自熄碳化,不会熔化滴落。

当然,喷涂硬泡聚氨酯外墙外保温系统技术也存在一些问题,主要有下面几点:

(1) 对基层表面平整度要求比较严格。当基层表面不平整时,若完全用聚氨酯硬泡找平,保温层的厚薄差易形成变形应力差,对整个系统的抗裂性能产生不利影响。因此,必须严格要求基层平整度,放线打点是表面平整的关键。

(2) 发泡表面平整度差,必须靠人工打磨,打磨造成聚氨酯原材料的浪费,打磨粉沫给周围环境造成污染。

(3) 造价略高,每平方米造价要高于EPS板薄抹灰系统20~30元。

2.1.8 保温装饰一体化外墙外保温系统

保温装饰一体化外墙外保温系统是近年来逐渐兴起的一种新的外墙外保温做法，它的核心技术特点就是通过工厂预制成型等技术手段，将保温材料与面层保护材料（同时带有装饰效果）复合而成，具有保温和装饰双重功能。施工时可采用聚合物胶浆粘贴、聚合物胶浆粘贴与锚固件固定相结合、龙骨干挂/锚固等方法。保温装饰一体化外墙外保温系统构造如图 2-12 所示。

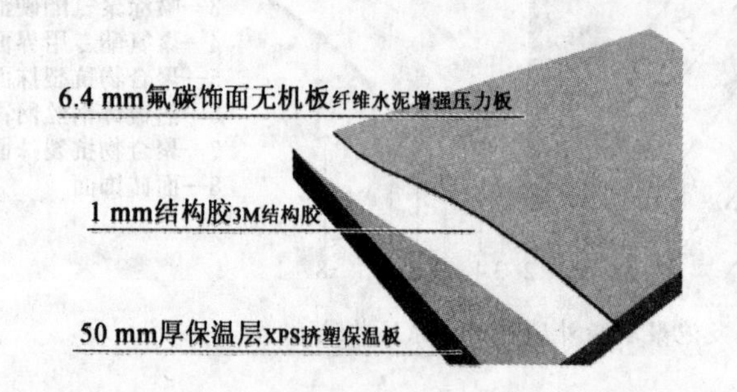

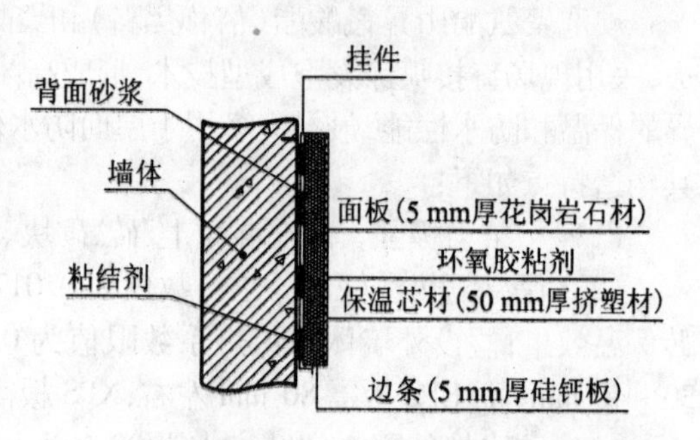

图 2-12　保温装饰一体化外墙外保温系统构造图

保温装饰一体化外墙外保温系统的产品构造形式多样；保温材料可为 XPS、EPS、PU 等有机泡沫保温塑料，也可以是无机保温板。面层材料主要有天然石材（如大理石等）、彩色面砖、彩绘合金板、铝塑板、聚合物砂浆 + 涂料或真石漆、水泥纤维压力板（或硅钙板）+ 氟碳漆等。复合技术一般采用有机树脂胶粘贴加压成型，或聚氨酯直接发泡粘结，也有采用聚合物砂浆直接复合的。

保温装饰一体化外墙外保温系统具有采用工厂化标准状态下预制成型，产品质量易控制、产品种类多样、装饰效果丰富，可满足不同外墙的装饰要求，同时具有施工便利、工期短、工序简单、施工质量有保障等优点。

但目前，我国对于保温装饰一体化外墙外保温系统，还没有相关的国家或行业标准，在推广应用方面没有标准规范加以引导、规范，易产生质量纠纷等问题，另外保温装饰一体化外墙外保温系统的工程造价普遍偏高，目前难以大面积推广应用。

另外，保温装饰一体化外墙外保温系统多为块体、板体结构，现场施工时，存在嵌缝、勾缝等技术问题，嵌缝、勾缝材料与保温材料、面层保护材料的适应性以及嵌缝、勾缝材料本身的耐久性都是决定保温装饰一体化外墙外保温系统成败的关键。

项目 2.2　外墙内保温体系

外墙内保温是在外墙结构的内部加做保温层，将保温材料置于外墙体的内侧，是一种相对比较成熟的技术，目前在欧洲一些国家应用较多，它本身做法简单，造价较低，但是在热桥的处理上容易出现问题，近年来由于外保温技术的飞速发展和国家的政策导向在我国的应用有所减少。但在我国的夏热冬冷和夏热冬暖地区，还是有很大的应用空间和潜力。外墙内保温的特点如下：

1. 外墙内保温系统的优点

(1) 施工方便，内保温材料被楼板所分隔，仅在一个层高范围内施工，不需搭设脚手架。室内连续作业面不大，多为干作业施工，有利于提高施工效率，减轻劳动强度，同时保温层的施工可不受室外气候（如雨季、冬季）的影响。

(2) 内保温系统安全性较好，特别是在建筑物有较高防火要求或建筑物高度较大时具有更好的安全性。

(3) 内保温系统外侧结构层密度大，蓄热能力强，因此采用这种墙体时室内波动相对较大，供热时升温快，不供热时降温也快。在冬季时，宜采用集中连续供暖方式以保证正常的室内热环境；在夏季时，由于绝热层置于内侧，晚间墙内表面温度随空气温度的下降而迅速下降，减少室内闷热感，因此应用在礼堂、俱乐部、会场等公共建筑上较为有利，一旦需要使用，供暖后室内温度可以较快上升。

(4) 内保温对饰面和保温材料的防水性、耐候性等技术指标的要求不高。

2. 内保温系统的缺点

(1) 无法消除圈梁、楼板、构造柱等引起的冷热桥效应，热损失比较大，室内易产生结露现象。

(2) 设计中需要采取措施，如设置空气层、隔汽层等，避免由于室内水蒸气向外渗透，在墙体内产生结露而降低保温隔热层的热工性能。

(3) 由于内保温墙体的保温层设置在内侧，会占据一定的使用面积。

(4) 如用于旧房改造，在施工时会影响室内住户的正常生活。

(5) 内墙悬挂和固定物体等会破坏内保温结构。

目前，外墙内保温系统类型主要有以下几种：

(1) 复合板内保温系统。

(2) 保温板内保温系统。

(3) 保温砂浆内保温系统（以胶粉聚苯颗粒保温材料外墙内保温系统为例）。

(4) 喷涂硬泡聚氨酯内保温系统。

(5) 玻璃棉、岩棉、喷涂硬泡聚氨酯龙骨内保温系统。

2.2.1 保温板内保温系统

1. 增强粉刷石膏聚苯板外墙内保温

增强粉刷石膏聚苯板外墙内保温系统由粘结石膏层、聚苯板保温层、粉刷石膏层及饰面层构成。其构造图如图 2-13 所示。

1) 构造图

增强粉刷石膏聚苯板内保温，是在外墙内基面上专用粘结石膏粘贴自熄性聚苯板，抹 8 mm 厚粉刷石膏，并用两层中碱玻纤涂塑网格布增强，再用耐水腻子刮平，施工简便，整体

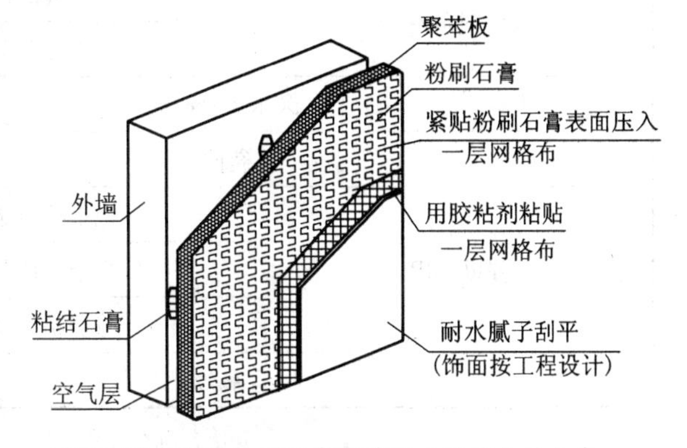

图 2-13 增强粉刷石膏聚苯板内保温构造示意

性好。

2）材料的性能要求

（1）粘结石膏材料性能，如表2-24所列。

表2-24　粘结石膏材料性能

项　目		指　标
细度(2.5 mm方孔筛筛余%)		0
可操作时间/min		≥50
保水率/%		≥70
抗裂性		24 h无裂纹
凝结时间/min	初凝时间	≥60
	终凝时间	≤120
强度/MPa	绝干抗折强度	≥3.0
	绝干抗压强度	≥6.0
	剪切粘结强度	≥0.5
收缩率/%		≤0.06

（2）自熄型聚苯板：推荐规格600 mm×900 mm。

（3）粉刷石膏性能，如表2-25所列。

表2-25　粉刷石膏性能

项　目		指　标
可操作时间/min		≥50
凝结时间/min	初凝时间	≥75
	终凝时间	≤240
保水率/%		≥65
抗裂性		24 h无裂纹
强度/MPa	绝干抗折强度	≥2.0
	绝干抗压强度	≥4.0
	剪切粘结强度	≥0.4
收缩率/%		≤0.05

（4）耐水型粉刷石膏性能，如表2-26所列。

表 2-26　　耐水型粉刷石膏性能

项　　目		指　　标
可操作时间/min		≥50
凝结时间/min	初凝时间	≥75
	终凝时间	≤240
保水率/%		≥75
抗裂性		24 h 无裂纹
强度/MPa	绝干抗折强度	≥3.5
	绝干抗压强度	≥7.0
	剪切粘结强度	≥0.4
软化系数		≥0.6
收缩率/%		≤0.06

（5）中碱网格布材料性能，如表 2-27 所列。

表 2-27　　中碱网格布材料性能

项　　目	指　　标	
	A 型玻纤布(被覆用)	B 型玻纤布(粘贴用)
布重	≥80 g/m^2	≥45 g/m^2
含胶量	≥10%	≥8%
抗拉断裂荷载	经向≥600 N/50 mm	经向≥300 N/50 mm
	纬向≥400 N/50 mm	纬向≥200 N/50 mm
幅宽	600 mm 或 900 mm	600 mm 或 900 mm
网孔尺寸	50 mm×5 mm 或 6 mm×6 mm	2.5 mm×2.5 mm

（6）砂应符合建筑用砂石 GB/T 14684 规定的细度模数 2.3～3.0 的建筑中砂，等级为合格品。

（7）耐水腻子的材料性能如表 2-28 所列。

表 2-28　　耐水腻子材料性能

项　　目	指　　标	
	Ⅰ型	Ⅱ型
容器中状态	外观白色状、无结块、均匀	
浆料可使用时间/h	终凝不小于 2	

(续表)

项目		指标	
		Ⅰ型	Ⅱ型
施工性		刮涂无困难、无起皮、无打卷	
干燥时间/h		≤5	
白度/%		≥80	
打磨性		手指干擦不掉粉,用砂纸易打磨	
软化系数		不小于 0.70	不小于 0.50
耐碱性(24 h)		无异常	无异常
粘结强度/MPa	标准状态	>0.60	>0.50
	浸水以后	>0.35	>0.30
低温贮存稳定性		-5℃冷冻 4 h 无变化,刮涂无困难	

3) 施工技术要点

施工工艺为外墙内表面及相邻墙面、顶棚、地面清理→弹线→粘贴聚苯板→抹粉刷石膏、挂网格布→抹门窗口护角→粘贴网格布→刮腻子。

(1) 粘贴聚苯板。

① 按施工要求的规格尺寸用壁纸刀垂直板面裁切聚苯板。

② 粘结石膏与建筑中砂按体积比 4∶1 掺配(或直接使用预混好中砂的粘结石膏),加水,充分拌合到稠度合适为止,一次拌合量以保证在 50 min 内用完,切忌稠化后加水稀释。

用粘结石膏按梅花形在聚苯板上设置粘结点,每个粘结点直径不小于 100 mm。沿聚苯板四边设矩形粘结条,粘结条边宽不小于 30 mm,同时在矩形粘结条上预留排气孔,整体粘结面积不小于 25%。

③ 粘贴聚苯板时,按粘结控制线,从下至上逐层顺序粘贴,应保证粘结点与墙面充分接触。聚苯板侧面不抹粘结石膏,如果因聚苯板不规则出现个别拼缝较宽时,应用聚苯条(片)填塞严实。

④ 粘贴聚苯板时,应随时用拖线板检查,确保聚苯板墙面的垂直度和平直度,粘贴 2 h 内不得碰动;在遇到电气盒、插座、穿墙管线时,先确定上述配件位置,再剪切聚苯板,裁切的洞口要大于配件周边 10 mm 左右,聚苯板粘贴完毕后,先用聚苯条填塞缝隙,然后用粘结石膏将缝隙填塞密室。

⑤ 聚苯板与相邻墙面、顶棚的接槎应用粘结石膏嵌实、刮平,邻接门窗洞口、接线盒的位置,不能使空气层外露。

(2) 抹粉刷石膏、挂网格布。

① 在聚苯板表面弹出踢脚高度控制线。

② 粉刷石膏与建筑中砂按体积比 2∶1 混合(或直接使用预混好中砂的粉刷石膏),加水,充分拌合到合适稠度,粉刷石膏一次拌合量以保证在 50 min 内用完。

③ 用粉刷石膏在聚苯板面上按常规做法做出标准灰饼,抹灰平均厚度控制在 8 ~ 10 mm。待

灰饼硬化后,即可大面积抹灰。

④ 粉刷石膏直接抹在聚苯板上,根据灰饼厚度用杠尺将粉刷石膏刮平,用抹子搓毛后,在初凝之前,横向绷紧A型网格布,用抹子压入到粉刷石膏内,然后抹平、压光,网格布要尽量靠近外表面。

⑤ 凡是与相邻墙面、窗洞、门洞相接处,网格布都要预留出100 mm的搭接宽度,整体墙面相邻网格布搭接处,要求网格布搭接不小于100 mm。

⑥ 对于墙面积较大的房间,采取分段施工,网格布留槎200 mm,网格布搭接不小于100 mm。

⑦ 踢脚板位置不抹灰,网格布直铺到楼地面。

(3) 粘贴网格布。

① 待粉刷石膏抹灰层基本干燥后,在抹灰层表面刷胶粘剂并绷紧B型网格布,相邻网格布接槎处,要求网格布拐过或搭接至少100 mm。

② 刮耐水腻子。待网格布胶粘剂凝固硬化后,即可在网格布上满刮耐水腻子。

③ 门窗洞口护角、厨厕间、踢脚板。

④ 为保证门窗洞口、立柱、墙的阳角部位强度,护角必须用聚合物水泥砂浆,其做法为:聚苯板表面先涂刷界面剂拉毛后用聚合物水泥砂浆抹灰,压光时应注意把粉刷石膏抹灰层内表面甩出的网格布压入聚合物水泥砂浆面层内。

⑤ 做水泥踢脚应先在聚苯板上满涂一层界面剂,拉毛后再用聚合物水泥砂浆抹灰,抹平、压光时应注意把粉刷石膏抹灰层内表面甩出的网格布压入聚合物水泥砂浆面层内;预制踢脚板应采用瓷砖胶粘剂满粘。

2.2.2 复合板外墙内保温系统

1. 钢丝网架聚苯复合板内保温系统

钢丝网架聚苯复合板内保温构造图,如图2-14所示。

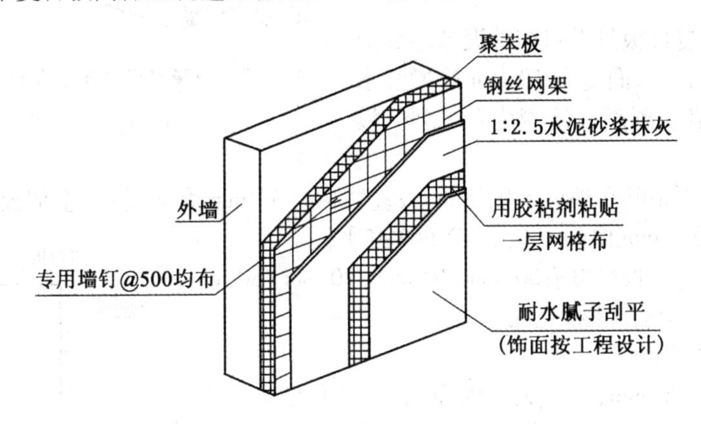

图2-14 钢丝网架聚苯复合板内保温构造示意图

1) 构造特点

钢丝网架聚苯复合板是由钢丝方格平网与聚苯板,通过斜插腹丝,不穿透聚苯板,腹丝与钢丝方格平网焊接,使钢丝网、腹丝与聚苯板复合成一块整板:通过锚栓或预埋钢筋机械办法与外墙内表面固定,表面为水泥砂浆抹灰层(贴一层网格布)和涂料饰面层。

2）材料的性能要求

钢丝网及腹丝直径：(2.03 ±0.05) mm。

腹丝抗拉强度：590～850 N/mm^2。

镀锌层厚：≥20 μm。

焊点强度：抗拉力330 N。

3）施工技术要点

（1）复合板制作。

① 钢丝方格网采用50 mm×50 mm、直径2.03 mm的钢丝或镀锌钢丝，斜插丝应为镀锌钢丝；

② 腹丝不穿透聚苯板，深度应不小于4/5板厚，斜插丝插入角度应保持一致，误差不大于3°；

③ 沿板宽方向，斜插腹丝间隔50 mm距离应相反方向斜插。

腹丝与钢丝网焊接熔焊深度为1/3～1/2贯入量，无过烧现象。

（2）复合板安装。

① 钢丝网架聚苯复合板与墙体、窗框之间的连接，及复合板之间的连接，都必须紧密牢固；

② 复合板之间的所有接缝，必须用平网覆盖补强；

③ 墙的阴、阳角，必须用内外角网覆盖补强；

④ 板安装到位后，用20号铁丝将其与钢丝网片及墙体钢筋绑扎牢固。

2. 增强水泥聚苯复合板内保温构造图

增强水泥聚苯复合板内保温构造图如图2-15所示。

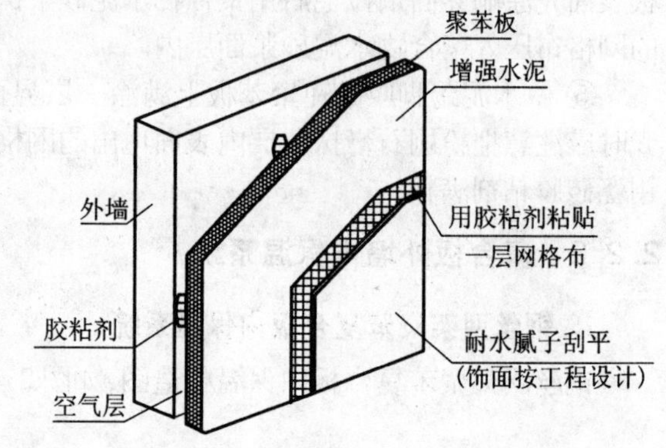

图2-15　增强水泥聚苯复合板内保温构造示意图

1）构造特点

增强水泥聚苯复合板是以自熄性聚苯乙烯泡沫塑料板为芯材，四周六面复合10 mm厚增强水泥，增强水泥层内满包耐碱玻纤网格布增强。板边肋宽度10 mm。

保温板用胶粘剂粘贴在外墙内侧基面，板缝处粘贴50 mm宽无纺布，全部板面满粘贴耐碱玻纤网格布增强，再刮3 mm厚耐水腻子，分两次刮平。

增强水泥聚苯复合板厚度有50 mm、60 mm、70 mm、80 mm、90 mm五种，供不同地区的工程选用。

2）材料的性能要求

标准板的板宽600 mm，高度为室内净高（一般住宅）。门窗口采用门口板（窗口板），承托门窗洞口上部的横保温板，板与板平缝连接，缝宽5 mm（图2-16）。

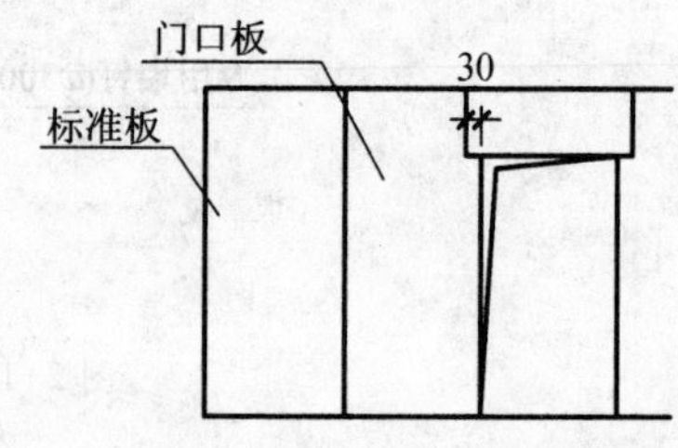

图2-16　门口板在门窗口配置图

门口板（窗口板）靠门（窗）口的一边断面为平口。边角板等非标板按工程设计需要加工。

制作保温板的水泥采用强度等级为52.2级的硫铝酸盐水泥，砂子用过筛细砂，网格布，聚苯

板等。

3）施工技术要点

施工操作应遵守当地主管部门颁发的施工技术规程，工艺流程为墙面清理→弹线→抹冲筋带→粘贴安装保温板→抹门窗口护角→粘贴网格布→刮腻子。

① 清理墙面：凡凸出墙面超过 10 mm 的砂浆、混凝土块必须剔除。

② 根据开间或进深尺寸及保温板实际规格，弹出排板位置线。

③ 保温板的四周满刮胶粘剂，中间抹梅花形胶粘剂点，粘结面积不小于板面积的 15%。板下端用木楔顶紧，板缝内的胶粘剂应挤压挤实，板缝挤出的胶粘剂应随时刮平铲除，清理干净。

④ 板下空隙用 C20 细石混凝土堵实，缝小于 20 mm 时，用 1∶3 水泥砂浆捻口，砂浆干后，撤去木楔补平空隙。

⑤ 门窗洞口阳角用聚合物水泥砂浆抹护角。

⑥ 板面全部用胶（或腻子）粘贴耐碱玻纤涂塑网格布，将布绷平贴实，待纤维布粘结层彻底干燥后，墙面满刮 3 mm 厚耐水腻子，分两遍刮平。

⑦ 水电专业各种管线和设备的埋件，必须固定于结构墙内。电气接线盒等，埋设深度，应与保温层厚度相应，凹进墙面不大于 2 mm。

3. 增强石膏聚苯复合板内保温系统

增强石膏聚苯复合板内保温系统如图 2-17 所示。

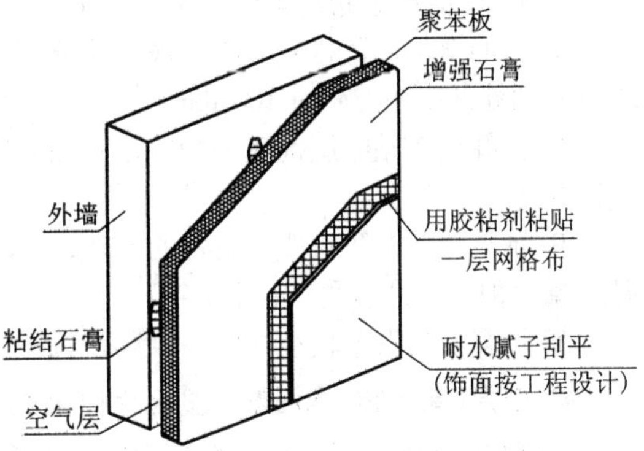

1）构造特点

增强石膏聚苯复合板是以聚苯乙烯泡沫塑料板中碱玻璃纤维涂塑网格布、建筑石膏（允许掺加不大于 20% 硅酸盐水泥）及膨胀珍珠岩一起复合而成的保温板。

图 2-17　增强石膏聚苯复合板内保温做法示意图

保温板用粘结石膏粘贴在外墙内侧，板缝处粘结 50 mm 宽无纺布，全部板面满粘贴中碱玻纤网格布，然后刮 3 mm 厚耐水腻子，分两次刮平。

适用于外墙为砖墙，空心砖墙，混凝土空心砌块及混凝土墙的多层或高层住宅等民用建筑。增强石膏聚苯复合保温板厚度有 50 mm，60 mm，70 mm，80 mm，90 mm 五种，供不同地区的工程选用。

保温板有大板和小板两种体系。

2）材料的性能要求

大板体系：标准板板宽 600 mm，高度为净高减去踢脚高，门窗口采用门口板（窗口板），承托门窗口部的横保温板，板与板之间企口拼接，拼缝宽 5 mm，门口板（窗口板）靠们（窗）口的一边断面为平口。

小板体系：板宽 600 mm，高 900 mm，规格简单，板四周均为平口，边肋 10 mm 宽，现场安装时先排版，上下错缝，至端部尺寸不是标准板时，现场锯切，窗台下部板切口应向下，门（窗）口上部保温板同样用粘贴剂粘贴。

增强石膏聚苯复合板体系不适应于浴室等潮湿的房间，潮湿的房间应换用泡沫水泥聚苯颗粒板，一般房间的踢脚板，也应换用泡沫水泥聚苯颗粒板等耐水型保温踢脚板。

增强石膏聚苯复合板的构造简图及厚度选用表可参照增强水泥聚苯复合板的构造简图和增强水泥聚苯复合板厚度选用表。

3）施工技术要点

施工操作应遵守各地区主管部门颁发的施工技术规程为墙面清理→弹线→抹冲筋点→粘贴防水保温踢脚板→粘贴安装保温板→抹门窗口护角→粘贴网格布→刮腻子。

① 清理墙面，凡凸出墙面 10 mm 的砂浆、混凝土块必须剔除并扫净墙面。

② 根据开间或进深尺寸及保温板实际规格，预排保温板。

③ 粘贴防水保温踢脚板。

④ 用粘结石膏粘贴保温板。保温板的四周满刮粘结石膏，中间抹梅花形粘结石膏点，且间距不大于 300 mm，直接与墙体粘牢。粘结面积不小于板面积的 15%。板与板碰头缝内的粘结石膏应挤严挤实，板缝挤出的粘结剂应随时刮平。

⑤ 门窗洞口转角用 1:2:5 水泥砂浆或 EC 聚合物砂浆抹护角。

⑥ 板与板接缝处用建筑胶贴 50 mm 宽无纺布。

⑦ 板面全部用胶横向贴中碱玻纤涂塑网格布，将布绷平贴实，拼接处搭接≥50 mm，阴阳角及水泥护角处纤维布要包过 100 mm。

⑧ 待纤维布粘贴层彻底干燥后，墙面满刮两遍腻子，每层厚度控制在 2 mm。最后按工程设计做饰面。

⑨ 水电专业各种管线和设备的埋件，必须固定于结构墙内，电气接线盒等，埋设深度，应与保温层厚度相应凹进墙面不大于 2 mm。

⑩ 增强石膏聚苯板小板体系，可保证板的刚度前提下取消边肋。

4. 增强（聚合物）水泥聚苯复合板内保温系统

增强（聚合物）水泥聚苯复合板内保温系统构造示意如图 2-18 所示。

1）构造特点

增强（聚合物）水泥聚苯复合板是由聚合物乳液、水泥、沙子配制成砂浆作面层，用耐碱玻纤网格布增强与紫息型聚苯乙烯泡沫塑料板复合而成。增强（聚合物）水泥聚苯复合板具有增强水泥聚苯复合板的防水性能好的优点，也具备增强石膏聚苯复合板的可随意切割的优点。适用于厨房、卫生间等湿度较大房间的外墙内保温。

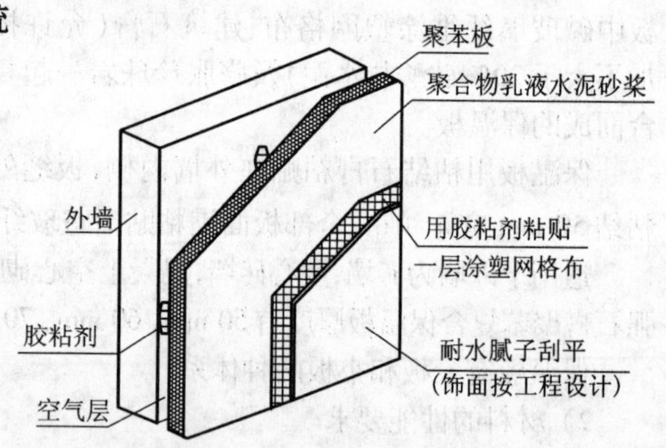

图 2-18　增强（聚合物）水泥聚苯复合板内保温构造示意图

2）材料的性能要求

聚合物乳液粘结剂；压剪胶结强度和耐久性能，常温（14 天）>1.0 MPa，泡水（7 天）>0.7 MPa；抽伸胶结强度>0.2 MPa 的时间不小于 10 min；收缩率<0.5%。

3）施工技术要点

保温板聚合物乳液水泥砂浆内的玻纤网格布应四面包转（板两端不包），网格布搭接宽度≥

50 mm。

空气层:10 mm 厚,用水泥砂浆冲筋(点)找出。

保温层:保温板的四周满刮胶粘剂,中间抹梅花形胶粘剂点(粘结面积不小于板面积的15%)。板下端用木楔顶紧,粘贴增强(聚合物)水泥聚苯复合板,粘贴后的保温板整体墙面必须垂直平整。

保温板粘贴前在板侧与板上端满刮聚合物乳液胶粘剂,粘贴时揉压挤实,使板缝冒浆,再刮去冒出的粘结剂。板下端用木楔临时固定,在板下空隙内用 C10 细石混凝土嵌塞密实,达到一定强度后,再抽去木楔。

面层:在平整的保温整体墙面上,先用聚合物乳液粘结剂在板缝及墙面转角处粘结剂附加玻纤网格布条,然后满刮石膏腻子一道,干后打磨平整,再在墙面满贴玻纤网格布一层(横向),干后打磨平整,再满刮耐水腻子一道,最后按设计做饰面层。

5. 粉煤灰泡沫水泥聚苯复合板内保温系统

粉煤灰泡沫水泥聚苯复合板内保温系统构造示意如图 2-19 所示。

1)构造特点

粉煤灰泡沫水泥聚苯复合板是用低碱硫酸盐水泥、粉煤灰,配其他辅料做面层,以及熄型聚苯板作芯层,经复合制成的板。

特点是自重轻,一块 2 540 mm×600 mm×60 mm 的板仅重 35 kg,搬运安装十分方便。其次是保温隔热性能好。在相同厚度聚苯板芯情况下,热工性能优于增强水泥聚苯复合板。同时施工简便:可锯、刨、钉、黏等作业方法;不空鼓开裂:由于聚苯板面开设了燕尾槽,和面层结合紧密,牢固。

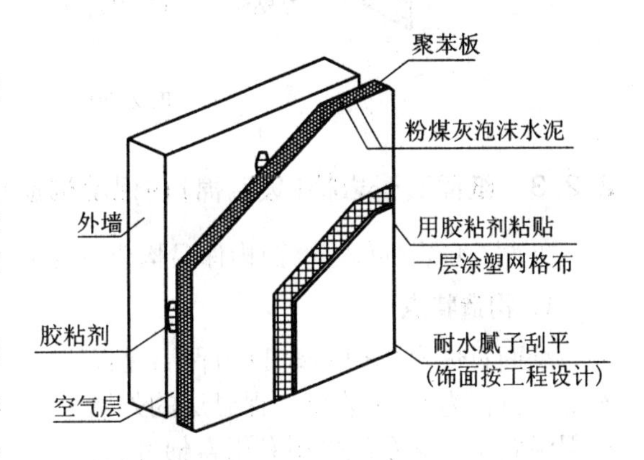

图 2-19 粉煤灰泡沫水泥聚苯复合板内保温构造示意

2)材料的性能要求

材料的性能指标要求如表 2-29 所列。

表 2-29 性能指标

序号	检验项目	标准要求	检验结果	本项结论
1	面密度	≤40 kg/m²	23 kg/m²	符合
2	整板自然重(G)	—	353 N	—
3	抗弯荷载	≥1.8 G	1 743 N	符合
4	抗冲击性	≥10 次	垂直冲击 10 次,板面无损	符合
5	当量热阻	≥0.85 m² · K/W	0.85 m² · K/W	符合
6	含水率	≤5%	3%	符合
7	燃烧性能	B1 级	B1 级	符合

注:以上指标以北京华丽新型房屋材料有限公司生产的 ASA 保温板为例。

3）施工技术要点

施工技术规程为墙面清理→弹线→粘贴安装保温板→抹门窗护角→粘贴玻纤网格布→刮耐水腻子。其中,关键点的处理见图 2-20。

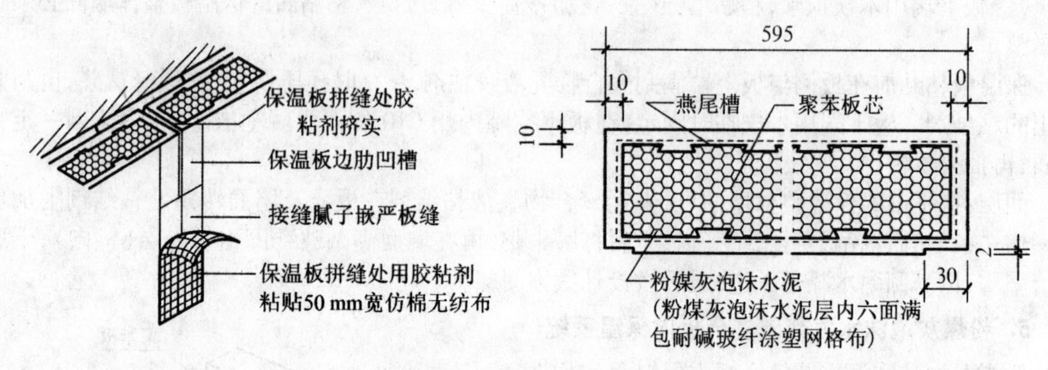

图 2-20　板缝处理(单位:mm)

2.2.3　纸面石膏岩棉(玻璃棉)内保温构造系统

纸面石膏岩棉(玻璃棉)内保温构造系统示意如图 2-21 所示。

1. 构造特点

纸面石膏岩棉(玻璃棉)内保温是以纸面石膏板为面层、岩棉为保温层的外墙内保温做法。该系统采用专用岩棉钉、岩棉钉专用胶与龙骨固定,一般均是现场拼装而成。

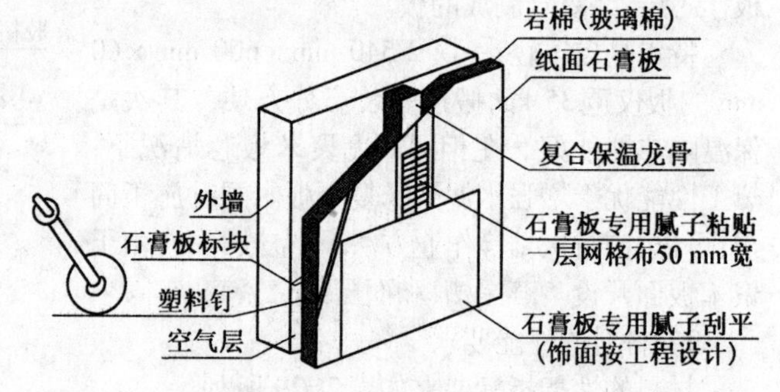

图 2-21　纸面石膏岩棉(玻璃棉)内保温构造示意图

2. 材料的性能要求

1）面层材料

纸面石膏板长 2 500 ~ 3 000 mm,宽 1 200 mm,厚 12 mm。

2）保温材料

保温材料主要有岩棉板和玻璃面板,厚度分别为 30 mm, 40 mm, 50 mm, …,容重 80 ~ 100 kg/m^3。

3)复合保温龙骨(以下简称保温龙骨)

保温龙骨长 2 500 ~ 3 000 mm,宽 60 mm,厚 $d = t + 10$ mm。

3. 施工技术要点

空气层:10 mm 厚,由 60 mm × 60 mm 石膏标块找出,中距 300 ~ 400 mm。

保温层:选用所需厚度的保温龙骨,用粘结石膏直接接贴于外墙内测。龙骨间用粘结石膏标块。在标块上再抹二道建筑胶粘贴塑料钉。将所需厚度的岩棉板固定于塑料钉上,钉夹和岩棉板与保温龙骨取平，不得凸出。

面层：用粘结石膏将纸面石膏板与保温龙骨（条粘）粘贴牢固。

2.2.4　胶粉聚苯颗粒保温浆料外墙内保温系统

胶粉聚苯颗粒保温浆料外墙保温系统构造示意如图 2-22 所示。

1. 构造特点

胶粉聚苯颗粒保温浆料外墙内保温由胶粉聚苯颗粒浆料及抗裂保护层各种材料组成的保温构造，胶粉聚苯颗粒保温浆料由胶粉料与聚苯颗粒组成，两种材料分带包装，使用时按比例加水搅拌制成。水泥抗裂砂浆（简称抗裂砂浆）由聚合物乳液掺加多种外加剂制成的抗裂剂与水泥、砂按一定重量比搅拌制成。

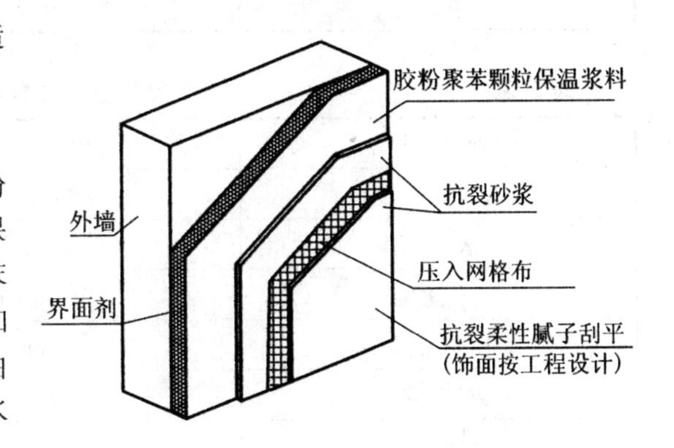

图 2-22　胶粉聚苯颗粒保温浆料外墙内保温构造示意

采用耐碱玻璃纤维编织，面层涂以耐碱防水高分子材料制成。抗裂柔性腻子是采用弹性乳液及粉料助剂等制成，能够满足一定变形而保持不开裂，并符合 JG/T 3049—1998 耐水腻子（N 型）标准。

保温层材料的主要特点：导热系数低，体积稳定；整体性能好，难燃，耐冻融，材质稳定；易操作。

抗裂保护层的主要特点：砂浆与玻纤网格布结合在一起有较强的抗变形能力，有效解决了保温面层的空、鼓、裂问题。

2. 材料的性能要求

水泥：强度等级为 42.5 级普通硅酸水泥，应符合《通用硅酸盐水泥》（GB 175—2007）的要求。

中砂：应符合《普通混凝土用砂、石质量及检验方法标准》（JGJ 52—2006）系度模数 2.0 ~ 2.8，筛除大于 2.5 mm 颗粒，含泥量少于 1%。

界面处理剂：界面处理剂应符合《建筑界面处理剂应用技术规程》（DBJ/T 01—40—98）规定的性能要求。

抗裂砂浆应满足表 2-30—表 2-34 的要求。

表 2-30　抗裂砂浆性能指标

项　目	单　位	指　标
拉伸粘结强度	MPa	>0.8（常温 28 d）
浸水拉伸粘结强度	MPa	>0.6（常温 28 d，浸水 7 d）
抗弯曲性	—	5% 弯曲变形无裂纹
透水压力比	%	≥200

表 2-31　　聚苯颗粒性能指标

项　目	单　位	指　标
松散容重	kg/m^3	12.0~21.0
粒度	mm	95%通过 5 mm 筛

表 2-32　　聚苯颗粒保温浆料性能指标

项　目	单　位	指　标
湿表观密度	kg/m^3	350~420
干表观密度	kg/m^3	≤230
导热系数	W/m·k	≤0.059
压缩强度	kPa	≥250(常温 28 d)
难燃性	—	B1 级
线性收缩率	%	≤0.3
软化系数	—	≥0.5

表 2-33　　胶粉料性能指标

项　目	单　位	指　标
初凝时间	h	≥4
终凝时间	h	≤12
安定性(蒸煮法)	—	合格
拉伸粘结强度	MPa	≥0.6(常温 28 d)
浸水拉伸粘结强度	MPa	≥0.4(常温 28 d,浸水 7 d)

表 2-34　　玻纤网格布性能指标

项　目			单　位	指　标
孔径		普通型	mm	4×4
		加强型		6×6
单位面积重量		普通型	g/m^2	≥180
		加强型		≥500
断裂强力	经向	普通型	N/50 mm	≥1 250
		加强型	N/50 mm	≥3 000
	纬向	普通型	N/50 mm	≥1 250
		加强型	N/50 mm	≥3 000
耐碱强力保留率 28 d:经向			%	≥90
纬向			%	≥90

3. 施工技术要点

(1) 对于黏土砖或空心砖墙，一般只需浇水即可(冬季免浇)。对于混凝土墙应清洁表面后涂刷界面处理砂浆。

(2) 基层墙面、外墙四角、洞口等处的表面平整及垂直度均应满足有关施工验收规范的要求。

(3) 按垂直、水平方向，在墙角、阳台栏板等处，弹好厚度控制线。

(4) 按厚度控制线，用胶粉聚苯颗粒保温浆料作标准灰饼，冲筋，间隔适度。

(5) 材料配制方面，界面砂浆要将强度等级为 42.5 级的水泥、中砂、界面剂按 1∶1∶1 的配合比(重量比)，搅拌均匀成浆料备用。保温浆料要先将 35～40 kg 水倒入砂浆搅拌机内，然后倒入一袋(25 kg)胶粉料搅拌 3～5 min 后，再倒入一袋聚苯颗粒(200 L)继续搅拌 3 min，搅拌均匀倒出，该胶粉聚苯颗粒保温浆料应随搅随用，一般应在 4 h 内用完。抗裂砂浆需将抗裂剂、中砂、水泥按 1∶3∶1 重量比用砂浆搅拌机或手提搅拌均匀，砂浆不得任意加水，应在 2 h 内用完。

(6) 施工用具。施工用具为 300 L 砂浆搅拌机，抹灰三步架子或高凳，手推车及垂直运输外用电梯，水桶，抹灰工具及抹灰专用检测工具，壁纸刀，滚刷等。

4. 工艺流程

(1) 基层处理。清洗墙面，钢筋混凝土墙面涂刷界面剂。

(2) 墙面冲筋。根据保护层厚度，将同等厚度的预制聚苯颗粒保温板裁成 30 cm 宽的小条，贴在墙上，以控制抹灰厚度，达到冲筋的目的。冲筋应沿 500 水平线粘贴，向上每隔 1 m 一道水平筋。

(3) 抹保温浆料。保温浆料根据设计要求分层操作，每次厚度不宜超过 30 mm，头遍注意压实，二遍注意压平抹实。门窗洞口，阴阳角处应保证方正及垂直度，最少应分两遍施工，两遍相距 24 h 以上，第一遍厚度大于第二遍以距设计厚度相差 1 cm 左右为宜。

(4) 抹抗裂砂浆、压入网格布。在保温浆料上抹抗裂砂浆，厚度控制在 3 mm 左右，用铁抹子将网格布压入抗裂砂浆内，网眼砂浆饱满度要求达到 100%，网格布搭接宽度不小于 50 mm，网格布的边缘严禁干搭接，必须嵌在抗裂砂浆中。阴角处网格布要压槎搭接≥50 mm，阳角处应搭接 200 mm。搭接处网眼砂浆饱满度两层都要求达到 100%，同时要抹平、找直保持阴阳角处的方正及垂直度。

(5) 刮柔性耐水腻子二至三遍，砂纸打磨，不露底，不留茬。

(6) 做饰面涂料。

5. 质量检验及标准

(1) 基层墙体应达到《建筑装饰装修工程质量验收规范》(GB 50210—2001)中的有关要求。

(2) 保温层厚度及构造做法应符合建筑节能设计要求，保温层厚度均匀，不允许有负偏差。

(3) 各构造层之间及界面砂浆与基层墙体之间必须粘结牢固，无脱层、空鼓、裂缝，面层无粉化、起皮、爆灰等现象。

(4) 抗裂砂浆表面光滑、洁净、接茬平整无明显抹纹、线脚和灰线平直方正、清晰美观。

(5) 孔洞、线槽、线盒、管道等需后处理部位，应做到尺寸准确、边缘整齐、光滑、平整。

(6) 门窗框与墙体间缝隙，填塞密实、表面平整。

(7) 允许偏差及检验方法。具体的允许偏差及检验方法如表 2-35 所列。

表 2-35　　墙体质量检验允许偏差及检验方法表

项目	允许偏差/mm		检验方法
	保温层	抗裂层	
立面垂直	4	5	用 2 m 托线板检查
表面平整	4	3	用 2 m 考尺和塞尺检查
阴阳角垂直	4	3	用 2 m 托线板检查
阴阳角方正	4	3	用 2 cm 方尺和塞尺检查
保护层厚度	不允许有负偏差		探针、钢尺检查

注：胶粉聚苯颗粒的有关技术资料由北京振利高新技术公司提供。

【案例 1-1】

墙体现场热工性能检测报告

（委托编号：）

（报告编号：）

样品名称 北侧外墙

委托单位 ________

建设单位 ________

工程名称 ________

报告日期 ________

检测单位（盖章）

现场墙体保温性能检测

（样品编号：报告编号：）

（委托日期：检测日期：）

受 × × 公司委托，对外墙保温性能进行检测，现报告如下。

1. 现场检测

(1) 测试对象为 1#楼，测试墙体为北侧外墙。

(2) 试件的规格品种：

① 测试房间体积约 75 m^3。

② 北侧外墙墙体试件尺寸为 2.74 m × 6.03 m，北侧墙面有 3 扇窗。现场测试温度及热流曲线图见图 2-23。现场测试图见图2-24(a)，保温层现场取样测试厚度见图 2-24(b)、图 2-24(c))。外墙构造为水泥粉刷 20 mm + 基层墙体（240 mm × 190 mm × 90 mm 型混凝土多孔砖）+ 界面剂 + 保温层 + 抹面层 + 涂层。

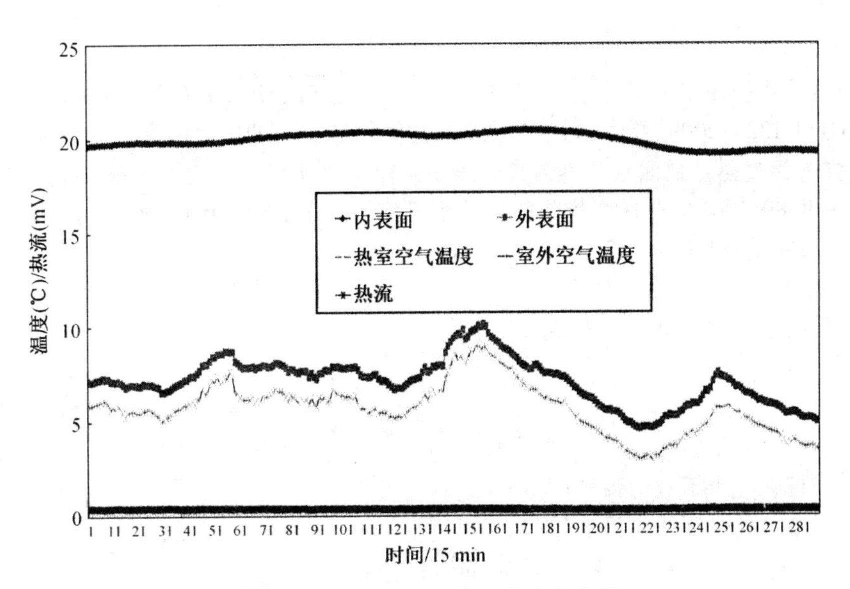

图 2-23　现场测试温度及热流曲线图

（a）北侧墙面测试点位置图

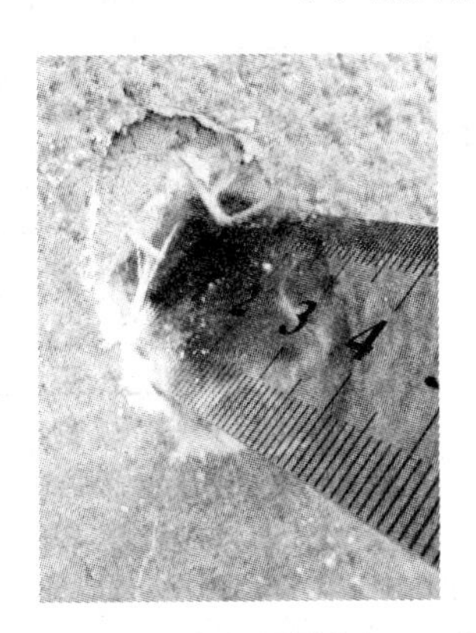

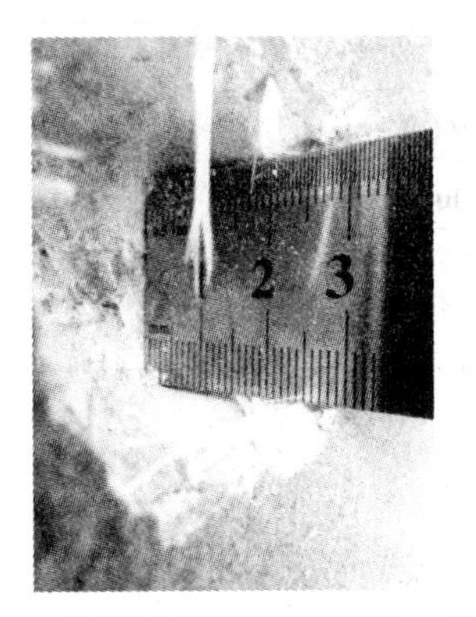

（b）检测Ⅰ区保温层厚度(20 mm)　（c）检测Ⅱ区保温层厚度(26 mm)

图 2-24　现场测试详图

2. 检测方法

墙体保温性能检测根据国标《民用建筑热工设计规范》(GB 50176—93)和《居住建筑节能检测标准》(JGJ/T 132—2009)要求。试件表面温度和热室空气温度的测定采用铜－康铜热电偶作感温元件(空气温度热电偶测点其感温部位作了防辐射热处理);二次仪表采用Ⅰ区安捷伦数据采集器(设备编号 8951201)、Ⅱ区安捷伦数据采集器(设备编号 8951101);热流传感器采用 WYP 型板式测头,测头系数:11.6～23.3 $W/(m^2 \cdot mV)$。

3. 计算公式

(1) 墙体的热阻(R)和传热阻(R_0)按下式计算:

$$R = (T_1 - T_2)/Q \tag{2-1}$$

$$R_0 = R_i + R + R_e \tag{2-2}$$

式中 T_1——墙体内表面平均温度(℃);
T_2——墙体外表面平均温度(℃);
Q——通过墙体的热流量平均值(W/m^2);
R_i, R_e——内外表面换热阻($m^2 \cdot K/W$)。

(2) 墙体的传热系数(K)按下式计算:

$$K = 1/R_0 \tag{2-3}$$

式中,R_0为传热阻。

4. 检测结果

经对墙体试件在稳定传热条件下连续检测(2014 年 1 月 11 日—2014 年 1 月 14 日),墙体保温性能检测结果如表 2-36 所列。

表 2-36 墙体试件稳定传热检测

项　目	数　据
墙体内表面温度 T_1/℃	20.0
墙体外表面温度 T_2/℃	7.2
墙体内外表面温度差/℃	12.8
墙体热流量值 $Q/(W \cdot m^{-2})$	10.26
墙体热阻值 $R/(m^2 \cdot K \cdot W^{-1})$	1.26
传热阻值 $R_0(m^2 \cdot K \cdot W^{-1})$	1.41
传热系数 $K/(W \cdot m^{-2} \cdot K^{-1})$	0.71

复习思考题

1. 什么是外墙外保温?常见的外墙保温的类别有几种?
2. 外墙外保温的特点是什么?适用于什么气候条件下?
3. 膨胀聚苯板薄抹灰外墙外保温系统的构造特点是什么?

4. 膨胀聚苯板薄抹灰外墙外保温系统所用材料有哪些?
5. 简述膨胀聚苯板薄抹灰外墙外保温系统施工应注意的事项有哪些?
6. 墙体保温质量验收的检验皮试如何划分的?
7. 保温材料性能指标中断裂伸长率是什么含义?
8. 保温材料性能指标中干燥抗裂性是什么含义?
9. 解释冻融循环的概念。
10. 用无机轻集料保温砂浆作外墙保温施工前应做哪些准备工作?
11. 用无机轻集料保温砂浆作外墙保温时涂料饰面外墙施工工艺和面砖饰面外墙施工工艺的区别在哪里?
12. 大面积采用耐碱网格布施工时应注意哪些事项?
13. EPS板现浇混凝土外墙外保温系统施工技术要点是什么?
14. EPS钢丝网架现浇混凝土外墙外保温系统中有网现浇系统与机械固定系统构造上的区别是什么?
15. 保温装饰一体化外墙外保温系统的构造特点是什么? 该系统最大的特点是什么?
16. 何谓外墙内保温墙体? 该系统最大的特点是什么?
17. 目前我国现行的外墙内保温系统的类型主要有哪几类? 适用范围是什么?
18. 增强粉刷石膏聚苯板内保温构造的特点是什么?
19. 钢丝网架聚苯复合板内保温系统构造特点是什么?
20. 胶粉聚苯颗粒保温浆料外墙内保温系统施工技术要点有哪些?

实训练习题

1. 作业目的

训练学生墙体施工图纸识读能力;熟练掌握质量验收规范;能进行墙体材料改变时传热系数的校核计算。

2. 作业方式

网上收集资料、整理资料,并以PPT的形式进行结论的介绍。

3. 作业内容

(1) 介绍目前浙江省的气候特点,此种气候条件下最合适的外墙外保温的构造形式是哪种?有何特点?

(2) 浙江省所使用的外墙外保温形式的材料性能及施工工艺是什么?

(3) 该种外墙节能形式的最大缺点是什么?

(4) 该种节能形式质量验收的核心内容是哪些? 如何保证质量?

(5) 比该种形式更优越的外墙外保温应该是哪种形式? 为什么不能在浙江适用?

4. 要求

(1) 该作业以小组形式在课余时间完成,完成时间为一周。

(2) 成绩评定分成:①PPT编制的质量,10%;②纸质质量的完整度与系统性,40%;③汇报资料的提炼度,40%;④介绍人的状态,10%。

模块 3
门窗节能

能力目标:能根据施工图纸正确开展门窗节能施工;能正确运用质量验收规范;能进行门窗材料改变时传热系数和遮阳系数的校核计算。

知识目标:熟悉门窗节能强制性条文;熟悉门窗节能标准;掌握门窗节能常用术语内涵;了解门窗节能常用材料的特性及施工要点。

背景资料

在当今这个高科技新时代，越来越多的节能产品取代传统产品,为这个社会节约了大量能源,建筑行业也不例外。根据国家现行政策,无论居住建筑还是公共建筑均需采取节能措施,也就是说按照节能原则去设计、选材、施工。以前,窗户仅仅起到采光、通风及遮风挡雨的作用,随着科技的发展,建筑业为了减少能耗的损失,对窗等外部围护结构提出了新的要求,不仅要考虑外观优美,并要有良好的保温、隔热等性能。随着我国建筑门窗行业的长足发展,传统的木制窗户、钢制门窗已基本被淘汰,取而代之的是各种新型建筑门窗,由于该类产品具有良好的节能性能,因此得到了广泛应用。

看见图 3-1、图 3-2,大家都能一下猜出是窗户的构造图。那么是什么材料做的窗户呢? 这两个窗户到底有哪些方面不同? 从建筑节能角度来说,哪个窗户更节能?

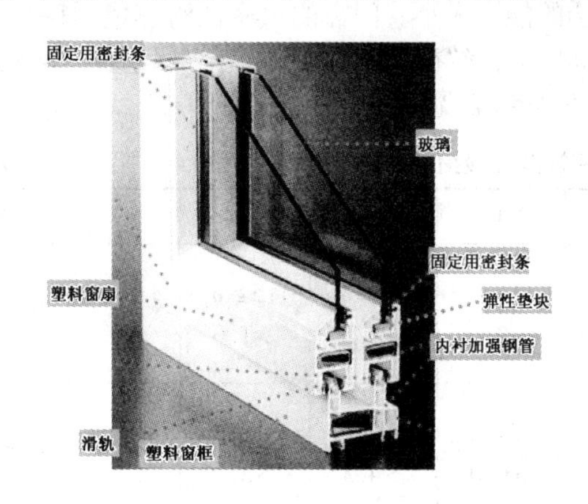

图 3-1　窗户结构图(一)

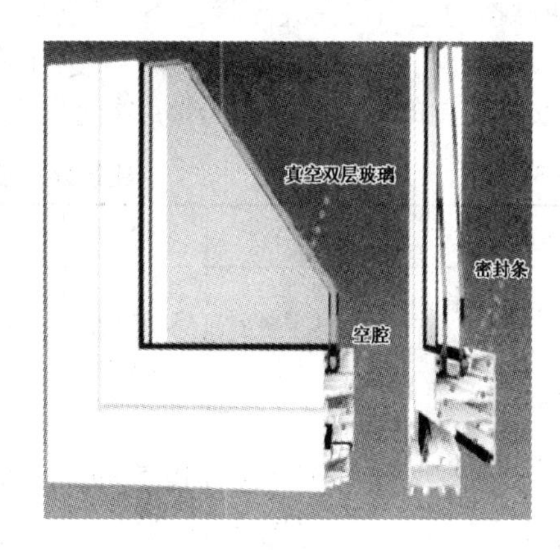

图 3-2　窗户构造图(二)

项目 3.1　门窗节能通用知识

为了增大采光通风面积或表现现代建筑的性格特征,建筑物的门窗面积越来越大,更有全玻璃的幕墙建筑,以至门窗的热损失占建筑总热损失的 40% 以上,门窗节能是建筑节能的关键,门窗既是能源得失的敏感部位,又关系到采光、通风、隔声、立面造型。这就对门窗的节能提出了更高的要求,目前节能处理主要是改善材料的保温隔热性能和提高门窗的密闭性能。从门窗材料来看,现阶段常用的有铝合金断热型材、铝木复合型材、钢塑整体挤出型材以及 UPVC 塑料型材等一些技术含量较高的节能产品,其中使用较广的是 UPVC 塑料型材,它所使用的原料是高分子材料——硬质聚氯乙烯。

为了解决大面积玻璃造成能量损失过大的问题，将普通玻璃加工成中空玻璃、镀膜玻璃、高强度 Low-E 防火玻璃、采用磁控真空溅射放射方法镀制含金属层的玻璃以及最特别的智能玻璃。

门窗的节能措施目前主要是提高材料（玻璃、窗框材料）的光学性能、热工性能和密封性，改善门窗的构造（双层、多层玻璃，内外遮阳系统，控制各朝向的窗墙比，加保温窗帘）。下面以最常用的塑钢门窗和断桥铝合金门窗为例来进行阐述。

3.1.1 门窗节能术语

1. 门窗传热系数

通常指的是单位面积门窗在单位时间内通过的传热量。一般情况下，传热系数越小，通过门窗的热损耗就越小，具体见表 3-1。

表 3-1　门窗传热系数

项目	木材	塑料	钢材	铝合金
传热系数	0.14～0.29	0.10～0.25	58.2	174.4

2. 门窗气密性

通常指的是门窗在关闭状态下，阻止空气渗透的能力大小。门窗的气密性对热量损耗会产生直接影响，当然，室外的风力对室内温度的影响也是不容忽视的，可见气密性等级越低，热量损失就越大，对室温的影响就更大；建筑外门窗气密性能分级表见表 3-2。

表 3-2　建筑外门窗气密性能分级指标

分　级	1	2	3	4	5	6	7	8
单位缝长分级指标值 $q_1/[m^3\cdot(m\cdot h^{-1})]$	$4.0\geqslant q_1>3.5$	$3.5\geqslant q_1>3.0$	$3.0\geqslant q_1>2.5$	$2.5\geqslant q_1>2.0$	$2.0\geqslant q_1>1.5$	$1.5\geqslant q_1>1.0$	$1.0\geqslant q_1>0.5$	$q_1\leqslant 0.5$
单位面积分级指标值 $q_2/[m^3\cdot(m^2\cdot h^{-1})]$	$12\geqslant q_2>10.5$	$10.5\geqslant q_2>9.0$	$9.0\geqslant q_2>7.5$	$7.5\geqslant q_2>6.0$	$6.0\geqslant q_2>4.5$	$4.5\geqslant q_2>3.0$	$3.0\geqslant q_2>1.5$	$q_2\leqslant 1.5$

3. 水密性能

门窗的水密性是指边缘防水防雨的能力，一般用水密指数来衡量。门窗水密性能见表 3-3。

表 3-3　门窗水密性能分级指标

分　级	1	2	3	4	5	6
分级指标 ΔP	$100\leqslant\Delta P<150$	$150\leqslant\Delta P<250$	$250\leqslant\Delta P<350$	$350\leqslant\Delta P<500$	$500\leqslant\Delta P<700$	$\Delta P\geqslant 700$

注：第 6 级应在分级后同时注明具体检测压力差值。

4. 抗风压性能

抗风压性能实际上是指门窗在外力作用下的受力杆件达到规定变形量即挠度值时的风压值。

在一定的压力或强度下，门窗的受力杆件挠度值越小，说明产品的抗风压性能越好。建筑抗风压性能表如表3-4所列。

表3-4 抗风压性能分级指标

分级	1	2	3	4	5	6	7	8	9
分级指标值 P_3	$1.0 \leqslant P_3 < 1.5$	$1.5 \leqslant P_3 < 2.0$	$2.0 \leqslant P_3 < 2.5$	$2.5 \leqslant P_3 < 3.0$	$3.0 \leqslant P_3 < 3.5$	$3.5 \leqslant P_3 < 4.0$	$4.0 \leqslant P_3 < 4.5$	$4.5 \leqslant P_3 < 5.0$	$P_3 \geqslant 5.0$

注：第9级应在分级后同时注明具体检测压力差值。

5. 窗墙面积比

窗墙面积比是指某一朝向的外窗（包括透明幕墙）总面积，与同朝向墙面总面积（包括窗面积在内）之比，简称窗墙比。根据《公共建筑节能设计标准》，建筑每个朝向的窗（包括透明幕墙）墙面积比均不应大于0.70。当窗（包括透明幕墙）墙面积比小于0.40时，玻璃（或其他透明材料）的可见光透射比不应小于0.4。

6. 抗结露因子

预测门、窗阻抗表面结露能力的指标即为抗结露因子，是在稳定传热状态下，门、窗热侧表面与室外空气温度差和室内、外空气温度差的比值。

7. 玻璃门

玻璃门是比较特殊的一种门扇，首先它的厚度不足以说是一种实心门，而它又不属于异型门，事实上，它是一种特殊形式的门扇。玻璃门的特征是由玻璃本身的特征决定的。例如，采用钢化透明玻璃时，门扇就具有通透功能；而采用磨砂玻璃时，则具备半透光功能。

8. 热流系数

在稳定传热状态下，标定热箱中箱体或试件框两表面温差为1 K时的传热量，即为热流系数。

3.1.2 门窗节能材料

1. 门窗框材料

门窗框有木门窗框、钢门窗框、铝合金门窗框、塑料门窗框、塑钢门窗框、隔热型铝合金门窗框和玻璃钢门窗框。各种框材都同时有市场，只不过所占有的市场率和适用的领域不同。框材质量在门窗价格上占很大比例，设计时既要兼顾建设投资方与业主的利益，又要从环保与可持续发展这个大局出发，做建筑节能的贯彻执行者和宣传员。对于业主来说，采用节能门窗虽然在投资上有一些增加，但从长远看，其节能与节约资金是不矛盾的，在三五年之内可收回用于节能门窗的投资。

（1）木门窗框：木材分布广，可以就地取材，构造简单，易于加工，导热性低，保温性能好，用优质的木材制作门窗比较耐用。但木门窗框容易变形、腐朽和虫蛀，还易燃烧。由于大规模砍伐森林，将造成生态失衡，因此只是在某些领域，如农村较分散的民居、文物修复、仿古建筑等可以少量使用木制门窗框。

（2）钢门窗框：钢门窗框具有构件截面小、透光系数大、强度高、能防火等特点。但是，钢门窗框表面易锈蚀,维护费用较高,导热系数大,保温性能较差。目前钢材一般用在建筑结构的重要部位,已很少用作门窗的框料。

(3) 铝合金门窗框:铝合金门窗框美观精致,但很容易被酸、碱、盐类腐蚀,并且硬度小、易变形。铝的导热系数比钢材更高,保温性能差,从建筑节能角度上考虑是不可取的。

(4) 塑料门窗框:塑料型材的刚性比较差,通常情况下,塑料窗框的外形尺寸和壁厚都比铝型材的大,其框扇构件遮光面积约为窗总面积的25%。而且要在其型材空腔内添加钢衬,以满足窗的抗风压强度和安装五金附件的需要。塑料门窗框的特点还有其抗风压强度和水密性比铝窗要低,不耐燃烧,易光热老化,受热易变性,遇冷易变脆等,因此不适合制作大窗户,尤其不能用作玻璃幕墙。

(5) 塑钢门窗框:塑钢门窗是将型钢包裹在塑料门窗的空腔中,其强度高而导热系数低,使得门窗的密闭性能好,保温节能,且质轻阻燃、耐腐蚀。但塑钢门窗框料截面尺寸大,给人有粗大、笨重的感觉。

(6) 隔热型铝合金窗框:是采用在铝型材空腔中灌注高分子材料固化成隔热体,再铣削切断铝合金热桥的灌注法制成的隔热铝型材,其密闭性能好,导热系数低,是良好的节能型门窗框材。

(7) 玻璃钢门窗框:玻璃钢窗是以不饱和聚酯树脂为基体材料,以玻璃纤维及其制品为增强材料,通过拉挤工艺生产出空腹型材,再经切割、组装、喷涂等工艺制成窗框。玻璃型钢材料是一种轻质高强材料,它具有较低的热导率和线膨胀系数,并且和玻璃及建筑主体的线膨胀系数相近,窗体尺寸稳定,避免了在冷热变化较大的环境下因热胀冷缩而产生的缝隙,从而保持良好的气密性。玻璃型钢对热辐射和太阳辐射具有隔断性,因而玻璃型钢窗体具有良好的隔热性能。同时,玻璃型钢材刚性较好,适合制作较大尺寸的窗。此外,玻璃型钢材还具有良好的耐腐蚀性和耐严寒及高温性能,并具有良好的隔声性能。

2. 玻璃

现代建筑设计上趋向于采用大面积的玻璃采光、观景,而普通玻璃夏季无法控制阳光中的热能对室内的影响,冬季无法阻隔室内的热能向外散失。目前,与气候条件接近的西欧和北美国家相比,我国住宅单位采暖要多消耗2~3倍的能源。这种状况除了与墙面有关外,主要就是因为我国建筑门窗所用玻璃的节能效果较差。维持室内适宜温度往往以大量消耗空调或暖气能耗为代价。设计中精心选择合适的玻璃,是门窗节能不可缺少的环节。

门窗用玻璃的层数、厚度与传热系数的关系如表3-5所列。

表3-5　门窗用玻璃的层数、厚度与传热系数的关系

玻璃层数	厚度/mm	传热系数/[W·(m²·K)⁻¹]
单层玻璃	3 5	6.84 6.72
双层中空玻璃	3+6A+3 3+12A+3	3.59 3.22
3层中空玻璃	3+6A+3+6A+3 3+12A+3+12A+3	2.43 2.11

注:A是指中空玻璃铝间隔条的宽度,一般以3递增,单位为mm。

一般来讲，在玻璃厚度确定后，要提高中空玻璃的隔热性能，主要是增大中空层的厚度和使用导热系数低的气体置换中空玻璃内部的空气，但是中空层太大，又会产生气体的对流，增加对流传热。合理的空间层间隙应不大于 12 mm，中空玻璃不仅能降低太阳辐射，也能有效阻止温差传热。门窗玻璃种类主要有以下四类：

（1）普通玻璃。普通玻璃的特点是传热系数大，不节能。因为普通玻璃对于可见光为 3 μm 以下的短波红外线几乎是透明的，却能有效地阻隔长波红外线辐射，但这部分能量在太阳辐射中所占的比例很小。玻璃是热的良导体，其导热系数为 0.76 W/(m · K)，单层玻璃的热阻很小，如 6 mm 透明玻璃的传热系数为 6.33 W/(m · K)。

（2）热反射玻璃。热反射玻璃是一种在普通浮法玻璃表面覆上一层金属介质膜以降低太阳光产生的热量、具有较高的热反射能力而又保持良好透光性的平板玻璃。热反射玻璃表面的金属介质膜具有银镜效果，因此热反射玻璃也称镜面玻璃。热反射玻璃只能透过可见光和部分 0.8 ~ 2.5 μm 的近红外光，紫外光和 2.5 μm 以上的中、远红外光不能通过，它对太阳辐射热的反射率可达 30% 左右，而普通平板玻璃的辐射热反射率仅为 7% ~8%。因此，在夏季光照强的地区，热反射玻璃的隔热作用十分明显，可有效衰减进入室内的太阳热辐射，可以降低空调制冷负荷，但在晚上或阴雨天，其隔热效果如同普通玻璃。在冬季或日照量偏少的地区，反而会增加取暖的负荷，从节能角度看，它不适用于寒冷地区。

（3）低辐射镀膜玻璃(Low-E 玻璃)。此玻璃是利用真空沉积技术，在玻璃表面沉积一层金属或者其他化合物组成的低辐射涂层，其主要作用是降低玻璃的传热系数。高透性 Low-E 玻璃，对透过的太阳能衰减较少，这对以采暖为主的北方地区极为适用；遮阳型 Low-E 玻璃，对透过的太阳能衰减较多，这对以空调制冷的南方极为适应。

（4）中空低辐射镀膜玻璃。一般而言。采用单层热反射玻璃或单层 Low-E 玻璃，能起到一定的节能作用，但效果有限，在玻璃面积较大时不能满足要求，采用这些玻璃组成的中空玻璃是较好的选择。中空低辐射镀膜玻璃的传热系数在 1.5 W/(m^2 · K)以下。夏季，太阳光下的中空低辐射镀膜玻璃对热辐射有很强的反射能力，反射率在 90% 以上，只允许太阳光中的可见光进入室内而阻挡其中的热辐射。采用这种玻璃后，即便在太阳照射下也不会有热感，可减轻空调负荷。冬季，一般要求尽量减少对太阳能辐射的阻挡，使大量的太阳辐射进入室内。而中空低辐射镀膜玻璃具有较高的太阳透过率，可使太阳中的近红外热辐射进入室内而增加室内的热量，并使室内暖气、家用电气及人体发出的热量反射回室内，通过降低玻璃自身的热传导获得极佳的保温效果，从而有效地降低暖气的耗能。

3. 门板

对于外墙上的门扇及入户门，应尽可能地采用具有隔热性能的门扇。对于夹板门扇的实体部分来说，若在夹板门的面板之间填入 25 mm 的岩棉保温层，其热阻可超过 370 mm 砖墙的保温性能。若在纤维板面板的中间填入 30 mm 聚苯乙烯板，效果会更好。

4. 门窗缝隙处理

门窗的隔热系统结构包括两部分：单个成品门窗和门窗与墙体的结构处理。保证门窗的隔热性能，除合理选择型材、玻璃外，还要保证窗户的缝隙密闭性能好，才能达到设计要求。设计人员应将缝隙的构造设计及施工过程的技术要求体现在图纸上，并要求严格按图纸施工。结构洞口与窗框间隙太小,缝隙深处不易填实,缝隙处热损失大;缝隙过大,容易龟裂,并引起更多的热穿透。适当的缝隙宽度为:当外墙抹灰时,应为15~20 mm;当外墙贴面砖时,应为20~25 mm;当外墙贴大理石或花岗岩板时,应为20~25 mm。在结构洞口与窗框间隙间用水泥砂浆填实抹平,待水泥砂浆硬化后,在内外两侧用密封性能好的材料进行密封处理。装扇宜在内外抹灰等湿作业结束后进行,这样可减少对门窗的损伤及污染。门窗缝隙的处理要充分体现节能门窗的优越性能,还需要依靠五金件的配合。劣质五金件会使窗扇开启不灵活,推不动、关不严、下垂甚至脱落。

3.1.3 门窗节能验收规范

1. 一般规定

(1) 本章适用于建筑门窗节能工程的质量验收,包括金属门窗、塑料门窗、木质门窗、各种复合门窗、特种门窗、天窗以及门窗玻璃安装等节能工程。

(2) 建筑门窗进场后,应对其外观、品种、规格及附件等进行检查验收,对质量证明文件进行核查。

(3) 建筑外门窗工程施工中,应对门窗框与墙体接缝处的保温填充做法进行隐蔽工程验收,并应有隐蔽工程验收记录和必要的图像资料。

(4) 建筑外门窗工程的检验批应按下列规定划分:

① 同一厂家的同一品种、类型、规格的门窗及门窗玻璃每100 樘划分为一个检验批,不足100 樘也为一个检验批。

② 同一厂家的同一品种、类型和规格的特种门每50 樘划分为一个检验批,不足50 樘也为一个检验批。

③ 对于异型或有特殊要求的门窗,检验批的划分应根据其特点和数量,由监理(建设)单位和施工单位协商确定。

(5) 建筑外门窗工程的检查数量应符合下列规定:

① 建筑门窗每个检验批应抽查5%,并不少于3 樘,不足3 樘时应全数检查;高层建筑的外窗,每个检验批应抽查10%,并不少于6 樘,不足6 樘时应全数检查。

② 特种门每个检验批应抽查50%,并不得少于10 樘,不足10 樘时应全数检查。

2. 主控项目

(1) 建筑外门窗的品种、规格应符合设计要求和相关标准的规定。

检验方法:观察、尺量检查;核查质量证明文件。

检查数量:按《建筑节能工程施工质量验收规范》(GB 50411—2007)第6.1.5 条执行;质量证明文件应按照其出厂检验批进行核查。

(2) 建筑外窗的气密性、保温性能、中空玻璃露点、玻璃遮阳系数和可见光透射比应符合设计要求。

检验方法:核查质量证明文件和复验报告。

检查数量:全数检查。

(3) 建筑外窗进入施工现场时,应按地区类别对其下列性能进行复验,复验应为见证取样送检:

① 严寒、寒冷地区:气密性、传热系数和中空玻璃露点。

② 夏热冬冷地区:气密性、传热系数玻璃遮阳系数、可见光透射比、中空玻璃露点。

③ 夏热冬暖地区:气密性、玻璃遮阳系数、可见光透射比、中空玻璃露点。

检验方法:随机抽样送检;核查复验报告。

检查数量:同一厂家的同一品种同一类型的产品抽查不少于3樘(件)。

(4) 建筑门窗采用的玻璃品种应符合设计要求。中空玻璃应采用双道密封。

检验方法:观察检查;核查质量证明文件。

检查数量:按《建筑节能工程施工质量验收规范》(GB 50411—2007)第6.1.5条执行。

(5) 金属外门窗隔断热桥措施应符合设计要求和产品标准的规定,金属副框的隔断热桥措施应与门窗框的隔断热桥措施相当。

检验方法:随机抽样,对照产品设计图纸,剖开或拆开检查。

检查数量:同一厂家同一品种、类型的产品各抽查不少于1樘。金属副框的隔断热桥措施按检验批抽查30%。

(6) 严寒、寒冷、夏热冬冷地区的建筑外窗,应对其气密型做现场实体检验,检测结果应满足设计要求。检验系数和可见光透射比应符合设计要求。

检验方法:核查质量证明文件和复验报告。

检查数量:全数检查。

(7) 外门窗框或副框与洞口之间的间隙应采用弹性闭孔材料填充爆满,并使用密封胶密封;外门窗框与副框之间的缝隙应使用密封胶密封。

检验方法:观察检查;核查隐蔽工程验收纪录。

检查数量:全数检查。

(8) 严寒、寒冷地区的外门安装,应按照设计要求采取保温、密封等节能措施。

检验方法;观察检查。

检查数量:全数检查。

(9) 外窗遮阳设施的性能、尺寸应符合设计和产品标准要求;遮阳设施的安装应位置正确、牢固,满足安全和使用功能的要求。

检验方法:核查质量证明文件;观察、尺量、手扳检查。

检查数量:按《建筑节能工程施工质量验收规范》(GB 50411—2007)第6.1.5条执行;安装牢固程度全数检查。

(10) 特种门的性能应符合设计和产品标准要求;特种门安装中的节能措施,应符合设计要求。

检验方法:核查质量证明文件;观察、尺量检查。

检查数量:全数检查。

(11) 天窗安装的位置、坡度应正确,密封严密、嵌缝处不得渗漏。

检验方法:观察、尺量检查;淋水检查。

检查数量:按《建筑节能工程施工质量验收规范》(GB 50411—2007)第6.1.5条执行。

3. 一般项目

(1) 门窗扇密封条和玻璃镶嵌的密封条,其物理性能应符合相关标准的规定。密封条安装位置应正确,镶嵌牢固,不得脱槽,接头处不得开裂。关闭门窗时密封条应接触严密。

检验方法:观察检查。

检查数量:全数检查。

(2) 门窗镀(贴)膜玻璃的安装方向应正确,中空玻璃的均压管应密封处理。

检验方法:观察检查。

检查数量:全数检查。

(3) 外门窗遮阳设施调节应灵活,能调节到位。

检验方法:现场调节试验检查。

检查数量:全数检查。

项目 3.2 塑钢门窗

3.2.1 系统组成概述

1. 塑钢门窗构造

塑钢门窗是以改性硬质聚氯乙烯(简称 UPVC)为主要原料,加上一定比例的稳定剂、着色剂、填充剂、紫外线吸收剂等辅助剂,经挤出机挤出成型为各种断面的中空异型材。切割后,在其内腔衬以型钢加强筋,用热熔焊接机焊接成型为门窗框扇,配装上橡胶密封条、压条、五金件等附件而制成的门窗即所谓的塑钢门窗,它较之塑料门窗刚度更好,自重更轻。

塑钢门窗按原材料分,有 PVC 塑料门窗和其他树脂为原料的塑钢门窗;按开闭方式分,有平开窗(门)、推拉窗、旋转窗等;按构造分,有全塑窗(门)、复合 PVC 窗;在塑料门中又分全塑整体门、组装塑料门、塑料夹层门;复合 PVC 窗选用的窗框,又分为两种,一是塑料窗框内部嵌入金属型材增强,另一种是里面为 PVC,外表为铝的复合窗框。

2. 塑钢门窗的特点

(1) 强度好、耐冲击;

(2) 保温隔热、节约能源;

(3) 隔音好;

(4) 气密性、水密性好;

(5) 耐腐蚀性强;

(6) 防火;

(7) 耐老化、使用寿命长;

(8) 外观精美、清洗容易。

3. 塑钢门窗的常用开启方式

塑钢门窗与铝合金门窗相似,可采用平开、推拉、旋转等形式开启。

3.2.2 塑钢门窗施工工艺

1. 施工准备

(1) 检查需安装的门窗洞口或阳台部位,原有的门窗或栏杆是否拆除并清理,洞口墙体是否已按洞口尺寸要求做好底糙粉刷工作。

(2) 按门窗设计尺寸要求校核门窗洞口位置尺寸及标高,如有误差应先进行剔凿修正处理。

(3) 检查塑钢门窗两侧连接件位置与墙体预埋件或砖墙预置混凝土块或木砖位置是否吻合,若不符合要求应先作合适的处理。

(4) 按设计要求仔细核对塑钢门窗的型号、规格、开启形式、开启方向、组合门窗的组合件、附件是否齐全。并应小心拆除塑钢门窗的包装物,但不准撕去塑钢门窗的外保护膜。检核中发现质量问题,应找有关单位人员协商解决。

(5) 搭设必要的安装脚手架,方便安装施工,确保施工质量和施工安全。

2. 安装步骤

1) 塑钢门窗框安装

(1) 门窗洞口尺寸复核

① 洞口与框间隙规定:

清水墙:门窗框与洞口间隙10 mm;

一般粉刷或贴陶瓷锦砖:门窗框与洞口间隙15~20 mm;

贴釉面砖面:门窗框与洞口间隙20~25 mm;

贴大理石面:门窗框与洞口间隙40~50 mm;

窗下框与洞口间隙可根据设计要求定。

门边框平开门的高度应比洞口高度大10~15 mm,以此埋入地面以下,带下框的平开门或推拉门门框高度应比洞口高度小10 mm。

② 洞口尺寸允许误差:

洞口高度与宽度尺寸允差5 mm(刮糙面);

洞口刮糙面立面垂直度允差不大于5 mm;

洞口刮糙面平面水平度允差不大于5 mm;

洞口刮糙后对角线长度允差5 mm。

(2) 在洞口墙体上按设计要求弹划门窗安装线:水平标高和门窗位置中心线,同一房间内的门窗水平高度应基本一致,误差不应超过5 mm。

(3) 门窗洞口墙体厚度方向安装位置按设计要求定位。如有窗台板时,要以同一房间内窗台板外露宽度一致为准。

(4) 预先把连接件装在门窗框上,连接件的数量、安装位置和间距应严格按门窗生产厂设计要求进行。连接件厚度应小于1.5 mm,连接件也应镀锌防腐处理,连接件使用镀锌自攻螺丝固定,且须拧入不得锤击进入。

2) 门窗框就位

(1) 沿窗框外墙用电锤打孔 $\phi10$ mm,用铁膨胀螺丝固定门窗框的连接件。

(2) 用射钉枪将连接件与墙体固定,但此法不准用于多孔砖墙体上,须将射钉打入预制的混凝土垫块上。

(3) 在墙体上打孔,用 $\phi8$ mm 尼龙胀管打入,然后用 $\phi5$ mm×40 mm 自攻螺丝将连接件与墙面固定。

3）填缝与清洁

(1) 在门窗洞口粉刷前去除木楔,在缝隙内塞入矿棉条或泡沫塑料条等软质材料,使之形成柔性连接,以适应垫胀冷缩。也可在缝隙内注入专用发泡剂来填充,其效果则更佳。

(2) 在门窗框与墙体缝隙内外表面用密封膏嵌实,连接件处也须注盖密实,不露出缝隙中软质材料。

(3) 门窗洞口作粉刷时,应注意保护框表面保护膜,不得随间撕坏,如框上沾上水泥浆,应立即用软布抹洗干净。粉刷完毕应及时清除框槽口内的砂浆渣,或预先采取遮盖措施不使砂浆渣掉入槽口内。

4）安装门窗扇及五金件

(1) 在内外墙粉刷贴面工作结束后再进行门窗扇的安装工作。平开门窗扇应装配后关闭严密,开关灵活,间隙均匀。推拉门窗也应关闭严密、间隙均匀、开关轻便。

(2) 门窗五金配件应安装齐全,位置正确,牢固,方便使用。

(3) 装配玻璃须按生产厂的规定,加设橡胶垫块,固定玻璃的橡胶嵌条须符合质量要求,镶嵌严密,搭接处应用胶水粘结。

3.2.3 门窗质量控制

塑料门窗分项工程的检验批按下列规定划分:同一品种、类型和规格的塑料门窗每 100 樘应划分为一个检验批,不足 100 樘也应划分为一个检验批。

1. 主控项目

(1) 塑料门窗的品种、类型、规格、尺寸、开启方向、安装位置、连接方式及填嵌密封处理等应符合设计要求,内衬增强型钢的壁厚应符合国家现行产品标准的质量要求。

(2) 塑料门窗框、副框和扇的安装必须牢固。固定片或膨胀螺栓的数量与位置应正确,连接方式应符合设计要求。固定点应距窗角、中横框、中竖框 150 ~ 200 mm,固定点间距应不大于 600 mm。

(3) 塑料门窗拼樘料内衬增强型钢的规格、壁厚必须符合设计要求,型钢应与型材内腔紧密吻合,其两端必须与洞口固定牢固。窗框必须与拼樘料连接紧密,固定点间距应不大于 600 mm。

(4) 塑料门窗扇应开关灵活、关闭严密,无倒翘。推拉门窗扇必须有防脱落措施。

(5) 塑料门窗配件的型号、规格、数量应符合设计要求,安装应牢固,位置应正确,功能应满足使用。

(6) 塑料门窗框与墙体间缝隙应采用闭孔弹性材料填嵌饱满,表面应采用密封胶密封。密封胶应粘结牢固,表面应光滑、顺直、无裂纹。

2. 一般项目

(1) 塑料门窗表面应洁净、平整、光滑,大面应无划痕、碰伤。

(2) 塑料门窗扇的密封条不得脱槽。旋转窗间隙应基本均匀。

(3) 平开门窗扇:平铰链的开关力:≤80 N;滑撑铰链开关力:≤80 N;且≥30 N。

推拉门窗扇:开关力:≤100 N。

(4) 玻璃密封条与玻璃槽口的接缝应平整,不得卷边、脱槽。

(5) 排水孔应畅通,位置和数量应符合设计要求。

(6) 塑料门窗安装的允许偏差应符合表3-6要求。

表3-6　塑料门窗安装的允许偏差和检验方法

项次	项　目		允许偏差/mm
1	门窗槽口宽度、高度	≤1 500 mm	2
		>1 500 mm	3
2	门窗槽口对角线长度差	≤2 000 mm	3
		>2 000 mm	5
3	门窗框的正、侧面垂直度		3
4	门窗框的水平度		3
5	门窗横框标高		5
6	门窗竖向偏离中心		5
7	双层门窗内外框间距		4
8	同樘平开门相邻扇高度差		2
9	平开门窗铰链部位配合间隙		+2; -1
10	推拉门窗扇与框搭接量		+1.5; -2.5
11	推拉门窗扇与竖框平行度		2

3. 质量记录

产品出厂应具备以下质量记录:

(1) 门窗产品出厂合格证和试验报告。

(2) 五金配件的合格证。

(3) 保温嵌缝材料的材质证明及出厂合格证。

(4) 密封胶的出厂合格证及使用说明。

(5) 质量检验评定记录。

4. 注意事项

(1) 运输存放损坏:运输时应轻拿轻放,存放时应在库房地面上用方枕木垫平,并竖直存放,并应远离热源。

(2) 门窗框松动:安装时应先在门窗外框上按设计规定的位置打眼,用自攻螺丝将镀锌连接件紧固;用电锤在门窗洞口打孔,装入尼龙胀管,门窗安装后,用木螺丝将连接件固定在胀管内;单砖及轻质墙,应砌混凝土块木砖,以增加和连接件的拉结牢固程度,使门框安装后不松动。

(3) 门窗框与墙体缝隙未填软质材料:应填入泡沫塑料或矿棉等软质材料,使之与墙体形成弹性连接。

(4) 门窗框安装后变形:填缝时用力过大,使之受挤变形,不得在门窗上铺搭脚手板。

(5) 门窗框边未嵌密封胶:应按图纸要求操作。

(6) 连接螺丝直接锤入门窗框内:没按规矩先用手电钻打眼,后拧螺丝。

(7) 污染:保护措施不够,清洗不认真。

(8) 五金配件损坏:由于安装后保管不当,使用时不注意。

项目 3.3 断桥铝合金门窗

3.3.1 系统概述

1. 断桥铝合金门窗的构造

断桥铝合金门窗,采用隔热断桥铝型材和中空玻璃,具有节能、隔音、防噪、防尘、防水等功能。断桥铝门窗的热传导系数 K 值为 3 W/(m^2 · K)以下,比普通门窗热量散失减少一半,降低取暖费用 30% 左右,隔声量达 29 dB 以上,水密性、气密性良好。断桥铝合金门窗的构造如图 3-3 所示。

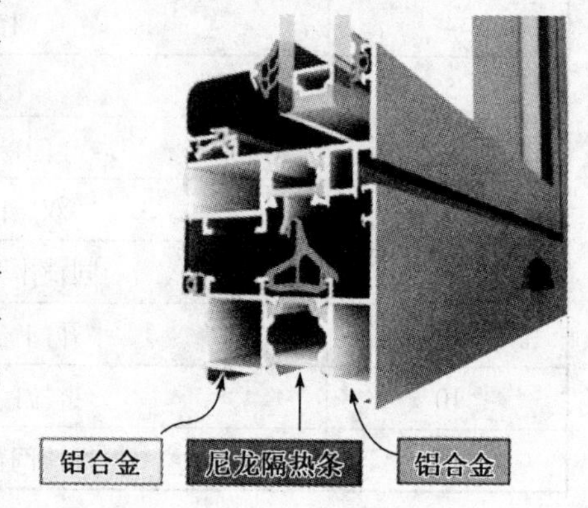

图 3-3 断桥铝合金门窗的构造

2. 断桥铝合金门窗的特点

(1) 降低热量传导:采用隔热断桥铝合金型材,其热传导系数为 1.8 ~ 3.5 W/(m^2 · K),大大低于普通铝合金型材 140 ~ 170 W/(m^2 · K);采用中空玻璃结构,其热传导系数为 2.0 ~ 3.59 W/(m^2 · K),大大低于普通铝合金型材6.69 ~ 6.84 W/(m^2 · K),有效降低了通过门窗传导的热量。

(2) 防止冷凝:带有隔热条的型材内表面的温度与室内温度接近,降低因型材表面温度低于附近空气露点温度而出现冷凝水的可能性。

(3) 节能:在冬季,带有隔热条的窗框能够减少 1/3 的通过窗框散失的热量;在夏季,如果是在有空调的情况下,带有隔热条的窗框能够更多地减少能量的损失。

(4) 降低噪音:采用厚度不同的中空玻璃结构和隔热断桥铝型材空腔结构,能够有效降低声波的共振效应,阻止声音的传递,可以降低噪音 30 dB 以上。

(5) 颜色丰富多彩:采用阳极氧化、粉末喷涂、氟碳喷涂表面处理后可以生产不同颜色的铝型材,经滚压组合后,使隔热铝合金门窗产生室内、室外不同颜色的双色窗户。

3.3.2 断桥铝合金门窗材料要求

1. 型材

隔热型材的生产方式主要有两种,一种是采用隔热条材料与铝型材,通过机械开齿、穿条、滚压等工序形成"隔热桥",称为隔热型材"穿条式";另一种是把隔热材料浇注入铝合金型材的隔热腔体内,经过固化,去除断桥金属等工序形成"隔热桥",称为"浇注式"隔热型材。隔热型材的内外两面,可以是不同断面的型材,也可以是不同表面处理方式的不同颜色型材。但受地域和气候的影响，避免因隔热材料和铝型材的线膨胀系数的差距很大，在热胀冷缩时二者之间产生较大应力和间隙；同时隔热材料和铝型材组合成一体，在门窗和幕墙结构中，同样和铝材一样受力。因此，要求隔热材料还必须有与铝合金型材相接近的抗拉强度、抗弯强度，膨胀系数和弹性模量，否则就会使隔热桥遭到断开和破坏。

2. 玻璃

优先选用优质中空玻璃，原片是浮法玻璃，厚度标准的是 5 mm。两片玻璃之间的铝合条，厚度应在 12～15 mm 之间，这要根据门窗型材规格设定。门窗中空玻璃面积大于 1.5 m^2 需钢化处理。

3. 门窗胶条的规格

断桥铝门窗胶条要选用进口三元乙丙产品，其使用寿命达 30 年，劣质产品寿命仅 5 年左右。密封胶要使用硅酮耐候胶。分辨胶条真假采用“一看，二闻，三拉伸”的方法：正品胶条颜色纯黑，表面无凹凸点，密度好；为正常的橡胶味，气味不刺鼻，不浓烈；拉力劲大，有弹性，不易折。

3.3.3 施工工艺

1. 准备

1）材料及主要机具

（1）断桥铝合金门窗的规格、型号应符合设计要求，且应有出厂合格证。

（2）断桥铝合金门窗所用的五金配件应与门窗型号相匹配。

（3）防腐材料及保温材料均应符合图纸要求，且应有产品的出厂合格证。

（4）与结构固定的连接铁脚、连接铁板，应按图纸要求的规格备好，并做好防腐处理。

（5）密封膏应按设计要求准备，并应有出厂证明及产品生产合格证。

（6）嵌缝材料的品种应按设计要求选用。

2）主要机具

主要机具有线坠、水平尺、托线板、手锤、钢卷尺、螺丝刀、冲击电钻、射钉枪等。

2. 作业条件

（1）结构质量经验收后达到合格标准，工种之间办理了交接手续。

（2）按图示尺寸弹好窗中线，并弹好 +50 cm 水平线，校正门窗洞口位置尺寸及标高是否符合设计图纸要求，如有问题应提前剔凿处理。

（3）检查铝合金门窗两侧连接铁脚位置与墙体预留孔洞位置是否吻合，若有问题应提前处理，并将预留孔洞内的杂物清理干净。

（4）铝合金门窗的拆包检查，将窗框周围的包扎布拆去，按图纸要求核对型号，检查外观质量和表面的平整度，如发现有劈棱、窜角和翘曲不平、严重超标、严重损伤、外观色差大等缺陷时，应找有关人员协商解决，经修整鉴定合格后才可安装。

（5）认真检查铝合金门窗保护膜的完整，如有破损的，应补粘后再安装。

3. 操作工艺

1）工艺流程

工艺流程如下：窗洞口抹灰→安装附框→外抹灰→安装主框→室内抹灰→室外挤塑板施工→

打封闭胶→检查验收。

2）施工准备

（1）窗户安装前，根据施工图在洞口部位标出窗户安装的水平和垂直方向的控制标志线。除应控制同一楼层的水平标高外，还应控制同一竖直部位窗户的垂直偏差，做到整个建筑物同一类型的窗户安装横平竖直。

（2）断桥铝合金窗的附框距墙的尺寸不宜太大，在安装附框前，应对窗口抹灰找平，保证附框的距离。

（3）根据标出的位置安装断桥铝合金窗附框，附框安装时应用木楔临时固定，木楔间距控制在500 mm左右，防止窗框变形。窗附框位置调整完毕符合要求后，将附框用膨胀螺栓连接固定在洞口墙体上。附框与窗洞口之间的缝隙用发泡聚氨酯填塞。

（4）附框安装完成后，进行外墙的抹灰，抹灰时要保证抹灰的厚度为15 mm，不能太厚，以免粘外墙保温板时，保温板压窗主框太多。

（5）安装断桥铝合金窗主框前洞口须上下挂线，避免主框发生移位。必须对前后位置、垂直度、水平度进行总体调整，对框的每根立挺的正、侧面都要认真进行垂吊，垂吊好后要卡方，确保垂直及两个对角线的长度相等，窗主框与附框安装就位后，之间外缘缝隙宽度应为5 mm，主框与附框之间的空隙用发泡聚氨酯填塞，外面用密封膏嵌缝。

（6）主框安装完毕后，方准许进行内墙的抹灰，抹灰按装饰工程技术质量保证措施执行，由于主框与窗洞口的距离较大为45 mm，要求在窗洞口上口及侧口抹灰时挂钢丝网加强，钢丝网网孔25 mm×25 mm，丝径2 mm，钢钉固定@400，窗下口用C20细石混凝土随打随抹光，要求断桥铝合金窗内框抹灰吃口应横平竖直，压窗主框5 mm，保证窗户正常开启。

（7）粘外墙保温板时，吃口应均匀一致，均应压进窗主框5 mm，内外窗台标高严格按设计节点施工，断桥铝合金窗主、附框周边打专用封闭胶，做封闭处理，防止渗漏。

3.3.4 断桥铝合金门窗质量控制

1. 保证项目

（1）断桥铝合金门窗及其附件质量，必须符合设计要求和有关标准的规定。

（2）断桥铝合金门窗的安装位置、开启方向必须符合设计要求。

（3）断桥铝合金门窗安装必须牢固，预埋件的数量、位置、埋设连接方法，必须符合设计要求。

（4）断桥铝合金门窗框与非不锈钢紧固件接触面之间，必须做防腐处理；严禁用水泥砂浆作门窗框与墙体之间的填塞材料。

2. 基本项目

断桥铝合金门窗扇安装应符合以下规定：

（1）平开门窗扇关闭严密，间隙均匀，开关灵活。

（2）断桥铝合金门窗附件齐全，安装位置正确、牢固、灵活适用，达到各自的功能，端正美观。

（3）断桥铝合金门窗框与墙体间缝隙填嵌饱满密实，表面平整、光滑，无裂缝，填塞材料、方法符合设计要求。

（4）断桥铝合金门窗表面洁净，无划痕、碰伤，无锈蚀；涂胶表面平滑、平整，厚度均匀，无气孔。

3. 允许偏差项目

允许偏差项目主要有:门窗框两对角线长度差、门窗框正、侧面的垂直度、水平度、横框标高等,具体不得超过表3-7规定的数值。

表3-7　　铝合金门窗安装允许偏差

项次	项　　目			允许偏差	检验方法
1	门窗框两对角线长度	≤2 000 mm >2 000 mm		2 mm 3 mm	用钢卷尺检查,量里角
2	平开窗	窗扇与框搭接宽度差		1 mm	用深度尺或钢板尺检查
3		同樘门窗相邻扇的横端角宽度差		2 mm	用拉线和钢板尺检查
4	推拉扇	门窗扇开启力限值	扇面积≤1.5 m^2	≤40 N	用100 N弹簧秤钩住位手处,启门5次取平均值
		门窗扇开启力限值	扇面积>1.5 m^2	≤60 N	
5	弹簧门扇	门窗扇与框或相邻扇立边平行度		2 mm	用1 m钢板尺检查
6		门扇对口缝或扇与框间立、横缝留缝限值		2~4 mm	用楔形塞尺检查
7		门扇与地面间隙留缝限值		2~7 mm	深度尺检查
8		门扇对口缝关闭时平整		2 mm	
9	门窗框(含拼樘料)正、侧面垂直度			2 mm	用1 m托线板检查
10	门窗框(含拼樘料)水平度			1.5 mm	用1 m水平尺和楔形塞尺检查
11	门窗横框标高			5 mm	用钢板尺检查,与基准线比较
12	双层门窗内外框、梃(含拼樘料)中心距			4 mm	用钢板尺检查

项目3.4　门窗节能检测实例

3.4.1　背景资料

××市××路第47、48街坊55#房的窗户示意图如图3-4所示,窗户构造为"铝合金推拉窗+遮阳木百叶",测试箱体中的热室气温为18.6℃,冷室气温为-20.3℃,气流速度2.7 m/s。测得"铝合金推拉窗+遮阳木百叶"的整体综合传热系数为4.0 W/(m^2·K)。

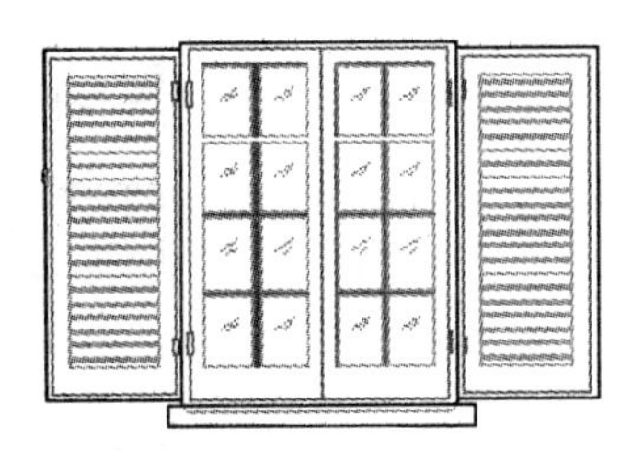

图3-4　窗户示意图

试检测铝合金推拉窗的传热系数。

3.4.2 门窗传热系数的测试

1. 检测标准和检测原理

(1) 检测标准:《建筑外门窗保温性能分级及检测方法》(GB/T 8484—2008)。

(2) 检测原理:基于稳定传热原理,采用标定热箱法检测门窗传热系数。也就是试件一侧为热箱,模拟采暖建筑冬季室内气候条件,另一侧为冷箱,模拟冬季室外气候条件。在对试件缝隙进行密封处理,试件两侧各自保持稳定的空气温度、气流速度和热辐射条件下,测量热箱中加热器的发热量,减去通过热箱外壁和试件框的热损失(两者均由标定试验确定),除以试件面积与两侧空气温差的乘积,即可计算出试件的传热系数 *K* 值。

2. 检测装置

检测装置主要由热箱、冷箱、试件框、控湿系统和环境空间五部分组成。检测装置及装置构造图如图 3-5 和图 3-6 所示。

图 3-5 检测装置

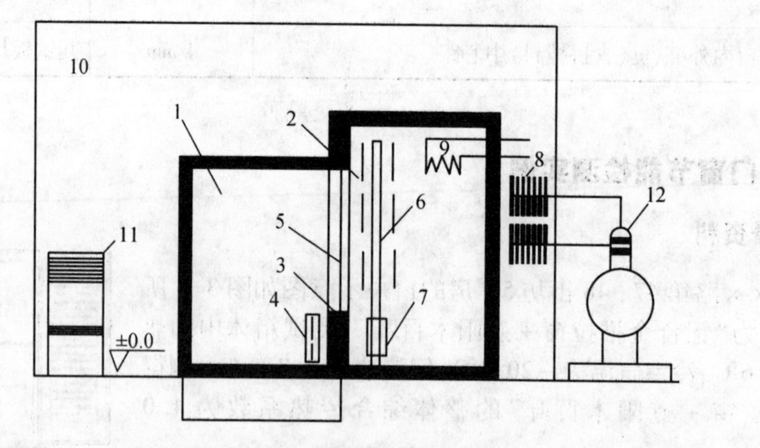

1—热箱;2—冷箱;3—试件框;4—电暖气;5—试件;6—隔风板;7—风机;8—蒸发器;9—加热器;10—环境空间;11—空调器;12—冷冻机

图 3-6 检测装置构造图

1）热箱

（1）热箱开口尺寸不宜小于2 100 mm×2 400 mm（宽×高），进深不宜小于2 000 mm。

（2）热箱外壁构造应是热均匀体，其热阻值不得小于3.5 $(m^2 \cdot K)/W$。

（3）热箱内表面的总的半球发射率 ε 值应大于0.85。

2）冷箱

（1）冷箱净尺寸应与试件框外边缘尺寸相同，进深以能容纳制冷、加热及气流组织设备为宜。

（2）冷箱外壁应采用不吸湿的保温材料，其热阻值不得小于3.5 $(m^2 \cdot K)/W$，内表面应采用不吸水、耐腐蚀的材料。

（3）冷箱通过安装在冷箱内的蒸发器或引入冷空气进行降温。

（4）利用隔风板和风机进行强迫对流，形成沿试件表面自上而下的均匀气流，隔风板与试件框冷侧表面距离宜能调节。

（5）隔风板宜采用热阻不小于1.0 $(m^2 \cdot K)/W$ 的挤塑聚苯板，隔风板面向试件的表面，其总的半球发射率 ε 值应大于0.85。隔风板的宽度与冷箱内净宽度相同。

（6）蒸发器下部应设置排水孔或盛水盘。

3）试件框

（1）试件框外缘尺寸应不小于热箱开口部处的内缘尺寸。

（2）试件框应采用不吸湿、构造均匀的保温材料，热阻值不得小于7.0$(m^2 \cdot K)/W$，其密度应为20～40 kg/m^3。

（3）安装外窗试件的洞口尺寸不应小于1 500 mm×1 500 mm；外门试件的洞口尺寸不宜小于1 800 mm×2 100 mm。洞口周边应不吸水、导热系数不大于0.25 $W/(m^2 \cdot K)$的材料。

4）环境空间

（1）检测装置应放在装有空调器的试验室内，保证热箱外壁内、外表面面积加权平均温差小于1.0 K。试验室空气温度波动不应大于0.5 K。

（2）试验室围护结构应有良好的保温性能和热稳定性。应避免太阳光通过窗户进入室内，试验室内表面应进行绝热处理。

（3）热箱外壁与周边壁面之间至少应留有500 mm的空间。

5）感温元件的布置

（1）感温元件。

① 感温元件采用铜－康铜热电偶，必须使用同批生产、丝径为0.2～0.4 mm的铜丝和康铜丝制作。铜丝和康铜丝应有绝缘包皮。其测量不确定度不应大于0.25 K。

② 感温元件应进行绝缘处理。

③ 感温元件应定期进行检验。

（2）空气温度测点的布置。

① 应在热箱空间内设置两层热电偶作为空气温度测点，每层均匀布4点。

② 冷箱空气温度测点应布置在符合GB/T 13475规定的平面内，与试件安装洞口对应的面积上均匀布9点。

③ 测量空气温度的感温元件感应头均应进行热辐射屏蔽。

④ 测量热、冷箱空气温度的感温元件可分别并联。

（3）表面温度测点的布置。

① 热箱每个外壁的内、外表面分别对应布6个温度测点。

② 试件框热侧表面温度测点不宜少于20个，试件框冷侧表面测点不宜少于14个点。

③ 热箱外壁及试件框每个表面温度测点的热电偶可分别并联。

④ 测量表面温度的感温元件感应头应连同至少100 mm的引线一起，紧贴在被测表面上。粘贴材料总的半球发射率 ε 值应与被测表面的 ε 值相近。

⑤ 凡是并联的感温元件，各感温元件引线电阻必须相等，各点所代表被测面积应相同。

6）热箱加热装置

（1）热箱采用交流稳压电源供加热器加热。

（2）计量加热功率 Q 的功率表的准确度等级不得低于0.5级，且应根据被测值大小转换量程，使仪表示值处于满量程的70%以上。

7）风速

（1）冷箱风速可用热球风速仪测量，测点位置与冷箱空气温度测点相同。

（2）不必每次试验都测定冷箱风速。当风机型号、安装位置、数量及隔风板位置发生变化时，应重新进行测量。

3. 建筑门窗传热系数的检测程序

1）试件安装

（1）被测试件为一件，试件尺寸及构造应符合产品设计和组装要求，不得附加任何多余配件或特殊组装工艺。

（2）试件安装位置：试件的外表面应位于距试件框冷侧表面50 mm处。

（3）试件与试件洞口周边之间的缝隙宜用聚苯乙烯泡沫胶条填塞，并密封；试件开启缝应采用透明塑料胶带双面密封。

（4）当试件面积小于试件洞口面积时，应用与试件厚度相近，已知导热 λ 值的聚苯乙烯泡沫塑料填堵。在聚苯乙烯泡沫塑料板两侧表面粘贴适量的感温元件，测量两表面的平均温差，计算通过该板的热损失。

（5）在试件热侧表面适当布置一些感温元件，作为参考温度点。

2）检测条件

（1）热箱空气温度设定范围为19℃~21℃，温度波动幅度不应大于0.2 K。

（2）热箱空气为自然对流。

（3）冷箱空气温度设定范围为−19℃ ~ −21℃，温度波动幅度不应大于0.3 K。

（4）与试件冷侧表面距离符合《建筑构件稳态热传递性质的测定标定和防护热箱法》（GB/T 13475）规定平面内的平均风速设定为3.0 m/s。

3）试件的检测

（1）检查感温元件是否完好。

（2）启动检测装置，设定冷、热箱和环境空气温度。设定试件的其他参数：试件规格、面积、开启缝长、型材种类、玻璃种类、门窗框面积与门窗面积比等。

（3）当冷、热箱和环境空气温度达到设定值后，监控各个控温点温度，使冷、热箱和环境空气温度维持稳定,达到稳定状态后,如果逐时测量得到热箱和冷箱的空气平均温度 t_h 和 t_c 每小时变化的绝对值分别不大于0.1℃和0.3℃;温差 $\Delta\theta_1$ 和 $\Delta\theta_2$ 每小时变化的绝对值分别不大于0.1 K和0.3 K,且上述温度和温差变化不是单项变化,则表示传热过程已经稳定。

(4) 传热过程稳定以后,每隔30 min测量1次参数 t_h, t_c, $\Delta\theta_1$, $\Delta\theta_2$, $\Delta\theta_3$ 和 Q,共测量6次。

(5) 测量结束之后,记录热箱空气相对湿度,试件热测表面及玻璃夹层结霜、结露状况。

4) 数据处理

(1) 各参数取6次测量的平均值;

(2) 试件传热系数 K 值按下式计算:

$$K=\frac{Q-M_1\cdot\Delta\theta_1-M_2\cdot\Delta\theta_2-S\cdot\Lambda\cdot\Delta\theta_3}{A\cdot\Delta t}\tag{3-1}$$

式中 K——传热系数,W/(m^2·K);

Q——电暖气加热功率,W;

M_1——标定实验确定的热箱外壁热流系数,W/K;

M_2——标定实验确定的试件框热流系数,W/K;

$\Delta\theta_1$——热箱外壁内、外表面面积加权平均温度差,K;

$\Delta\theta_2$——试件框热箱外壁内、外表面面积加权平均温度差,K;

S——填充板的面积,m^2;

Λ——填充板的热导率,W/(m^2·K);

$\Delta\theta_3$——填充板两表面的平均温差,K;

A——试件面积,m^2;

Δt_1——热箱空气平均温度 t_h 与冷箱空气平均温度 t_c 之差,K。

如果试件面积小于试件洞口面积时,式(3-1)中分子 $S\cdot\Lambda\cdot\Delta\theta_3$ 项为聚苯乙烯泡沫塑料填充板的热损失。

(3) 试件传热系数 K 值取两位有效数字。

5) 检测报告

建筑外窗保温性能检测报告如表3-8所列,外门窗保温性能分级如表3-9所列。

表3-8　　建筑外窗保温性能检测报告

报告编号:RG0001

试件名称	铝合金推拉窗	型号规格	双玻中空推拉窗 1 500 mm×1 500 mm×70 mm
委托单位	—	生产厂家	同委托单位
委托单位地址	—	检测性质	送检
工程名称	—	检测日期	—
委托日期	—	报告日期	—
检测依据	GB 8484—2008	样品编号	—

（续表）

试件及检测说明	1. 试件为铝合金推拉窗，单框双玻，试件周围进行密封。 2. 试件尺寸为 1 500 mm×1 500 mm×70 mm（长×宽×厚）。 3. 浮法玻璃，充惰性气体，5（Float）+12A+5（Float）。 4. 窗框窗洞面积比 0.24。 5. 热室气温 19.1℃，冷室气温 −19.5℃，气流速度 3.0 m/s。 6. 试件的构造见附图。	
检测结果	项　　目	结　　果
	热室与冷室气温差 Δt/K	38.6
	热室外壁内外表面温差 $\Delta\theta_1$/K	−1.0
	试件框热冷表面温差 $\Delta\theta_2$/K	39.9
	填充板热冷表面温差 $\Delta\theta_3$/K	32.7
	热室加热功率 Q/W	342.0
	填充板热损失 $SG\Delta\theta_3$/W	2.4
	试件面积外缘尺寸 A/m^2	2.25
	试件的传热系数 $K/(W/(m^2 \cdot K)^{-1})$	3.9
检测结论	该铝合金推拉窗的传热系数 K=3.9 W/（$m^2 \cdot K$），保温性能分级为 3 级。	

批准：　　　　　　　　审核：　　　　　　　　检测：

表 3-9　　外门窗保温性能分级参照表

GB/T 8484—2008 外门、外窗传热系数分级					
分级	1	2	3	4	5
分级指标值	$K \geqslant 5.0$	$5.0 > K \geqslant 4.0$	$4.0 > K \geqslant 3.5$	$3.5 > K \geqslant 3.0$	$2.0 > K \geqslant 2.5$
分级	6	7	8	9	10
分级指标值	$2.5 > K \geqslant 2.0$	$2.0 > K \geqslant 1.6$	$1.6 > K \geqslant 1.3$	$1.3 > K \geqslant 1.1$	$K < 1.1$

3.4.3　门窗气密性检测

随着社会经济的迅速发展、人民生活水平的日益提高，空调已经大量进入家庭，空调的使用对建筑保温隔热提出了更高的要求，由于室内外存在温差，也就存在能量交换，能量交换通过建筑外墙及外窗进行，因此要求建筑外窗具有较小的空气渗透性能，以尽量减少能量的损失。但有的门窗材料商在竞标时是出示了门窗气密性的形式检验报告，而在工程施工中，由于窗型多样化（尺寸变化大）和施工质量得不到保证，所以外门窗的实际气密性能有些不能符合设计标准要求。尤其是风貌别墅在经历了几十年的风吹雨打后，原有的密封措施可能已经损坏，所以必须对风貌别墅的外门窗气密性进行现场测试。

1. 测试方法

气密性检测的主要方法如下：空气渗透性能检测时，首先将试件全部可开启的缝隙密封，分级施加风荷载，记录达到各分级荷载时的空气流量；然后将密封去除，重复上述过程，以两次测量的差值作为试件本身的渗透量,以窗内外压力差值为10 Pa时单位面积的空气渗透量作为评价指标进行评级。

2. 测试要求

1）测试前期要求

(1) 受检外窗在进入节能气密性检验前,其安装质量必须满足我国《建筑装饰工程施工及验收规范》(JGJ 73)的规定。建筑物外窗窗口整体密封性能的检测属于深化检测,不属于粗放型、程式化的验收。

(2) 为了保证检测过程中受检外窗内外表面压差的稳定,建筑物外窗窗口整体气密性能的检测应在室外风速不超过3 m/s的条件下进行。因为在这种风环境下进行检测时,受检外窗内外表面压差变化不会超过检测期间平均压差的10%。同时应对环境参数(室内外温度、室外风速和大气压力)进行同步检测。

2）测试要求

(1) 检测装置的安装位置应符合图3-7的规定。当受检外窗洞口尺寸过大或形状特殊,按图3-7的规定执行有困难时,为了增加现场检测的可操作性,可以将整个房间作为一个整体来检验,前提是要将外墙和内墙上的其他孔洞严密封堵,以保证除受检外窗外,其他任何地方不发生渗透。

在确认外窗已完全关闭的情况下,按照图3-7的要求安装检测装置。

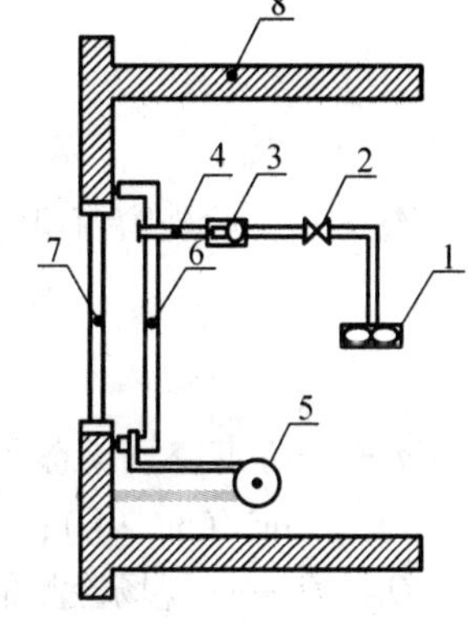

1—送风机或排风机; 2—风量调节阀; 3—流量计; 4—送风或排风管; 5—差压表; 6—密封板或塑料膜; 7—被测试外窗; 8—墙体围护结构

图3-7 外窗气密性能检测系统一般构成

(2) 在检测开始前,应在首层受检外窗中选择一樘进行检测系统附加渗透量的现场标定。附加渗透量不得超过总空气渗透量的10%。当其附加渗透量超过总渗透量的10%时,应在加强堵漏措施后,重新进行现场标定。因为检测装置在和窗口墙面密合时,存在泄漏是正常的,但是,这个附加的泄漏量应该控制为总渗透量的10%。在检测装置、现场操作人员和操作程序完全相同的情况下,当检测其他受检外窗时,检测系统本身的附加渗透量可直接采用首层受检外窗的标定数据,而不必另行标定。因为一般情况下只有首层检测人员才有可能从室外侧封堵窗缝。但当其他楼层有条件时,仍然应对检测装置本身的泄漏量进行标定。

(3) 测试装置要求。根据ASTME783—91的要求,差压表的不确定度应不超过2.5 Pa;空气流量测量装置的不确定度应满足以下要求:当空气流量不大于3.5 m^3/h时,不准确度不应大于测量值的10%;当空气流量大于3.5 m^3/h时,不准确度不应大于测量值的5%。

3）测试数据处理

方法1:测试数据处理方法参考了《建筑外窗气密性能分级及检测方法》(GB/T 7107—2002),该标准采用压差值为10 Pa时外窗单位缝长和单位面积的渗透量来对外窗进行分级。考虑到现场检测外窗的缝长较困难,所以,本方法仅采用面积指标。该面积即受检外窗的面积,或外窗的形状不规则时则为该外窗的展开面积。为了减少误差,便于操作,检测时的起始压差定为30 Pa,为了得到外窗在10 Pa压差下的值,则需要通过回归方程间接计算而得。具体公式如下:

(1) 根据检测结果回归受检外窗的空气渗透量方程,回归方程应采用式(3-2)的形式。

$$L = a(\Delta P)^c \tag{3-2}$$

式中 L——现场检测条件下检测系统本身的附加渗透量或总空气渗透量,m^3/h;

ΔP——受检外窗的内外压差,Pa;

a, c——回归系数。

(2) 建筑物外窗窗口单位空气渗透量应按式(3-3)—式(3-6)计算:

$$q_a = \frac{Q_{st}}{A_w} \tag{3-3}$$

$$Q_{st} = Q_z - Q_f \tag{3-4}$$

$$Q_z = \frac{293}{101.3} \times \frac{B}{(t + 273)} \times Q_{za} \tag{3-5}$$

式中 A_w——受检外窗窗口的面积(m^2),当外窗形状不规则时应计算其展开面积;

$$Q_f = \frac{293}{101.3} \times \frac{B}{(t + 273)} \times Q_{fa} \tag{3-6}$$

q_a——标准空气状态下,受检外窗内外压差为 10 Pa 时,建筑物外窗窗口单位空气渗透量,$m^3/(m^2 \cdot h)$;

Q_{fa}, Q_f——现场检测条件和标准空气状态下,受检外窗内外压差为 10 Pa 时,检测系统的附加渗透量,m^3/h;

Q_{za}, Q_z——现场检测条件和标准空气状态下,内外压差为 10 Pa 时,受检外窗窗口(包括检测系统在内)的总空气渗透量,m^3/h;

Q_{st}——标准空气状态下,内外压差为 10 Pa 时,受检外窗窗口本身的空气渗透量,m^3/h;

B——检测现场的大气压力,kPa;

t——检测装置附近的室内空气温度,℃。

方法 2:根据《建筑外窗气密性能分级及检测方法》(GB/T 7107—2002),分别计算出升压和降压过程中在 100 Pa 压差下的两个附加渗透量测定值的平均值 q_f 和两个总渗透量测定值的平均值 q_z,则窗试件本身 100 Pa 压差下的空气渗透量 q_t 可按式(3-7)计算:

$$q_t = q_z - q_f \tag{3-7}$$

然后再利用式(3-8)将 q_t 换算成标准状态下的渗透量 q'值。

$$q' = \frac{293}{101.3} \times \frac{q_t P}{T} \tag{3-8}$$

式中 q'——标准状态下通过试件空气渗透量值,m^3/h;

P——试验室气压值,kPa;

T——试验室空气温度值,K;

q_t——试件渗透量测定值，m^3/h。

将 q' 值除以试件开启缝长度 l，即可得到在 100 Pa 下单位开启缝长空气渗透量值：

$$q_1' = \frac{q'}{l} \tag{3-9}$$

将 q' 值除以试件面积 A，即可得到在 100 Pa 下单位面积的空气渗透量值：

$$q_2' = \frac{q'}{A} \tag{3-10}$$

正压、负压分别按照以上公式计算。

为了保证分级指标值的准确度，采用由 100 Pa 检测压力差下的测定值 $\pm q_1'$ 或 $\pm q_2'$ 按式(3-11)或式(3-12)换算为 10 Pa 检测压力下的相应值 $\pm q_1$ 或 $\pm q_2$。

$$\pm q_1 = \frac{\pm q_1'}{4.65} \tag{3-11}$$

$$\pm q_2 = \frac{\pm q_2'}{4.65} \tag{3-12}$$

式中　q_1'——100 Pa 作用压力下单位缝长空气渗透量值，$m^3/(m \cdot h)$；

q_1——10 Pa 作用压力下单位缝长空气渗透量值，$m^3/(m \cdot h)$；

q_2'——100 Pa 作用压力下单位面积空气渗透量值，$m^3/(m^2 \cdot h)$；

q_2——10 Pa 作用压力下单位面积空气渗透量值，$m^3/(m^2 \cdot h)$。

将三樘试件的 $\pm q_1$ 值或 $\pm q_2$ 值分别平均后对照表 3-9 确定按照缝长和按面积各自所属登记，最后取两者中不利级别为该组试件所属等级。

4）测试案例

本案例对某处建筑进行了气密性测试(图 3-8)，测试设备的数据处理是基于方法 2 的，试件为普通铝合金窗，试件缝长为 4.14 m，面积为 3.43 m^2，经过测试得到 $q_1 = 1.57\ m^3/(m \cdot h)$，$q_2 = 8.79\ m^3/(m^2 \cdot h)$。

图 3-8　气密性测试现场图

根据计算结果查询建筑外窗气密性分级表可知，q_1 和 q_2 对应的气密性能属国标 GB/T 7107—2002 第 2 级。该测试方法可用于判别风貌别墅经历了几十年的风吹雨打后原有密封措施的损坏程度。

复习思考题

1. 常用门窗框材料的性能有哪些？

2. 节能门窗验收检验批的划分有哪些要求？

3. 建筑外门窗工程的检验批应按哪些规定划分？检查数量应符合哪些规定？

4. 简述塑钢门窗施工工艺及应注意的事项。

5. 简述断桥铝合金窗施工工艺及应注意的事项。

实训练习题

1. 作业目的

(1) 训练学生门窗施工图纸识读能力；

(2) 熟练掌握质量验收规范；

(3) 熟悉节能门窗的施工工艺；

(4) 能进行门窗材料改变时传热系数的校核计算。

2. 作业的方式

网上收集资料、整理资料，并以 PPT 的形式进行结论的介绍。

3. 作业内容

1) 铝合金窗

(1) 铝合金断桥隔热窗的结构特点有哪些？浙江省最适合的铝合金节能窗形式及材料特点是什么？

(2) 铝合金窗节能的原理是什么？

(3) 铝合金节能窗施工时最主要注意的方面有哪些？施工工艺上有何特殊的要求？

(4) 该种外窗节能形式的最大缺点是什么？

(5) 该种外窗节能形式质量验收的核心内容是哪些？如何保证质量？

(6) 断桥隔热节能窗与普通铝合金窗相比节能的比例是多少？目前市场上断桥隔热铝合金窗的价钱是多少？价钱的区别在哪里？

2) 塑钢窗

(1) 节能型塑钢窗的结构特点有哪些？浙江省最适合的窗型形式及材料特点是什么？

(2) 节能型塑钢窗的原理是什么？

(3) 节能型塑钢窗施工时最主要注意的方面有哪些？施工工艺上有何特殊的要求？

(4) 该种外窗节能形式的最大缺点是什么？

(5) 该种外窗节能形式质量验收的核心内容是哪些？如何保证质量？

(6) 节能型塑钢窗窗与普通塑钢窗相比节能的比例是多少？目前市场上节能塑钢窗的价钱是多少？价钱的区别在哪里？

4. 要求

(1) 该作业以小组形式在课余时间完成,完成时间为一周,汇报提纲里必须要有明确的小组成员分工及要求。

(2) 成绩评定分成:①PPT编制的质量10%;②纸质资料质量的完整度与系统性40%;③汇报资料的提炼度40%;④介绍人的状态10%。

模块 4
幕墙节能

能力目标：能根据施工图纸正确开展幕墙节能施工；能正确运用质量验收规范；能进行幕墙材料改变时传热系数和遮阳系数的校核计算。

知识目标：熟悉幕墙节能强制性条文；熟悉幕墙节能标准；掌握幕墙节能常用术语内涵；了解幕墙节能常用材料的特性及施工要点。

背景资料

图4-1为全隐框幕墙构造，图4-2为半隐框幕墙结构，图4-3为全隐框玻璃幕墙建筑，图4-4为半隐框玻璃幕墙建筑，观察图4-1和图4-2，大家发现共同点和不一样的地方了吗？观察图4-3和图4-4，又有哪些相同的地方和不同之处？

图4-1　全隐框幕墙构造

图4-2　半隐框幕墙构造

图4-3　全隐框玻璃幕墙建筑

图4-4　半隐框玻璃幕墙建筑

项目4.1　基本知识

幕墙，又称帷幕墙，是由结构框架与镶嵌板材构成，安装在建筑物的最外层，可相对主体结构有一定位移能力，或自身有一定变形能力，但不承担主体结构荷载与作用的建筑外围维护结构。幕墙通常由面材（玻璃、铝板、石板、陶瓷板等）和后面的支承结构（铝横竖框、钢结构、玻璃肋等）组成。

幕墙具有如下特点：

（1）是由面材和支承结构组成的完整的结构系统；

（2）在自身平面内可以承受较大的变形或者相对于主体结构可以有足够的位移能力；

(3) 是不分担主体结构所受的荷载和作用的围护结构。

4.1.1 建筑幕墙的节能设计理念

1. 幕墙传热的途径和方式

进行幕墙热工设计时,必须对其复杂的传热过程和传热方式进行分析和研究。玻璃幕墙的传热过程大致有3种途径:

(1) 玻璃和铝型材(钢材)金属框的传热:通过单层玻璃的热流传热,通过金属框传热,通过玻璃的镀膜层减少辐射换热。

(2) 幕墙内表面与室内空气和室内环境间的换热:内表面与室内空气间的对流换热,内表面与室内环境间的辐射换热。

(3) 玻璃幕墙外表面与周围空气和外界环境间的换热:外表面与周围空气间的对流换热,外表面与外界环境间的辐射换热,外表面与空间的各种长波(如电磁波、红外线等产生的长度)辐射换热。

2. 玻璃幕墙节能设计理念

针对玻璃幕墙传热的途径和方式,在做玻璃幕墙的热工设计时,应该对于以采暖供热为主的幕墙追求达到温室效应,而对于以空调制冷为主的幕墙追求达到冷房效果,无论何种幕墙都将追求合理利用太阳能。

4.1.2 幕墙节能的方案

1. 玻璃节能方案

对于铝合金窗及玻璃幕墙来说,由于玻璃的面积占据立面的90%以上,可以参与热交换的面积极大,就决定了玻璃是建筑幕墙节能的关键因素。

(1) 玻璃按照是否镀膜及膜层材质可初步确定其节能效果,通常情况下,玻璃可分为以下几大类:①浮法清玻璃;②在线镀膜玻璃;③离线镀膜玻璃;④低辐射在线镀膜玻璃;⑤低辐射离线镀膜玻璃。这些玻璃传热系数虽然没有明显的变化,但由于膜层对光(能量)的控制能力不同,使其节能效果依次增加。

(2) 根据玻璃结构形式,又可分以下几类:①单层玻璃;②中空玻璃;③多层中空玻璃;④真空玻璃。

很多人把真空玻璃误认为中空玻璃,其实二者有很大的区别。真空玻璃是一种新型的玻璃深加工产品,是我国玻璃工业中为数不多的具有自主知识产权的前沿产品。真空玻璃和中空玻璃主要区别在于其结构不同,因此其传热机理不同。

真空玻璃中心部位传热由辐射传热和支撑物传热构成,其中忽略了残余气体传热。而中空玻璃则由气体传热(包括传导和对流)和辐射传热构成。

2. 铝合金断热型材节能方案

由于铝型材是热传导的良导体,因此在室内外使用断热条把它们隔离开来。根据断热铝型材加工方法的不同,分为灌注式断热铝型材和插条式断热铝型材。这两种形式的断热铝型材共同的特点都是:在内、外两侧铝材中间采用有足够强度的低导热系数的隔离物质隔开,从而降低传热系数,增加热阻值。断热条"冷桥"选用材料为聚酞胺尼龙66,其导热系数为0.3 W/(m^2·K),远小于铝合金的导热系数210 W/(m^2·K),而力学性能指标与铝合金相当。

3. 双层结构体系节能方案

双层幕墙是一种新型的节能幕墙,是幕墙技术的新发展。根据其结构,可分为封闭式内通风幕墙和开敞式外通风幕墙。封闭式内通风幕墙适用于取暖地区,对设备有较高的要求。外幕墙密闭,通常采用中空玻璃,明框幕墙的铝型材应采用断热铝型材;内幕墙则采用单层玻璃幕墙或单层铝门窗。为了提高节能效果,通道内设电动百页或电动卷帘。与内通风幕墙相反,开敞式外通风幕墙的内幕墙是封闭的,采用中空玻璃;外幕墙采用单层玻璃,设有进风口和排风口,利用室外新风进入,经过热通道带走热量,从上部排风口排出,减少太阳辐射热的影响,节约能源。它无须专用机械设备,完全靠自然通风,维护和运行费用低,是目前应用最广泛的形式。开敞式外通风幕墙的风口可以开启和关闭。采用双层通风幕墙的最直接效果是节能,采用双层幕墙的隔音效果十分显著,它比单层幕墙采暖节能40%~50%,制冷节能40%~60%。

4. 遮阳体系节能方案

由于建筑幕墙大面积采用玻璃,太阳的照射产生大量的辐射热。遮阳体系节能的本质就是如何实现在烈日炎炎的夏季将光(能量)挡在室外,或在寒冷的冬季能让充足的光(能量)传入室内。

项目4.2 玻璃幕墙节能

一般来说,建筑的热传递方式主要有三种,即导热、辐射换热与对流换热。而建筑玻璃幕墙也是通过这三种热传递方式进行传热的。建筑玻璃幕墙主要是由铝合金与玻璃组合而成,铝合金与玻璃的传热系数都比较高、热透率也比较大。因此,通过围绕传导、辐射与对流这三种方式加强对热传递的控制、减少热量的传递是建筑玻璃幕墙节能技术的关键所在。

(1) 导热:也称为热传导,由于物体内部分子、原子和电子等微观粒子的热运动,组成物体的物质并不发生宏观的位移,将热量从高温区传到低温区的过程。

(2) 对流换热:流体与所接触的固体表面间的热量传递过程。它是热传导和热对流综合作用的结果,也称对流传热或对流放热。在对流换热过程中,热量的传递是靠分子运动产生的"导热"和流体微团之间形成的"对流"这两种作用来完成的。传热强度不仅与对流运动形成的方式有关,而且还与流速和流体的物性参数,以及固体表面的状况、形状、位置和尺寸等因素有关。

(3) 辐射换热:两个温度不同且互不接触的物体之间通过电磁波进行的换热过程。热辐射的电磁波是物体内部微观粒子的热运动状态改变时激发出来的,其显著特点是热辐射可以在真空中传播,并且具有强烈的方向性。只要物体的温度高于0 K,就会不停地把热能变为辐射能,向周围空间发出热辐射;同时物体也不断地吸收周围物体投射到它上面的热辐射,并把吸收的辐射能重新转变为热能。故热辐射过程的热量传递过程中伴随着能量形式的转化。辐射换热则是物体之间相互辐射和吸收的总效果。

4.2.1 系统概述

1. 玻璃部分的节能技术

玻璃是建筑玻璃幕墙的主材,同时也是热量的良好导体与太阳辐射的良好透过体,是控制热传递的关键因素。因此,必须充分重视玻璃部分的节能技术应用。

(1) 尽可能采用节能型玻璃。目前,建筑玻璃幕墙所采用的玻璃种类很多,如低辐射镀膜玻璃、光致变色玻璃、光电玻璃、中空玻璃等,都在不同程度上实现了节能。

(2) 尽可能降低玻璃的传热系数,提高玻璃的节能保温性能。一方面,可以采用中空玻璃处理技术。中空玻璃有双层与多层之分,即在玻璃与玻璃之间形成空隔,并充入惰性气体、干燥气体等,以减少热量的传递,能起到良好的保温隔热性能。另一方面,可以采用 Low-E 玻璃处理技术,即低辐射镀膜玻璃。低辐射镀膜玻璃能够吸收大量的辐射热能,并降低热能量的传递。在冬季可以把室内的热辐射反射回室内,减少室内热量的流失,而在夏季又能将室外的热辐射反射出去,减少进入室内热量,由此而达到节能的效果。真空玻璃与气凝胶玻璃等,都可以在很大程度上降低玻璃的传热系数,提高玻璃的节能保温性能。

(3) 玻璃的遮阳节能技术。对于玻璃的遮阳,可以从两个方面加强。一方面,是选择合理材质的玻璃来影响太阳光的辐射。如 Low-E 玻璃,对太阳光中的可见光有比较高的透射比,但反射比则较低,保证了室内采光充足的基础上,同时可以避免光反射而造成的光污染现象。另一方面,是通过遮阳系统的建设来提高遮阳节能性。在夏热冬暖地区,通过设置遮阳装置来减少太阳光的直射,可以在很大程度上控制辐射热的传递。而遮阳系统的设置形式有许多,如室外遮阳、室内遮阳等。通过多种多样的遮阳装置可以降低遮阳系数,提高建筑玻璃幕墙的节能性。

2. 铝合金部分的节能技术

除了玻璃之外,铝合金也是热量传导的主要导体,通过铝合金传导的热量是建筑玻璃幕墙热量传导的一半以上。可见,铝合金型材也是热传导的重要通道。因此,对铝合金部分的节能技术的应用也是建筑玻璃幕墙节能技术探讨的重要组成部分。要尽可能选择隔热节能型的铝合金型材。而影响隔热铝合金型材的热导率的重要因素主要有几个,即隔热条的形状设计、隔热条的宽度以及相关的辅助措施等。隔热条可以在热传递的路径形成空腔,使热传递出现阻断,从而阻止热量的传递。可见,隔热条是铝合金的重要部件,对隔热铝合金门窗的质量起到极其关键的作用。因此,隔热条的质量、尺寸、内部结构都应该是选择隔热型材的考虑因素。目前,隔热断桥铝材已不断地应用于我国许多对隔热保温有高要求的建筑。对隔热铝型材的设计,应当在保持铝合金型材截面不变的基础上,改变隔热条的尺寸并装配不同的玻璃,以达到隔热的效果。

3. 建筑玻璃幕墙设计方面的节能

建筑玻璃幕墙的设计与节能效果密切相关。因此,必须在总体上综合考虑建筑方向、建筑玻璃幕墙等各个方面的因素,尽可能减少建筑玻璃幕墙的热传递。目前的方法主要如下:

(1) 要科学合理地设计好建筑玻璃幕墙的朝向。建筑玻璃幕墙的朝向不同,太阳辐射的热量也有所不同。在设计建筑玻璃幕墙的朝向时,应当以朝南为宜,并尽量避免朝西等。同时,幕墙的安排也不宜过于集中,不宜面向居民楼。

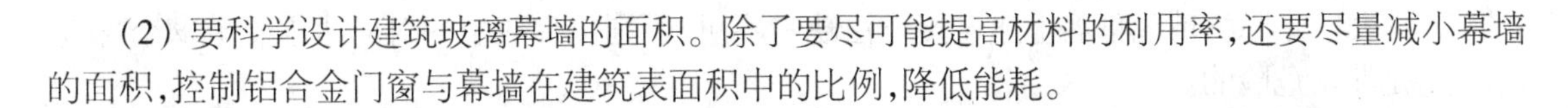

(2) 要科学设计建筑玻璃幕墙的面积。除了要尽可能提高材料的利用率,还要尽量减小幕墙的面积,控制铝合金门窗与幕墙在建筑表面积中的比例,降低能耗。

4.2.2　玻璃幕墙的构造

据统计,我国公共建筑的全年能耗中,暖通空调系统的能耗有20% ~50%是由外围护结构传递热量形成的能耗,其中通过玻璃(幕墙玻璃占有较大比例)传递的热量远高于其他围护结构部分。幕墙类别主要分成透明幕墙和非透明幕墙。透明幕墙主要有明框玻璃幕墙、全隐框玻璃幕墙、半隐框玻璃幕墙、全玻璃幕墙、点支式玻璃幕墙5种,非透明玻璃幕墙主要有石材幕墙和金属幕墙两大类,如图4-5所示。

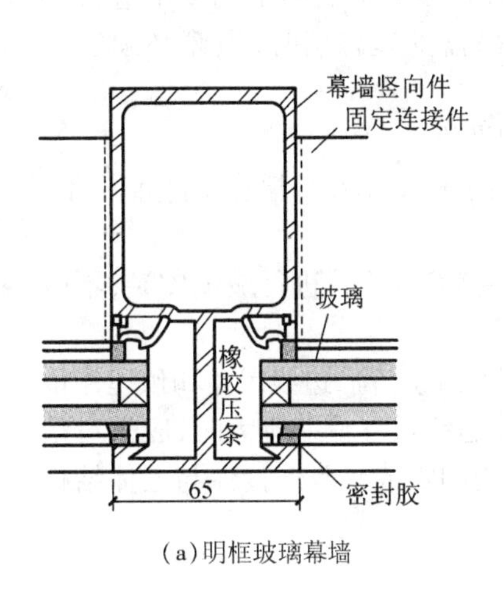

(a)明框玻璃幕墙

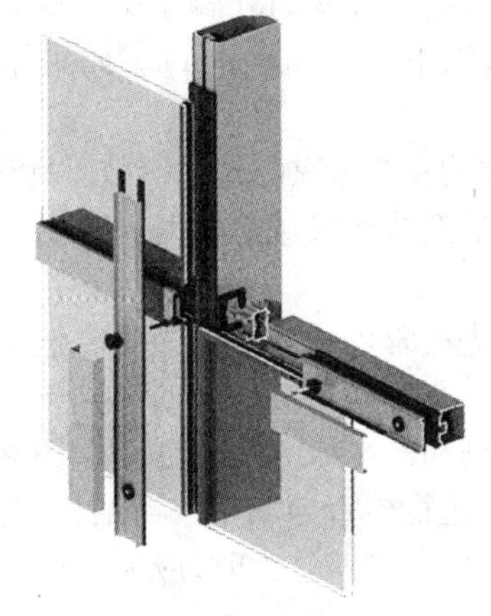

(b)半隐框式玻璃幕墙

(c)全隐框玻璃幕墙

图4-5　玻璃幕墙的构造

1. 隐框玻璃幕墙构造特点

隐框玻璃幕墙是将玻璃用硅酮结构密封胶(简称结构胶)粘结在铝框上,在大多数情况下,不再加金属连接件。因此,铝框全部隐蔽在玻璃后面,形成大面积全玻璃镜面。在某些工程中,垂直玻璃幕墙采用带金属连接件的隐框幕墙。金属扣件可作为安全措施,但容易因产生集中应力使玻璃破裂。玻璃与铝框之间完全靠结构胶粘结。结构胶要承受玻璃的自重、玻璃所承受的风荷载和地震作用,还有温度变化的影响。

2. 明框玻璃幕墙构造特点

明框玻璃幕墙的玻璃镶嵌在铝框内,成为四边有铝框的幕墙构件,幕墙构件镶嵌在横梁上,形成横梁立柱外露、铝框分格明显的立面。

3. 半隐框玻璃幕墙构造特点

半隐框玻璃幕墙分横隐竖不隐或竖隐横不隐两种。不论哪种半隐框幕墙,均为一对应边用结构胶粘结成玻璃装配组件,而另一对应边采用铝合金镶嵌槽玻璃装配的方法。换句话讲,玻璃所受各种荷载,有一对应边用结构胶传给铝合金框架,而另一对应边由铝合金型材镶嵌槽传给铝合金框架。因此,半隐框玻璃幕墙上述连接方法缺一不可,否则将形成单一对应边承受玻璃全部荷载,这将是非常危险的。

4.2.3 玻璃幕墙施工工艺

1. 基本作业条件

(1) 应编制幕墙施工组织设计,并严格按施工组织设计的顺序进行施工。

(2) 幕墙应在主体结构施工完毕后开始施工。对于高层建筑的幕墙,如因工期需要,应在保证质量与安全的前提下,可按施工组织设计沿高度方向分段施工。在与上部主体结构进行立体交叉施工幕墙时,结构施工层下方及幕墙施工的上方,必须采取可靠的防护措施。

(3) 幕墙施工时,原主体结构施工搭设的外脚手架宜保留,并根据幕墙施工的要求进行必要的拆改(脚手架内层距主体结构不小于 300 mm)。如采用吊篮安装幕墙时,吊篮必须安全可靠。

(4) 幕墙施工时,应配备必要的安全可靠的起重吊装工具和设备。

(5) 当装修分项工程会对幕墙造成污染或损伤时,应将该项工程安排在幕墙施工之前施工,或应对幕墙采取可靠的保护措施。

(6) 不应在大风大雨气候下进行幕墙的施工。当气温低于 -5℃时不得进行玻璃安装,不应在雨天进行密封胶施工。

(7) 应在主体结构施工时控制和检查固定幕墙的各层楼(屋)面的标高、边线尺寸和预埋件位置的偏差,并在幕墙施工前应对其进行检查与测量。当结构构件边线尺寸偏差过大时,应先对结构构件进行必要的修正;当预埋件位置偏差过大时,应调整框料的间距或修改连接件与主体结构的连接方式。

2. 幕墙安装

1) 隐(明)框玻璃幕墙安装工艺

幕墙安装施工顺序:测量放线→安装 L 形转接件→安装铝立柱→安装铝横梁→安装避雷、防火→玻镁板安装→安装玻璃→安装横(竖)向扣盖→注胶及外立面清洗(图 4-6)。

(1) 测量放线:依据结构复查时的放线标记,及预埋件的十字中心线,确定安装基准线,包括龙骨排布基准及各部分幕墙的水平标高线,为各个不同部位的幕墙确定三个方向的基准。

(a) 测量、放线

(b) 埋件安装

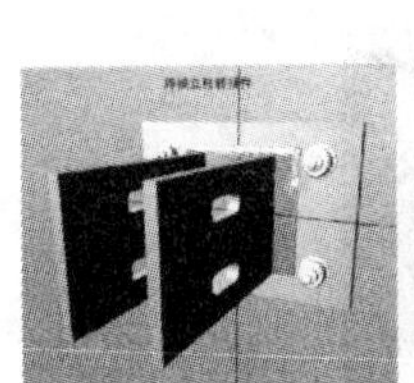

(c) 立柱安装

(d) 横梁安装

(e) 开启窗框安装

(f) 层间防火板安装

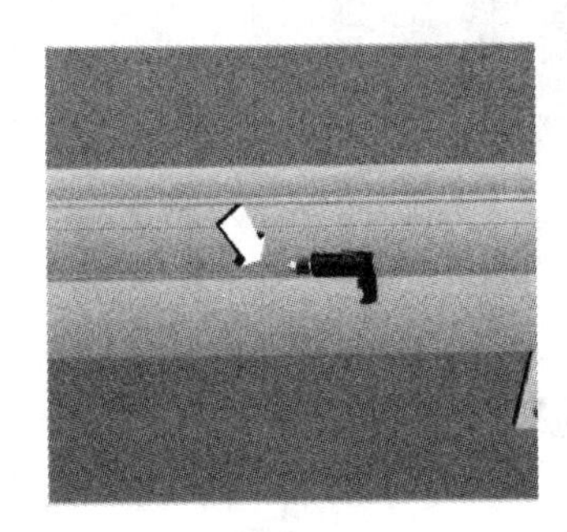

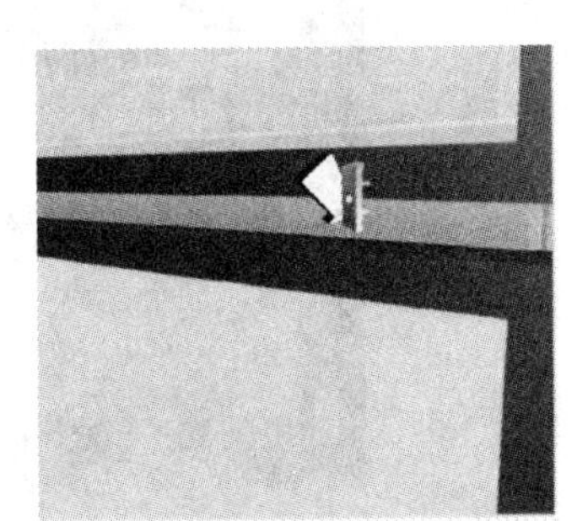

(g) 中空玻璃板安装

（h）开启窗安装

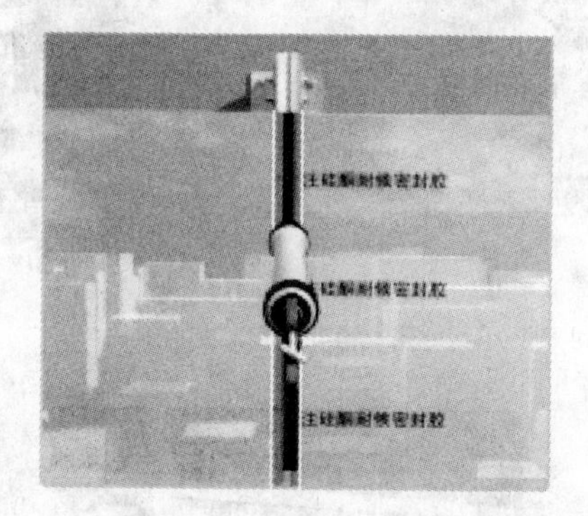

（i）注胶密封

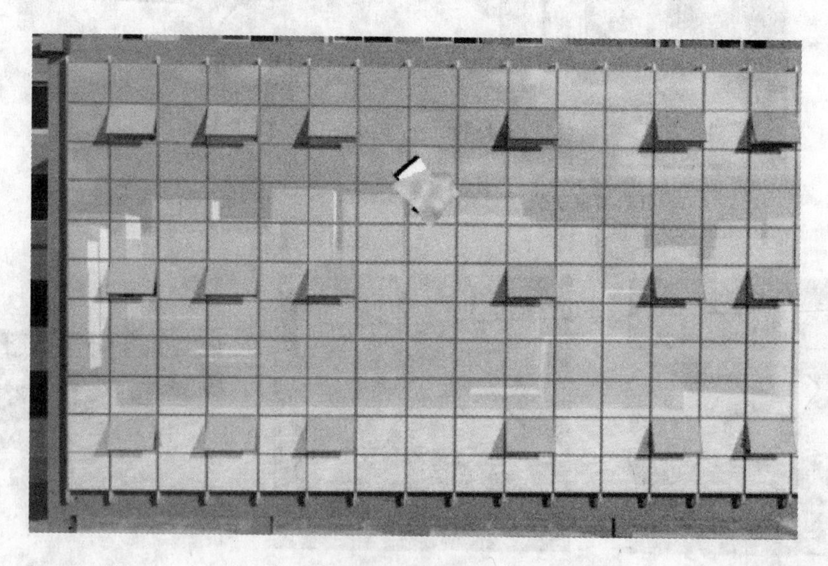

（j）细部处理　表面清洁

图 4-6　隐(明)框玻璃幕墙安装施工顺序

（2）L形转接件的安装：根据预埋件的放线标记，将L形转接角钢码采用M16的螺栓固定在预埋件上，转接角钢码中心线上下偏差应小于2 mm，左右偏差应小于2 mm。L形转接角钢码与立柱接触边应垂直于幕墙横向面线，且应保持水平，不能因预埋板的倾斜而倾斜。遇到此种情况时，应在角钢码与预埋钢板面之间填塞钢板或圆钢条进行支垫，并应进行满焊（图4-7）。

图4-7 L形转接件的安装

（3）安装竖向铝立柱（图4-8）。

① 幕墙竖向铝立柱的安装工作，是从结构的底部由下至上安装，先对照施工图检查主梁的尺寸（长度）加工孔位（L形转接角钢码安装孔）是否正确。

② 将竖向铝立柱用两颗M12 mm×140 mm不锈钢螺栓固定在转接角钢码上，角钢码与铝立柱之间用2 mm厚尼龙垫片隔离，螺栓两端与转接角钢码接触部位各加一块2 mm厚圆形垫片。

图4-8 安装竖向铝立柱

③ 调整固定：利用转接件上的腰型孔，根据分格尺寸、测量放线的标记，横向、竖向控制钢丝线进行三维调整立柱。

④ 竖向铝立柱用铝插芯连接，插芯与铝立柱上端依靠固定连接角码的不锈钢螺栓进行连接，两个立柱竖向接缝应符合设计要求，并不小于20 mm，插芯长度不小于420 mm。

⑤ 偏差要求：立柱安装的垂直度小于2 mm。

⑥ 调整后进行螺栓加固，拧紧所有螺栓。

⑦ 对每个锚固点进行隐蔽工程验收，并做好记录。

（4）安装铝横梁。

① 根据图纸要求的水平分格和土建提供的标高线在竖向立柱上划线确定连接铝件的位置。

② 采用M5×35 mm不锈钢自攻钉将连接铝件固定在铝立柱的相应位置。注意横梁与立柱间的接缝间应符合设计要求（加设2 mm厚橡胶垫），横梁与立柱平面应一致，其表面误差不大于0.5 mm，见图4-9所示。

③ 选择相应长度的横梁，采用 M6×25 mm 不锈钢自攻钉固定在连接铝件上，横梁安装应由下向上进行，当安装一层高度后应进行检查调整，及时拧紧螺栓。

④ 横梁上下表面与立柱正面应成直角，严禁向下倾斜，若发生此种现象应采用自攻螺丝将角铝块直接固定在立柱上，以增强横梁抵抗扭矩的能力。

⑤ 使用耐候密封胶密封立柱间接缝和立柱与横梁的接缝间隙。

图 4-9　不锈钢自攻钉将连接铝件固定在铝立柱的相对位置

(5) 避雷节点安装。

① 按图纸要求选用材料，宜采用直径 ϕ12 mm 的镀锌圆钢和 1 mm 厚的不锈钢避雷片。

② 镀锌圆钢与横向、纵向主体结构预留的避雷点进行搭接，双面焊接的长度不低于 80 mm。

③ 每三层应加设一圈横向闭合的避雷筋，且应与每块预埋件进行搭接。

④ 在各大角及垂直避雷筋交接部位，均采用 ϕ12 mm 的镀锌圆钢进行搭接。

⑤ 在主楼各层的女儿墙部位及塔楼顶部均设置一圈闭合的避雷筋与幕墙的竖向避雷筋进行搭接。

⑥ 首层的竖向避雷筋与主体结构的接地扁铁进行搭接，其搭接长度为双面焊 80 mm。

⑦ 在铝立柱与钢立柱的交接部位及各立柱竖向接头的伸缩缝部位，均采用不锈钢避雷片连接。

⑧ 在避雷片安装时，需将铝型材、镀锌钢材表面的镀膜层使用角磨机磨除干净，以确保避雷片的全面接触，达到导电效果。接触面应平整，采用四颗 M5×20 mm 自攻钉固定。

(6) 层间防火安装。

① 根据现场结构与玻璃板背面的实际距离，进行镀锌铁皮的裁切加工。

② 依据现场结构实际情况确定防火层的高度位置，依据横梁的上口为准弹出镀锌铁皮安装的水平线。

③ 采用射钉将镀锌铁皮固定在结构面上，射钉的间距应以 300 mm 为宜。

④ 将裁切的镀锌铁皮的另一边直接采用拉铆钉固定在玻璃背面的玻璃板上。

⑤ 依据现场实际间隙将防火岩棉裁剪后，平铺在镀锌铁皮上面。

⑥ 在防火棉接缝部位、结构面和玻璃板背面之间，采用防火密封胶进行封堵。

注意：防火层安装应平整，拼接处不留缝隙。

(7) 安装玻璃板块。

① 将玻璃板块按图纸编号送到安装所需的层间和区域，检查玻璃板块的质量、尺寸和规格是否达到设计要求。

② 按设计要求将玻璃垫块安放在横梁的相应位置，选择相应的橡胶条或塑料泡沫条(图 4-10)穿在型材(玻璃内侧接触部位)槽口内。

③ 用中空吸盘将玻璃板块运到安装位置，随后将玻璃板块由上向下轻轻放在玻璃垫块上，使

板块的左右中心线与分格的中心线保持一致。

④ 采用临时压板将玻璃压住,防止倾斜坠落,调整玻璃板块的左右位置(从室内注意玻璃边缘分止塞与铝框的关系,其四边应均匀)。

⑤ 调整完成后,将穿好胶条的压板采用 M5 ×20 mm 六角螺栓固定在横梁上(胶条的自然长度应与框边长度相等,边角接缝严密)。

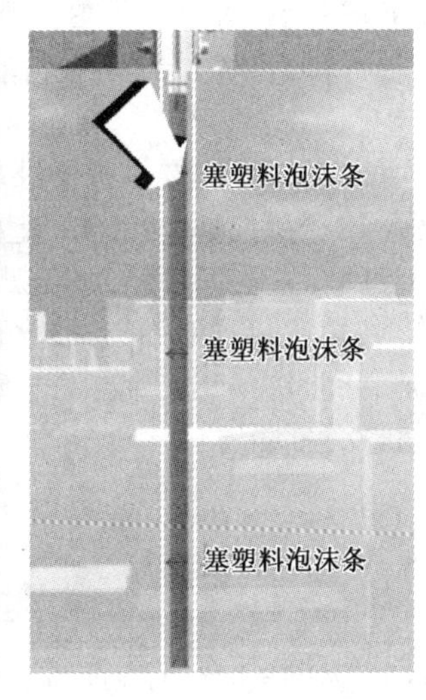

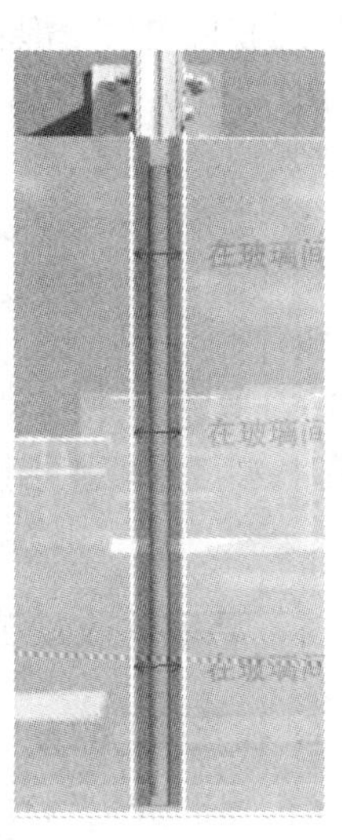

图 4-10　塞塑料泡沫条

⑥ 按设计图样安装幕墙的开启窗,并应符合窗户安装的有关标准规定;玻璃板块由下至上安装,每个楼层由上至下进行安装。

(8) 扣盖安装。

① 选择相应规格、长度的内、外扣盖进行编号;

② 将内、外扣盖由上向下挂入压板齿槽内。

2) 无骨架玻璃安装工艺

由于玻璃长、大、体重,施工时一般采用机械化施工方法,即在叉车上安装电动真空吸盘,将玻璃吸附就位,操作人员站在玻璃上端两侧搭设的脚手架上,用夹紧装置将玻璃上端安装固定。每块玻璃之间用硅胶嵌缝。

3) 幕墙安装质量要求及验收

(1) 安装质量要求。

① 幕墙以及铝合金构件要横平竖直,标高正确,表面不允许有机械损伤(如划伤、擦伤、压痕),也不允许有需处理的缺陷(如斑点、污迹、条纹等)。

② 幕墙全部外露金属件(压板),从任何角度看均应外表平整,不允许有任何小的变形、波纹、紧固件的凹进或突出。

③ 牛腿铁件与 T 形槽固定后应焊接牢固,与主体结构混凝土接触面的间隙不得大于 1 mm,并用镀锌钢板塞实。牛腿铁件与幕墙的连接,必须垫好防震胶垫。施工现场焊接的钢件焊缝,应在现场涂二道防锈漆。

④ 在与砌体、抹面或混凝土表面接触的金属表面,必须涂刷沥青漆,厚度大于 100 μm。

⑤ 玻璃安装时,其边缘与龙骨必须保持间隙,使上、下、左、右各边空隙均有保证。同时,要防止污染玻璃,特别是镀膜一侧应尤加注意,以防止镀膜剥落形成花脸。安装好的玻璃表面应平整,不得出现翘曲等现象。

⑥ 橡胶条和胶条的嵌塞应密实、全面,两根橡胶条的接口处必须用密封胶填充严实。使用封缝胶密封时,应挤封饱满、均匀一致,外观应平整光滑。

⑥ 层间防火、保温矿棉材料,要填塞严实,不得遗漏。

(2) 成品保护。

① 吊篮升降应由专人负责,其里侧要设置弹性软质材料,防止碰坏幕墙和玻璃。收工时,应将吊篮放置在尚未安装幕墙的楼层(或地面上)固定好。

② 已安装好的幕墙,应设专人看管,其上部应架设挡板遮盖,防止上层施工时,料具坠落损坏幕墙。上层进行电气焊作业时,应设置专用的"接火花斗"防止火花飞溅损坏幕墙。靠近幕墙附近施工时,亦应采取遮挡措施,防止污染铝合金材料和破损玻璃。

③ 竣工前应用擦窗机擦洗幕墙。

4.2.4 幕墙验收规范

1. 检验批的划分

(1) 相同设计、材料、工艺和施工条件的幕墙工程每 500 ~ 1 000 m^2应划分为一个检验批,不足 500 m^2也应划分一个检验批。

(2) 同一单位工程的不连续的幕墙工程应单独划分检验批。

(3) 对于有特殊要求的幕墙,检验批的划分应根据幕墙的结构、工艺特点及幕墙工程规模,由监理单位(或建设单位)和施工单位协商确定。

2. 一般规定

(1) 本章适用于透明和非透明的各类建筑幕墙的节能工程质量验收。

(2) 附着于主体结构上的隔汽层、保温层应在主体结构工程质量验收合格后施工。施工过程中应及时进行质量检查、隐蔽工程验收和检验批验收,施工完成后应进行幕墙节能分项工程验收。

(3) 当幕墙节能工程采用隔热型材时,隔热型材生产厂家应提供型材所使用的隔热材料的力学性能和热变形性能试验报告。

(4) 幕墙节能工程施工中应对以下部位或项目进行隐蔽工程验收,并应有详细的文字记录和必要的图象资料:①被封闭的保温材料厚度和保温材料的固定;②幕墙周边与墙体的接缝处保温材料的填充;③构造缝、结构缝;④隔汽层;⑤热桥部位、断热节点;⑥单元式幕墙板块间的接缝构造;⑦冷凝水收集和排放构造;⑧幕墙的通风换气装置。

(5) 幕墙节能工程使用的保温材料在安装过程中应采取防潮、防水等保护措施。

(6) 幕墙节能工程检验批划分,可按照《建筑装饰装修工程质量验收规范》(GB 50210)的规定执行。

3. 主控项目

(1) 用于幕墙节能工程的材料、构件等,其品种、规格应符合设计要求和相关标准的规定。

检验方法:观察、尺量检查;核查质量证明文件。

检查数量:按进场批次,每批随机抽取3 个试样进行检查;质量证明文件应按照其出厂检验批进行核查。

(2) 幕墙节能工程使用的保温隔热材料,其导热系数、密度、燃烧性能应符合设计要求。幕墙玻璃的传热系数、遮阳系数、可见光透射比、中空玻璃露点应符合设计要求。

检验方法:核查质量证明文件和复验报告。

检查数量:全数核查。

(3) 幕墙节能工程使用的材料、构件等进场时,应对其下列性能进行复验,复验应为见证取样送检:

① 保温材料:导热系数、密度。

② 幕墙玻璃:可见光透射比、传热系数、遮阳系数、中空玻璃露点。

③ 隔热型材:抗拉强度、抗剪强度。

(4) 幕墙的气密性能应符合设计规定的等级要求。当幕墙面积大于3 000 m^2或建筑外墙面积的50%时,应现场抽取材料和配件,在检测试验室安装制作试件进行气密性能检测,检测结果应符合设计规定的等级要求。密封条应镶嵌牢固、位置正确、对接严密。单元幕墙板块之间的密封应符合设计要求。开启扇应关闭严密。

检查方法:观察及启闭检查;核查隐蔽工程验收记录、幕墙气密性能检测报告、见证记录。气密性能检测试件应包括幕墙的典型单元、典型拼缝、典型可开启部分。试件应按照幕墙工程施工图进行设计。试件设计应经建筑设计单位项目负责人、监理工程师同意并确认。气密性能的检测应按照国家现行有关标准的规定执行。

检查数量:核查全部质量证明文件和性能检测报告。现场观察及启闭检查按检验批抽查30%,并不少于5 件(处)。气密性能检测应对一个单位工程中面积超过1 000 m^2的每一种幕墙均抽取一个试件进行检测。

(5) 幕墙节能工程使用的保温材料,其厚度应符合设计要求,安装牢固,且不得松脱。

检验方法:对保温板或保温层采取针插法或剖开法,尺量厚度;手扳检查。

检查数量:按检验批抽查10%,并不少于5 处。

(6) 遮阳设施的安装位置应满足设计要求。遮阳设施的安装应牢固。

检验方法:观察;尺量;手扳检查。

检查数量:检查全数的10%,并不少于5 处;牢固程度全数检查。

(7) 幕墙工程热桥部位的隔断热桥措施应符合设计要求,断热节点的连接应牢固。

检验方法:对照幕墙节能设计文件,观察检查。

检查数量:按检验批抽查10%,并不少于5 处。

(8) 幕墙隔汽层应完整、严密、位置正确,穿透隔汽层处的节点构造应采取密封措施。

检验方法:观察检查。

检查数量:按检验批抽查10%,并不少于5 处。

(9) 冷凝水的收集和排水应通畅,并不得渗漏。

检验方法:通水试验、观察检查。

检查数量:按检验批抽查10%,并不少于10 处。

4. 一般项目

(1) 镀(贴)膜玻璃的安装方向、位置应正确。中空玻璃应采用双道密封。中空玻璃的均压管应密封处理。

检验方法:观察;检查施工记录。

检验数量:每个检验批抽查10%,并不少于5件(处)。

(2) 单元式幕墙板块组装应符合下列要求:

① 密封条:规格正确,长度无负偏差,接缝的搭接符合设计要求;

② 保温材料:固定牢固,厚度符合设计要求;

③ 隔汽层:密封完整、严密;

④ 冷凝水排水系统通畅,无渗漏。

检验方法:观察检查;手扳检查;尺量;通水试验。

检查数量:每个检验批抽查10%,并不少于5件(处)。

(3) 幕墙与周边墙体间的接缝处应采用弹性闭孔材料填充饱满,并应采用耐候密封胶密封。

检查方法:观察检查。

检查数量:每个检验批抽查10%,并不少于5件(处)。

(4) 伸缩缝、沉降缝、抗震缝的保温或密封做法应符合设计要求。

检验方法:对照设计文件观察检查。

检查数量:每个检验批抽查10%,并不少于10件(处)。

(5) 活动遮阳设施的调节机构应灵活,并应能调节到位。

检验方法:现场调节试验,观察检查。

检查数量:每个检验批抽查10%,并不少于10件(处)。

项目4.3 玻璃幕墙节能检测实例

1. 测试依据

玻璃遮蔽系数的测定,主要根据我国的国家标准《建筑玻璃可见光透射比、太阳光直接透射比、太阳能总透射比、紫外线透射比及有关窗玻璃参数的测定》(GB/T 2680—94)以及国际标准《Glass in Building-Determination of Light Transmittance, Solar Direct Transmittance, Total Solar Energy Transmittance and Ultraviolet Transmittance, and Related Galzing Factors》(ISO 9050)来进行。

2. 测试仪器

1) 分光光度计

分光光度计如图4-11所示,该仪器主要用于测试玻璃的光谱反射率和光谱透过率。应该满足以下几个方面的要求:

(1) 测试波长范围:覆盖太阳光区280~1 800 nm,包括紫外区(280~380 nm)、可见光区(380~780 nm)和近红外区(780~1 800 nm)。

(2) 波长准确度:紫外-可见光区 ±1 nm以内;近红外区 ±5 nm以内。

(3) 光度测量准确度:紫外-可见光区 1% 以内,重复性 0.5%;近红外区 2% 以内,重复性 1%。

(4) 波长间隔:紫外区 5 nm;可见光区 10 nm;近红外区 50 nm 或 40 nm。

2) 半球辐射率测试仪器

半球辐射率测试仪器如图 4-12 所示,该仪器主要用于测试玻璃的半球辐射率,以便根据分光光度计的测试结果,计算出遮蔽系数。

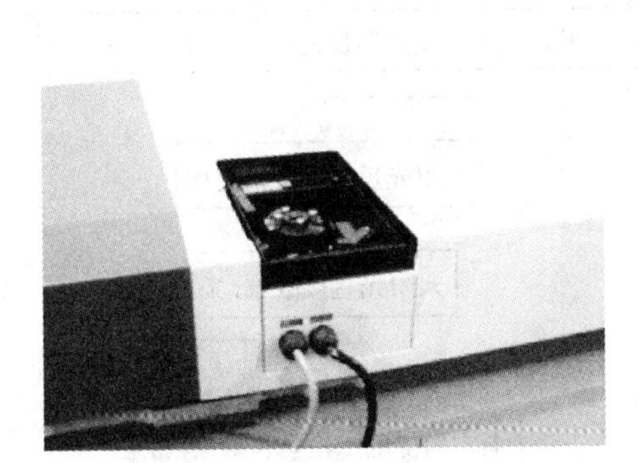

图 4-11　分光光度计

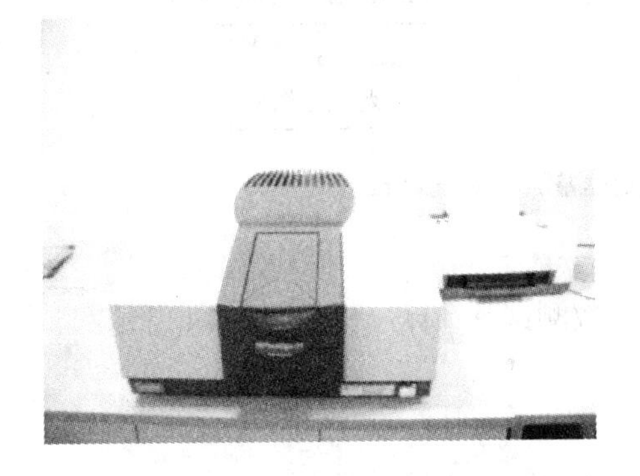

图 4-12　半球辐射率测试仪器

3. 测试要求

(1) 在光谱透射比测试中,采用与试样相同厚度的空气层作为参比标准。

(2) 在光谱透射比测试中,照明光束的光轴与试样表面法线的夹角不超过 10°,照明光束中任一光线与光轴的夹角不超过 5°。

(3) 在光谱反射比测试中,采用标准镜面反射体作为参比标准,如镀铝镜等,而不采用完全漫反射体作为工作标准。

(4) 在光谱反射比测试中,照明光束的光轴与试样表面法线的夹角不超过 10°,照明光束中任一光线与光轴的夹角不超过 5°。

4. 测试步骤

1）单层玻璃遮蔽系数测试

单层玻璃遮蔽系数测试及计算过程如图 4-13 所示。

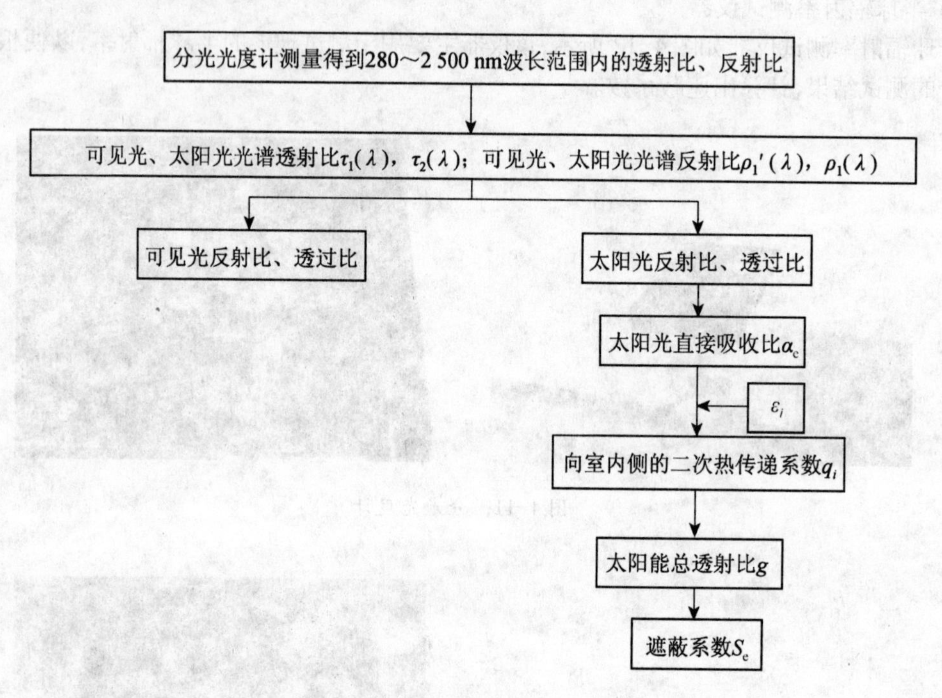

图 4-13　单层玻璃遮蔽系数测试过程

2）多层玻璃构件遮蔽系数测试

多层玻璃构件(以双层玻璃构件为例)遮蔽系数测试及计算过程如图 4-14 所示。

5. 测试及计算参数

1）测试参数

(1) 光谱反射率;在 280 ~ 1 800 nm 范围内的光谱反射率。

(2) 光谱透射率;在 280 ~ 1 800 nm 范围内的光谱透射率。

(3) 半球辐射率。

2）计算参数

(1) 可见光透射比 τ_v

$$\tau_v = \frac{\int_{380}^{780} S_\lambda \cdot \tau(\lambda) \cdot d\lambda}{\int_{380}^{780} S_\lambda \cdot d\lambda} \approx \frac{\sum_{380}^{780} S_\lambda \cdot \tau(\lambda) \cdot \Delta\lambda}{\sum_{380}^{780} S_\lambda \cdot \Delta\lambda} \tag{4-1}$$

式中　$\tau(\lambda)$——太阳光光谱透射比，由分光光度计实测得到；

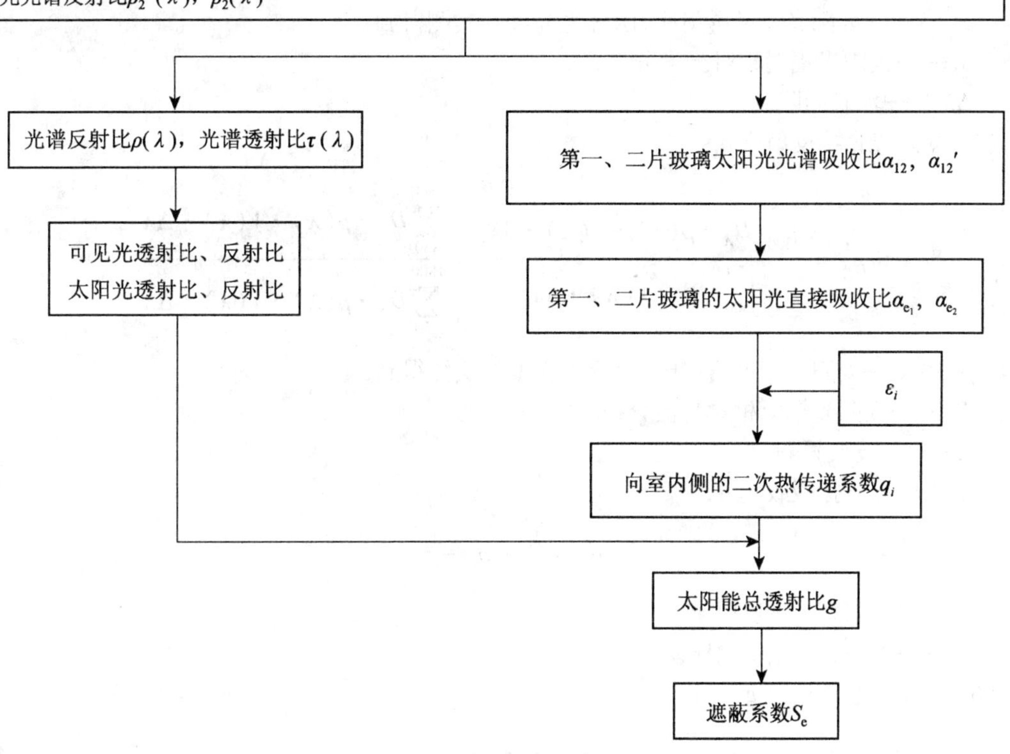

图4-14 双层玻璃构件遮蔽系数测试过程

S_λ——太阳光辐射相对光谱分布；

$\Delta\lambda$——波长间隔。

（2）可见光反射比 ρ_v

$$\rho_v = \frac{\int_{380}^{780} D_\lambda \cdot \rho(\lambda) \cdot V(\lambda) \cdot d\lambda}{\int_{380}^{780} D_\lambda \cdot V(\lambda) \cdot d\lambda} \approx \frac{\sum_{380}^{780} D_\lambda \cdot \rho(\lambda) \cdot V(\lambda) \cdot \Delta\lambda}{\sum_{380}^{780} D_\lambda \cdot \rho(\lambda) \cdot V(\lambda) \cdot \Delta\lambda} \tag{4-2}$$

式中 $\rho(\lambda)$——太阳光光谱透射比，由分光光度计实测得到；

D_λ——太阳光辐射相对光谱分布；

$\Delta\lambda$——波长间隔。

(3) 太阳光直接透射比 τ_e

$$\tau_e = \frac{\int_{300}^{2500} S_\lambda \cdot \tau(\lambda) \cdot d\lambda}{\int_{300}^{2500} S_\lambda \cdot d\lambda} \approx \frac{\sum_{350}^{1800} S_\lambda \cdot \tau(\lambda) \cdot \Delta\lambda}{\sum_{350}^{1800} S_\lambda \cdot \Delta\lambda} \tag{4-3}$$

式中 $\tau(\lambda)$——太阳光光谱透射比，由分光光度计实测得到；

S_λ——太阳光辐射相对光谱分布；

$\Delta\lambda$——波长间隔。

(4) 太阳光直接反射比 ρ_e

$$\rho_e = \frac{\int_{300}^{2500} D_\lambda \cdot \rho(\lambda) \cdot V(\lambda) \cdot d\lambda}{\int_{300}^{2500} D_\lambda \cdot V(\lambda) \cdot d\lambda} \approx \frac{\sum_{350}^{1800} D_\lambda \cdot \rho(\lambda) \cdot V(\lambda) \cdot \Delta\lambda}{\sum_{350}^{1800} D_\lambda \cdot \rho(\lambda) \cdot V(\lambda) \cdot \Delta\lambda} \tag{4-4}$$

式中 $\rho(\lambda)$——太阳光光谱透射比，由分光光度计实测得到；

D_λ——太阳光辐射相对光谱分布；

$\Delta\lambda$——波长间隔。

(5) 太阳光直接吸收比 α_e

$$\alpha_e = 1 - \rho_e - \tau_e \tag{4-5}$$

式中 ρ_e——太阳光光谱反射比；

τ_e——太阳光光谱透射比。

(6) 太阳能总透射比 g

$$g = \tau_e + q_i \tag{4-6}$$

式中 τ_e——试样的太阳能总透射比；

q_i——试样向室内侧的二次热传递系数。

(7) 遮蔽系数 S_e

$$S_e = \frac{g}{\tau_s} \tag{4-7}$$

式中 S_e——试样的遮蔽系数；

g——试样的太阳能总透射比；

τ_s——3 mm 厚普通透明平板玻璃的太阳能总透射比，其理论值取 88.9%。

6. 测试报告

1) 概况

玻璃幕墙的光污染是指太阳光照射到玻璃幕墙表面时由于玻璃的镜面反射(即正反射)而产

生的反射炫光，这种光对人和城市环境造成了严重的危害。玻璃幕墙反射的刺眼的光可以破坏人眼视网膜上的感光细胞，产生瞬间眩光干扰司机，极易造成交通事故，而且光污染环境下长期工作和生活，会使人头晕目眩，食欲不振，有可能带来免疫力下降以及眼病发病率增高。

本次测试对普通玻璃幕墙所采用的镀膜玻璃和在相同镀膜玻璃上涂覆透明隔热减反射涂膜后的光学性能进行评估。

2）检测内容

采用委托方提供的两块同样的 6 mm 厚蓝星镀膜玻璃，其中一块在无镀膜侧刷涂覆透明隔热减反射涂膜，测试两块玻璃的太阳光反射比和可见光反射比，及其遮阳系数，测试图如图4-15、图 4-16 所示。

遮阳系数用紫外可见分光光度计、傅里叶变换红外光谱仪，及 Optics 5 和 Windows 6 软件检测和计算，检测波长范围 250 ~ 2 500 nm。

太阳光反射比和可见光反射比检测用紫外、可见分光光度计及 Optics 5 和 Windows 6 软件检测和计算，检测波长范围 250 ~ 2 500 nm。

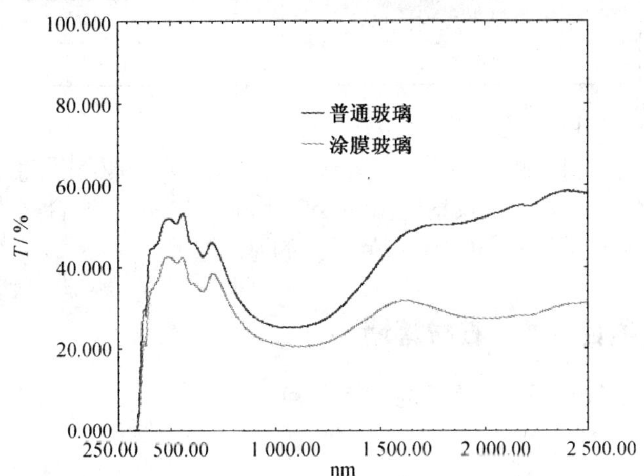

注：深色曲线为普通玻璃的太阳光反射，浅色曲线为涂膜玻璃对太阳光的反射，普通玻璃远高于涂膜玻璃。

图 4-15　普通玻璃和涂膜玻璃两侧的反射比

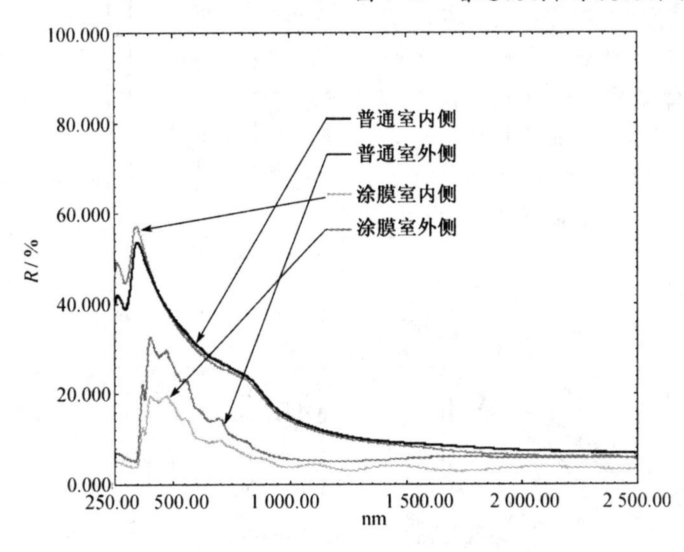

注：深色曲线为普通室内或室外侧，浅色曲线为涂膜室内侧或室外侧对可见光的透射情况。

图 4-16　普通玻璃和涂膜玻璃的透射比

3）检测结果

检测结果见表4-1。

表 4-1　　两种玻璃的光学性能检测结果

项目	原有蓝星镀膜玻璃	涂刷透明隔热减反射涂膜后
外观	透明	透明
太阳光反射比	13.3%	8.7%
可见光反射比	21.6%	13.8%
遮阳系数	0.62	0.57

4）结论

根据测试结果，镀膜玻璃经涂覆透明隔热减反射涂膜后其太阳光反射比由13.3%下降到8.7%，可见光反射比由21.6%下降到13.8%，符合对光污染可见光反射比的要求。同时玻璃的遮阳系数下降0.05，起到更好的遮阳效果。

项目 4.4　石材幕墙

4.4.1　石材幕墙的构造特点

凡墙体饰面材料系以石材扳制作的幕墙，称为石材幕墙。石材幕墙的构造组成主要有饰面石材、连接件、金属构架、支座预埋件。

饰面石材通过干挂件与钢构架连接，把石材的受力传给钢构架，与钢构架形成一个整体，再通过钢构架与预埋件的连接件直接将受力传递给预埋支座，最后传到主体结构。整个幕墙的受力都由主体结构承受，因此，在进行建筑设计时，必须先将主体结构设计成有足够的强度来承受幕墙传递的受力。墙面干挂大理石构造图如图4-17所示，砖墙干挂石材构造图如图4-18所示。

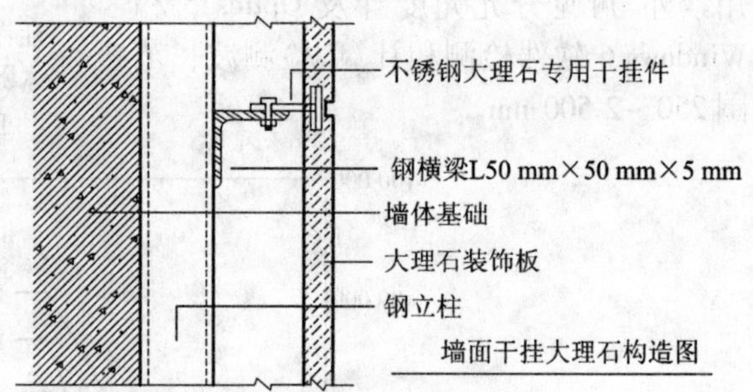

图 4-17　墙面干挂大理石构造图

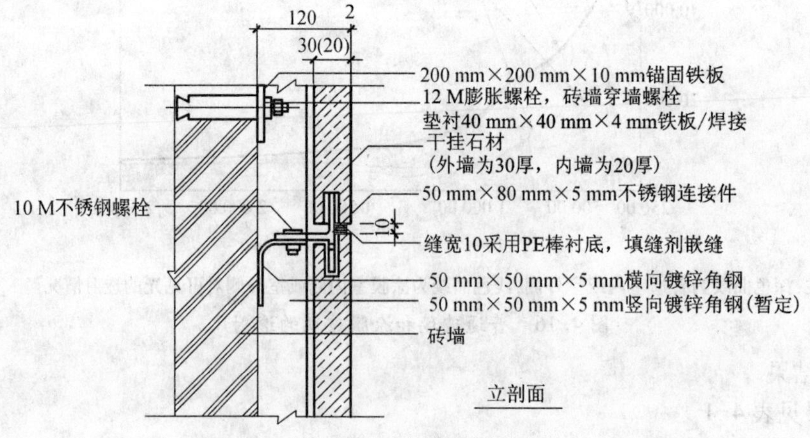

图 4-18　砖墙干挂石材构造图(单位:mm)

4.4.2　材料性能

1. 幕墙石材的选用

石材幕墙的饰面板材主要是花岗岩(即火成岩),而很少采用大理石。

(1) 石材板质:幕墙石材宜采用火成岩,即花岗岩。因花岗岩的主要结构物质是长石和石英,其质地坚硬,耐酸碱、耐腐蚀、耐高温、耐日晒雨淋、耐冰冻及耐磨性好等特点,故而较适宜用作建筑物的外饰面,也就是幕墙的饰面板材。

(2) 板材厚度:幕墙石材的常用厚度为25~30 mm。为满足强度计算的要求,幕墙石板的厚度最薄不得小于25 mm。

火烧石板的厚度应比抛光石板的厚度尺寸大于3 mm。石材经火烧加工后,在板材表面形成细小的不均匀麻坑效果而影响了板材厚度,同时也影响了板材的强度,故规定在设计计算强度时,对同厚度火烧板一般需要按减薄3 mm进行。

(3) 因石材是天然性材料,对于内伤或微小的裂纹有时用肉眼很难看清,在使用时会埋下安全隐患。因此,设计时应考虑到天然材料的不可预见性,石材幕墙立面划分时,单块板面积不宜大于1.5 m^2。

2. 金属构架

用于幕墙的钢材有不锈钢、碳素钢、低合金钢、耐候钢、钢丝绳和钢绞线。低碳钢Q235主要制作钢结构件和连接件(预埋件、角码、螺栓等),是应用最广泛的钢材。石材幕墙的金属构架主要采用低碳钢Q235,如果高于40 m的幕墙结构,钢构件宜采用高耐候结构钢。

石材幕墙钢架主要由横梁和立柱组成,一般情况下,横梁主要采用角钢,立柱采用槽钢(有时也采用衍架),至于选用多大的型钢、立柱布置间距的确定,必须进行受力分析、计算。

钢型材应该符合设计及《钢结构设计规范》(GB 50017)的要求,并应具有钢材厂家出具的质量证明书或检验报告,其化学成分、力学性能和其他的质量要求必须符合国家标准规定。市面上很少有国标的型钢(槽钢和角钢),往往都采用非国标的型钢来作为幕墙结构的立柱和横梁,因此,在选择钢材时注意下列要求:

(1) 采用质量可靠的产家,有检验证书、出厂合格证和质量保证书;

(2) 使用前,必须权威的检验部门进行试验,有试验合格报告书。

幕墙的钢结构属隐蔽工程,而钢材是易受锈蚀的材料,如果钢架受到锈蚀,则将无法进行维护,因此,在安装钢架之前必须进行防锈处理。

(1) 镀锌是最有较的防锈处理方法,其镀锌层不应小于45 μm;

(2) 冷镀没什么效果;

(3) 涂刷防锈漆,只能是对焊接点进行的后补的防锈方法,在涂刷防锈漆前,要对钢构件进行去油、除锈后才能进行涂刷防锈漆。

因此,尽可能不用涂刷防锈漆作为防锈处理,热镀锌是幕墙钢结构唯一的防锈办法。

钢架横梁角钢与立柱槽钢(或衍架)的连接方法可以采用焊接和螺栓连接(国家规范的要求是采用螺栓连接)。螺栓连接时,是采用螺栓通过角码将角钢固定在槽钢上,使角钢与槽钢形成一整体钢架,如图4-19所示。

另外，钢架要与主体结构的壁雷装置进行有效地连接，使整个建筑形成一个较好的避雷网络。

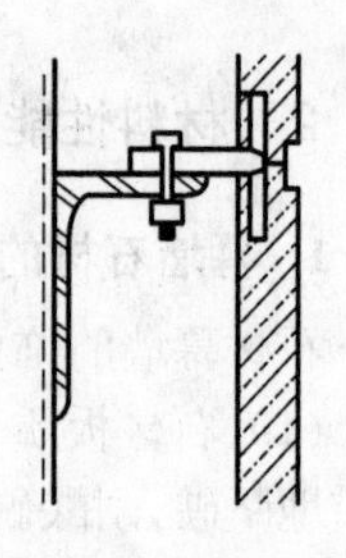

图 4-19 角钢与槽钢连接图

3. 连接件

石材幕墙的连接件有：①石材与角钢的连接；②角钢与槽钢的连接；③槽钢与预埋支座的连接。

1）石材与角钢的连接

石材与角钢的连接采用不锈钢挂件连接。其连接方法有：①钢销连接法；②蝴蝶扣和T形挂件连接法；③背栓法；④通槽连接法；⑤S、R形挂件连接法；⑥复合连接法。

虽然在整个石材幕墙中挂件只是一个小小的配件，但它却起着“四两拔千斤”的作用，也可以说在整个石材幕墙的质量与安全问题中，挂件是最关键的配件之一。

市场上多以“不锈铁”或镀锌挂件充当不锈钢挂件。这些挂件的特点是材料质量多为再生材质，强度要比不锈钢低得多，使用后易产生断裂；锈蚀后，其强度自然也就降低，时间久了，势必引起破坏、断裂，造成质量安全事故；氧化生锈污染石材表面及胶缝，破坏美观，石材一旦被污染后清洗都无法消除。因此，选购挂件的时候，一定要避免买到这种非正品的不锈钢挂件。购买时，就应有质量保证书，质检报告。

2）角钢与槽钢的连接

角钢与槽钢的连接有两种方法：采用螺栓通过角钢与支座钢板连接；通过支臂采用焊接与支座钢板连接。

当立柱槽钢离主体结构较远时，一般采用槽钢作为伸臂，使槽钢与支座钢板连接；当立柱槽钢离主体构件不远时，可采用角钢与支座钢板连接。

一般每层设一根槽钢，上下两头分别与预埋在混凝土结构上的支座连接，整个结构按悬壁式进行设计。每根槽钢的上头可与支臂焊接，也可采用螺栓与角码连接，下头应通过插芯或连接钢板进行螺栓连接，这样可使上下槽钢可以伸缩活动能力，以消除钢材变形而产生的应力。

4. 支座预埋件

支座预埋件应在主体结构浇筑水泥之前与主体结构配筋同时预埋。对于未设预埋件、预埋件漏放、预埋件偏离设计位置太远、设计变更或是旧建筑加装幕墙等情况而采用锚固螺栓（膨胀螺栓或化学螺栓）时，应注意满足下列要求：

（1）采用质量可靠的品牌，有检验证书、出厂合格证和质量保证书。

（2）用于立柱与主体结构连接的后加螺栓，每处不少于2个，直径不小于10 mm，长度不小于110 mm。螺栓应为不锈钢或热镀锌碳素钢产品。

（3）必须进行现场拉拔试验，有试验合格报告书。

（4）优先设计成螺栓受剪的节点形式。

（5）螺栓承载力不得超过厂家规定的承载力，并要按厂家规定的方法进行计算。

5. 建筑密封材料

所用硅酮耐候密封胶和硅酮结构密封胶，均应是中性制品，并应在有效期内使用。

1）硅酮耐候密封胶

幕墙应采用中性硅酮耐候密封胶，其性能应符合表 4-2 的规定。

表 4-2　　硅酮耐候密封胶的性能表

项　　目	性　　能	
	金属幕墙用	石材幕墙用
表干时间	1～1.5 h	
流淌性	无流淌	≤1.0 mm
初期固化时间	3 d	4 d
完全固化时间 （相对湿度≥50%，温度 25℃ ±2℃）	7～14 d	
邵氏硬度	20～30	15～25
极限拉伸强度	0.11～0.14 MPa	≥1.79 MPa
断裂延伸率	—	≥300%
撕裂强度	3.8 N/mm	—
施工温度	5℃～48℃	
污染性	无污染	
固化后的变拉承受能力	25% ≤δ≤50%	δ≥50%
有效期	9～12 个月	

2）硅酮结构密封胶

幕墙构造中用于各种板材与金属构架、板材与板材的受力粘结材料，应采用中性硅酮结构密封胶。硅酮结构密封胶有单组分和双组分，其性能应符合表 4-3 的规定。注意下述强制性条文：同一幕墙工程应采用同一品牌的单组分或双组分的硅酮结构密封胶，并应有保质年限的质量证书。用于石材幕墙的硅酮结构密封胶还应有证明无污染的试验报告。同一幕墙工程应采用同一品牌的硅酮结构密封胶和硅酮耐候密封胶配套使用。

4.4.3　施工工艺

1. 安装工艺流程

测量放线→转接件安装→钢架安装→挂件安装→石材安装→清理打胶→石材防护。

2. 施工方法

1）测量放线

（1）测量放线工依据总包单位提供的基准点线和水准点。再用全站仪在底楼放出外控制线，用激光垂直仪，将控制点引至标准层顶层进行定位。依据外控制线以及水平标高点，定出幕墙安装控制线。为保证不受其他因素影响，垂直钢线每 2 层一个固定支点，水平钢线每 4 m 一个固定支点。填写测量放线记录表，报监理验收，验收后进入下道工序。

表 4-3　　　　　　　　　　　　硅酮结构密封胶的性能表

项　　目	技术性能	
	中性双组分	中性单组分
有效期	9 个月	9～12 个月
施工温度	10℃～30℃	5℃～48℃
使用温度		-48℃～88℃
操作时间		≤30 min
表干时间		≤3 h
初步固化时间(25℃)		7 d
完全固化时间		14～21 d
邵氏硬度	35～45 度	
粘结拉伸强度(H 型试件)	≥0.7 N/mm²	
延伸率(哑铃型)	≥100%	
粘结破坏(H 型试件)	不允许	
内聚力(母材)破坏率	100%	
剥离强度(与玻璃、铝)	5.6～8.7 N/mm(单组分)	
撕裂强度(B 模)	4.7 N/mm	
抗臭氧及紫外线拉伸强度	不变	
污染和变色	无污染、无变色	
耐热性	150℃	
热失重	≤10%	
流淌性	≤2.5 mm	
冷变形(蠕变)	不明显	
外观	无龟裂、无变色	
完全固化后的变位承受能力	12.5%≤δ≤50%	

(2) 将各洞口相对轴线标高尺寸全部量出来。

(3) 结构弹线。①立柱的安装，依据放线的位置进行安装。安装立柱施工一般是从下开始，然后向上安装。②放线组施工人员首先在预埋件上依据施工图标高尺寸弹出各层间的横向墨线，作为定位基准线。

2）转接件安装

根据设计要求和预埋件所弹控制线，进行转接件安装。转接件是通过不锈钢螺栓固定在预埋件上，安装时必须保证转接件的标高、前后、左右偏差；如超过偏差允许范围，则要进行调整。图4-20所示为焊接立柱转接件示意图。

图4-20 焊接立柱转接件

3）钢骨架安装

（1）先对照施工图检查钢管立柱的加工孔位是否正确，然后用螺栓将钢管立柱与连接件连接，吊到安装部进行安装。先将螺栓与转接件连接，进行初紧，然后进行调节。

（2）钢管就位后，依据测量组所布置的钢丝线、进行调节。依据施工图进行安装检查，各尺寸符合要求后，对钢管进行直线的检查，确保钢管立柱的轴线偏差，如图4-21所示。

（3）钢管立柱安装好后，开始安装槽钢横梁，用角码和螺栓安装到钢管立柱上。

4）钢挂件安装

将钢挂件型材按图纸设计下料、打孔。然后将钢挂件通过螺栓固定在角钢上，两者之间用橡胶垫片连成一体。依据控制线进行标高，左右调节。

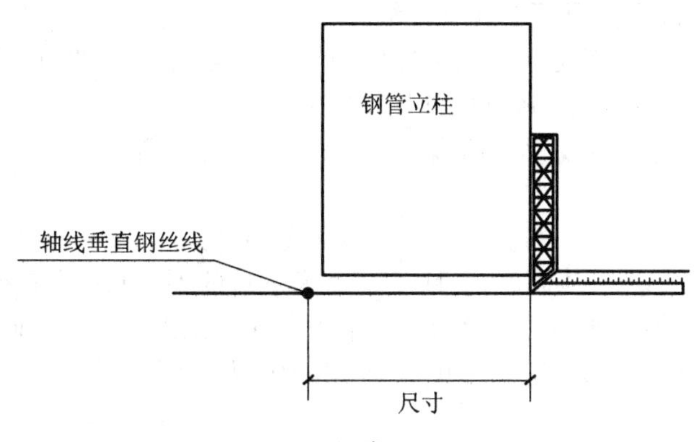

图4-21 钢管立柱定位

5）石材进场验收

将花岗岩放在阳光充足处，人在2 m外观察，基本调和。天然花岗岩的色差级一般分为A、B、C三种。同一立面只能存在A、B或B、C两种，A与C绝不能在同一立面出现，如图4-22所示。

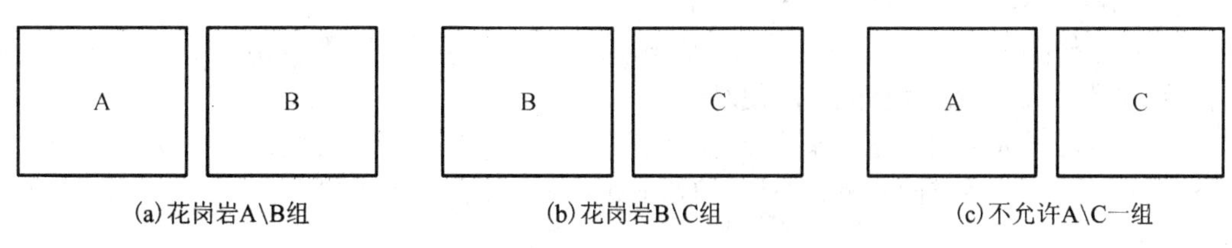

图4-22 石材进场验收图

6）花岗岩的安装

（1）为了减少石材表面跟水和大气的接触，并减少污物附在石材上，保护石材的美观及延长使用寿命，在石材进场前，要先进行石材防水、防污的处理，刷石材表面防护剂，避免施工过程中石材受到污染。

（2）花岗岩板片检查合格后依据垂直钢丝线与横向鱼丝线进行挂板，角位与玻璃幕墙连接的地方应由技术较高人员进行安装，安装后大面积铺开。

（3）石材进行试挂，并调整，进行花岗岩安装。在安装过程中，有一块板材四个角不在同一平面，往往会造成一块石材安装不在同一平面上，此时应利用公差法进行调整。若三个角与相邻板在一平面，其中一个角凹入 1 mm，则整个板向外调 0.5 mm。

7）石材安装注意事项

（1）施工段第一层石材一定要严格按照施工工艺安装。

（2）安装时，应先安装窗洞口及转角处石材，以避免安装困难和保证阴阳角的顺直。

（3）安装到每一层标高时，进行垂直误差的调整，不积累。

（4）石材搬运和暂放时要有保护措施。

8）石材打胶

（1）花岗岩安装后，先清理板缝，特别要将板缝周围的干挂胶打磨干净，然后嵌入泡沫条。

（2）泡沫条嵌好后，贴上防污染的美纹纸，避免密封胶渗入石材造成污染。贴美纹纸应保证缝宽一致。打胶完成密封胶半干后撕下美纹纸。

（3）美纹纸贴完后进行打胶，胶缝要求宽度均匀、横平竖直，缝表面光滑平整。

（4）用两根角铝靠在打胶、刮胶部位，但要注意缝宽。

（5）采用橡胶刮刀进行刮胶，刮刀根据大小、形状能任意切割。

9）花岗岩材质量控制

石材幕墙最难控制的是石材的色差，因为花岗岩板材是天然形成的，存在自然差别，有时甚至同一石料矿同一品种的石材在不同的荒料块与同一荒料块的不同面都存在很大差别，再有板材是生产一批、运输一批、安装一批；不可能等所有板材全部生产出来进行排版调色差。即使每一批才能够全部排版，但批与批之间仍然存在问题。因此，为最大限度的保证工程质量效果，控制色差，可以进行以下几种控制：

（1）开采控制：花岗岩供应商确定后，根据本工程需要的数量，荒料一次性开采完成，以防止别的工程也选取到此种石材后，厂家同时供货，造成多批次开采，差别几率就会增大。

（2）加工要求：根据每块荒料的出材数量确定同一立面不同分格部位，在石材编号图上注明，同时加工完后装箱时每一箱要装同一部位连号石材，每块石材都要在侧面或背面编号，一个分格，一个编号，不准重复。每箱预留 2 ~ 3 块做备用。

（3）确定样品进行封存：同一板材上，切出 4 块板材，业主方、监理、总包方留样品 1 块，项目部留 1 块样品，供货商留 1 块样品，以便对照。

（4）项目部派人到供应商厂家蹲点，监督发货的质量，包括色差、尺寸，依样品为对照物。

对于石材质量的各方面检测，其具体的要求如表 4-4—表 4-7 所列。

表 4-4　　石材的尺寸允许偏差

分类	细面和镜面板材			粗面板材		
等级	优等品	一等品	合格品	优等品	一等品	合格品
长、宽度/mm	0，-1.0			0，-1.0		0，-1.5
厚度/mm	±1.0	±1.5	±2.0	+1.0、-2.0	±2.0	+2.0、-3.0

表 4-5　　石材的平面度

板材长度范围/mm	细面和镜面板材			粗面板材		
	优等品	一等品	合格品	优等品	一等品	合格品
≤400	0.20	0.35	0.50	0.60	0.80	1.00
>400，<800	0.50	0.65	0.80	1.20	1.50	1.80
≥	0.70	0.85	1.00	1.50	1.80	2.00

表 4-6　　石材角度

板材长度范围/mm	优等品	一等品	合格品
≤400	0.30	0.50	0.80
>400	0.40	0.60	1.00

表 4-7　　石板的安装质量

项　目		允许偏差/mm	检查方法
竖缝及墙面垂直缝	幕墙层高≤3 m	≤2	激光经纬仪或经纬仪
	幕墙层高>3 m	≤3	
幕墙水平度(层高)		≤2	2 m 靠尺、钢板尺
竖缝直线度(层高)		≤2	2 m 靠尺、钢板尺
横缝直线度(层高)		≤2	2 m 靠尺、钢板尺
拼缝宽度(与设计值比)		≤1	卡尺

项目 4.5　金属幕墙

自 20 世纪 70 年代末期，我国铝合金门窗、幕墙工业开始起步，铝合金玻璃幕墙在建筑中的推广应用和发展，从无到有，从仿制到自行研制开发，从承担小工程的施工到承揽大型工程项目，从生产中低档产品到生产高新技术产品，从施工中低层建筑门窗到施工高层玻璃幕墙，从只能加工简单中低档型材到挤压复截面的高档型材，从依靠进口发展到对外承包工程，玻璃幕墙得到了迅速的发展。到20世纪90年代新型建筑材料的出现推动了建筑幕墙的进一步发展,一种新型的建筑幕墙形式在全国各地相继出现,即金属幕墙,所谓金属幕墙是指幕墙面板材料为金属板材的建筑幕墙,简单地说,就是将玻璃幕墙中的玻璃更换为金属板材的一种幕墙形式,但由于面材的不同两者之间又有很大的区别,所以设计施工过程中应对其分别进行考虑。由于金属板材的优良加工性能,色彩的多样及良好的安全性,能完全适应各种复杂造型的设计,可以任意增加凹进和凸出的线条,而且可以加工各种形式的曲线线条,给建筑师以极大的发挥空间,备受建筑师的青睐,因而获得了突飞猛进的发展。

金属幕墙分为铝塑板幕墙、铝板幕墙、不锈钢板幕墙。铝塑板幕墙与铝板幕墙、不锈钢板幕墙施工方法基本相同,只是所用材料不同。

1. 铝板幕墙构造节点图

铝板幕墙按幕墙的结构形式可分单元铝板幕墙和构件式铝板幕墙两种形式,所谓单元幕墙是指将面板、横梁、立柱在工厂组装为幕墙单元,以幕墙单元形式在现场完成安装施工的有框幕墙;所谓构件式幕墙是在现场依次安装立柱、横梁和面板的有框幕墙。

2. 铝板幕墙材料

铝板幕墙所用的面材有以下四种:铝复合板、单层铝板、蜂窝铝板、夹芯保温铝板。目前使用量较大的是前三种,既然有多种面材可选择,它们之间就存在差异。

3. 施工工艺(以铝塑板幕墙施工为例)

施工环境描述:新建工程在主体施工完工,屋面防水工程完工,外墙施工完工,内墙面抹灰完工,天棚抹灰等工程完工,按设计要求进行金属幕墙施工,金属幕墙施工脚手架已搭设好。

操作工序:测量、放线→埋件安装→立柱连接件安装→立柱安装→横梁安装→保温层安装→铝塑面板安装→注胶→细部处理。

(1) 材料:热镀锌立柱钢方管、热镀锌横梁钢方管、热镀锌立柱连接件、5 mm 厚铝塑板,硅酮耐候密封胶,热镀锌自攻螺丝,塑料泡沫棒。

(2) 测量、放线。

① 按设计图纸竖向分隔尺寸及建筑物轴线、一层标高控制线,按柱面、墙面、门窗洞口放线,确定立柱在建筑物梁柱上的位置、一层预埋件位置、一层幕墙高度位置(幕墙底部的标高线)。用墨斗弹线,弹线应清楚,位置应准确。

② 按图纸尺寸用垂线法(铁线、线坠、钢尺)确定一至顶层立柱及预埋件位置及顶部幕位置。用墨斗弹线,弹线应清楚,位置应准确。

(3) 埋件安装:打孔、安装化学膨胀螺栓、固定埋件钢板。

① 按放线埋件位置,按埋件尺寸确定孔的位置放线,按化学膨胀螺栓尺寸,用冲击钻打孔。

② 把化学螺栓放在孔内。

③ 固定埋件钢板。

(4) 质量要求。

① 打孔位置准确,误差 ±2 mm。

② 化学膨胀螺栓按产品说明要求施工。要采用名牌产品确保锚固强度要求。

③ 埋件位置准确,标高偏差不大于 ±10 mm,位置与设计位置偏差不大于 ±20 mm。

④ 严谨焊接化学膨胀螺栓,预埋件必须安装在建筑框架及混凝土结构上。

(4) 安装立柱热镀锌连接件:把立柱连接件(热镀锌槽钢或角钢)焊接在预埋件上。其技术要求:位置准确,误差 ±2 mm。

(5) 安装热镀锌方钢管立柱。

① 把热镀锌方钢管立柱,用2个M12螺栓加40×40×4螺钿固定在连接件上。

② 用钢丝垂线调整立柱间距及垂直度,立柱安装好后,40×40×4螺钿焊接在连接件上。

③ 焊接好后焊接位置刷防锈漆二道,银粉二道。

④ 技术要求:位置准确,垂直度允许偏差≤2 mm;立柱平面度,允许偏差≤5 mm。

(6) 横梁安装。

① 按设计铝塑板横向尺寸,在立柱上放线。

② 用镀锌自攻钉按放线尺寸固定铝合金角码固定在立柱上,再用镀锌自攻钉把横梁固定在铝合金角码上。

③ 技术要求:位置准确。

(7) 保温层安装。

① 按设计要求厚度喷注聚氨脂泡沫塑料保温层。

② 技术要求:厚度、导热系数、阻燃符合设计要求。

(8) 塑铝面板安装。

① 塑铝板的颜色、厚度、长度宽度符合设计要求,塑铝板四边专用工具均做成90°型,用角铝做成框,用拉铆钉固定塑铝板与铝合金框上。

② 用铝合金压板及自攻螺丝,按设计预留缝隙,固定塑铝板四周铝合金框在立柱及横梁上,自攻螺丝距端部不大于100 mm,其余间距不大于300 mm。

③ 技术要求:如表4-8和表4-9所列。

表4-8　金属板的表面质量

项　目	质量要求
0.1~0.3 mm宽划伤痕	长度小于100 mm不多于8条
擦伤	不大于500 mm^2

表4-9　金属、石材幕墙安装质量

项　目		允许偏差/mm	检查方法
幕墙垂直度	幕墙高度不大于30 m	≤10	激光经纬仪或经纬仪
	幕墙高度大于30 m,不大于60 m	≤15	
	幕墙高度大于60 m,不大于90 m	≤20	
	幕墙高度大于90 m	≤25	
竖向板材直线度		≤3	2 m靠尺、塞尺

（续表）

项　目		允许偏差/mm	检查方法
横向板材水平度不大于 2 000 mm		≤2	水平仪
同高度相邻两根横向构件高度差		≤1	钢板尺、塞尺
幕墙横向水平度	不大于 3 m 的层高	≤3	水平仪
	大于 3 m 的层高	≤5	
分格框对角线差	对角线长不大于 2 000 mm	≤3	3 m 钢卷尺
	对角线长大于 2 000 mm	≤3.5	

（9）注胶。

① 填塞塑料泡沫条，聚塑铝板面层高度不小于 4 mm。

② 用胶枪注射硅酮耐候密封胶，胶干后拆除塑铝板上保护膜。

③ 技术要求：胶缝宽度一致，横平竖直，填嵌密实、均匀，光滑、无气泡；硅酮耐候密封胶，厚度不小于 3.5 mm。

（10）细部处理。清理立柱、横梁、塑铝板上灰迹。清理塑铝板上多余的胶，擦拭干静塑铝板面。

复习思考题

1. 谈谈幕墙节能中常用玻璃的分类？
2. 玻璃幕墙类别主要分为哪几类？各有哪些特点？
3. 简述玻璃幕墙施工工艺及应注意的事项。
4. 玻璃幕墙安装质量要求有哪些？
5. 玻璃幕墙验收检验批的划分有哪些要求？
6. 简述石材幕墙施工工艺及应注意的事项。
7. 简述金属幕墙金窗施工工艺及应注意的事项。

实训练习题

1. 作业目的

（1）训练学生幕墙施工图纸识读能力；

（2）熟练掌握质量验收规范；

（3）熟悉幕墙的施工工艺；

（4）能进行幕墙材料改变时传热系数的校核计算。

2. 作业的方式

网上收集资料、整理资料，并以 PPT 的形式进行结论的介绍。

3. 作业内容

1）全隐框玻璃幕墙

(1) 全隐框玻璃幕墙的结构特点有哪些？浙江省最适合的玻璃幕墙形式及材料特点是什么？

(2) 玻璃幕墙如何做到节能？节能的原理是什么？

(3) 全隐框玻璃幕墙施工时最主要注意的方面有哪些？施工工艺上有何特殊的要求？

(4) 玻璃幕墙在建筑节能使用中最大的缺点是什么？

(5) 该种幕墙节能形式质量验收的核心内容是哪些？如何保证质量？

(6) 该种幕墙节能与普通玻璃幕墙相比节能的比例是多少？

2) 明框玻璃幕墙

(1) 明框玻璃幕墙的结构特点有哪些？浙江省最适合的玻璃幕墙形式及材料特点是什么？

(2) 玻璃幕墙如何做到节能？节能的原理是什么？

(3) 明框玻璃幕墙施工时最主要注意的方面有哪些？施工工艺上有何特殊的要求？

(4) 玻璃幕墙在建筑节能使用中最大缺点是什么？

(5) 该种幕墙节能形式质量验收的核心内容是哪些？如何保证质量？

(6) 该种幕墙节能与普通玻璃幕墙相比节能的比例是多少？

3) 石材幕墙

(1) 石材幕墙的结构特点有哪些？浙江省最适合的石材幕墙形式及材料特点是什么？

(2) 石材幕墙如何做到节能？节能的原理是什么？

(3) 石材幕墙施工时最主要注意的方面有哪些？施工工艺上有何特殊的要求？

(4) 石材幕墙在建筑节能使用中最大缺点是什么？

(5) 该种幕墙节能形式质量验收的核心内容是哪些？如何保证质量？

(6) 该种幕墙节能与普通玻璃幕墙相比节能的比例是多少？

4. 要求

(1) 该作业以小组形式在课余时间完成，完成时间为一周，汇报提纲里必须要明确的小组成员分工及要求。

(2) 成绩评定分成：①PPT 编制的质量 10%；②纸质资料质量的完整度与系统性 40%；③汇报资料的提炼度 40%；④介绍人的状态 10%。

模块 5
屋面节能

能力目标:能根据施工图纸正确开展屋顶节能施工;能正确运用质量验收规范;能进行屋顶材料改变时传热系数的校核计算。

知识目标:熟悉屋顶节能强制性条文;熟悉屋顶节能标准;掌握屋顶节能常用术语内涵;了解屋顶节能常用材料的特性及施工要点。

背景资料

观察图5-1,大家知道是什么屋面吗?屋顶设计就节能角度来说,要满足哪些条件呢?

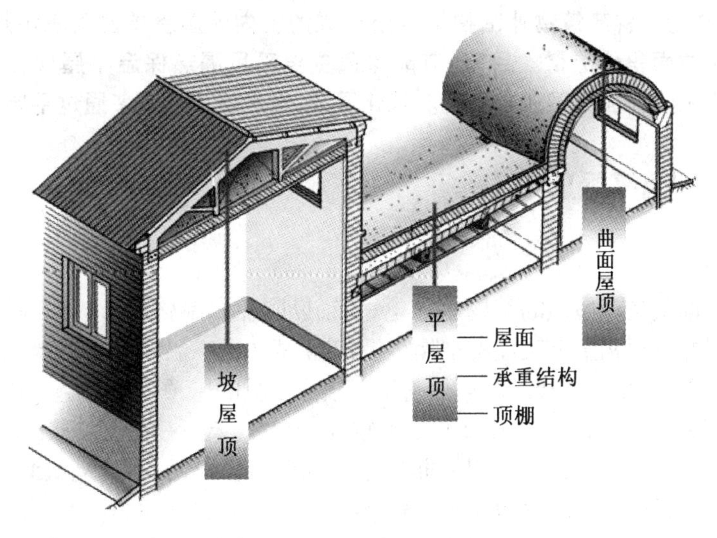

图5-1 屋顶构造图

这张图片,大家一看就知道是屋面,按屋面的坡度和形式,屋顶主要分为以下三种类型:

(1) 平屋顶,屋面坡度为2%~5%。

(2) 坡屋顶,坡度一般大于10%。

(3) 曲面屋顶,是由薄壳结构、悬索结构或网架结构等作为屋顶的承重结构,形成各种形状各异的屋顶,如球形网壳屋顶、双曲拱屋顶等。

建筑屋顶设计通常必须满足以下要求:

(1) 防水要求。作为围护结构,屋顶设计的一项基本要求是防止渗漏,因此屋顶构造设计的主要任务是解决漏水问题。一方面需要使用不透水的屋面材料及采用合理的构造处理来达到防水的目的;另一方面需要采取适当的排水措施,将屋面积水及时排掉,以减少渗漏的可能。因而,一般屋面都需有一定的排水坡度。屋顶的防水止漏是一项综合性技术,它涉及建筑及结构的形式、屋顶坡度、防水材料、屋面构造处理等问题,需加以综合考虑。设计中应遵循防水与排水相结合的原则解决屋顶的防漏问题。

(2) 隔热保温要求。隔热保温是屋顶的重要功能,也是建筑节能的重要保障。屋顶应有良好的隔热保温性能,减少能量损失,以保持室内温度适宜。屋顶的保温,一般是采用热阻很大的材料,阻止室内热量由屋顶流向室外。屋顶的隔热则通常靠设置通风间层,利用风压或热压差产生空气流动带走一部分热量，或采用隔热性能很好的材料，减少由屋顶传入室内的热量来达到目的。

(3) 结构要求。 屋顶需承受风、雨、雪等荷载及其自重。屋顶将这些荷载传递给墙柱等结构，与其共同构成建筑的受力主体，因而屋顶也是承重构件，必须有足够的强度和刚度，以保证房屋的结构安全。从防水的角度，则不允许屋顶受力后有过大的形变，否则易使防水层开裂，造成屋面渗漏。

(4) 建筑艺术要求。 屋顶是建筑外部形态的重要组成部分，其形式对建筑物的审美特征具有很大的影响。因此，屋顶设计应该满足建筑艺术的要求。

住宅屋顶直接和外界的自然环境接触，最容易受到诸如风霜雨雪等气候条件的影响。对于顶层住户而言，屋顶作为一种建筑物外围护结构所造成的室内外温差单位面积传热量，大于任何一面外墙和地面的单位面积传热量。目前，节能屋顶主要采用隔热保温平屋顶、绿化屋顶、蓄水屋顶、屋顶平改坡、太阳能屋面等形式来实现。绿化屋顶、蓄水屋顶也大多通过平屋顶来实现。

项目 5.1　隔热保温平屋顶

5.1.1　系统概述

传统的保温屋面就是在屋顶的结构层之上，先铺以隔热保温材料形成保温层，再铺以防水层及保护层。而在保温屋顶构造上架设架空隔热板，就形成了既保温又通风降温的具有保温及隔热双重特性的屋顶，成为了夏热冬冷地区居住建筑中较为常见的屋顶节能构造。传统的保温平屋顶构造各工序之间紧密结合、环环相扣，节能效果较好，但存在着工序繁多、施工复杂且施工过程易受到环境因素影响等不足。尤其是采用的非憎水性的保温材料，一旦受潮湿润，不仅起不到保温作用，反而会增加屋顶的热负荷，这也是该节能构造的发展受到制约的主要原因。而目前采用了“憎水性”的保温材料以后，节能效果更加显著。目前常用的隔热保温屋面的形式主要有以下几种。

1. 平屋顶保温构造

平屋顶保温结构可分为倒置式保温构造和正置式保温构造，如图 5-2 所示。

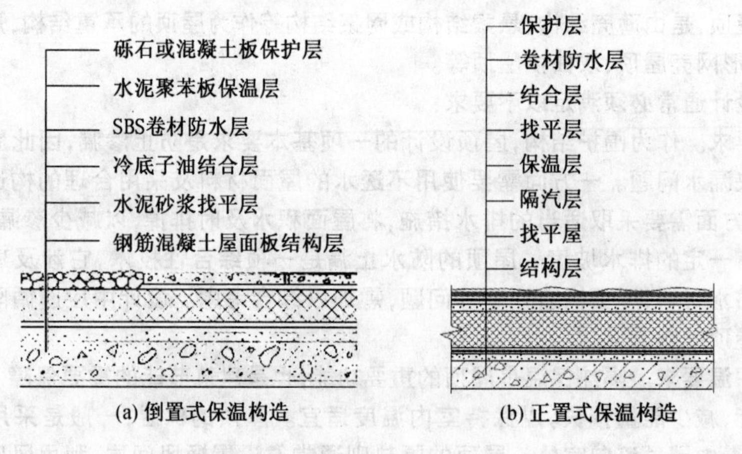

图 5-2　平屋顶保温构造

1）正置式屋面

正置式屋面是指保温层位于防水层下方的保温屋面。该做法多用于采用加气混凝土、膨胀珍珠岩、矿棉等保温隔热材料做保温层的屋面，因此比传统的保温隔热材料容易吸水，而吸水后就大大降低保温隔热性能，所以保温层只能做在防水层之下。正置式屋面存在以下不利于屋面防水的特点：

（1）因保温层在防水层下侧，为排出找平层与保温层中的湿气，避免水汽使防水层起鼓，需在屋面上设置大量的排气孔（图5-3），不仅影响屋面使用和观瞻，而且人为地破坏了防水层的整体性，排气孔上防雨盖又常常容易碰踢脱落，反而使雨水灌入孔内。而且，即使是按规范设排气道、排气孔，有时还会出现防水层起泡的现象。

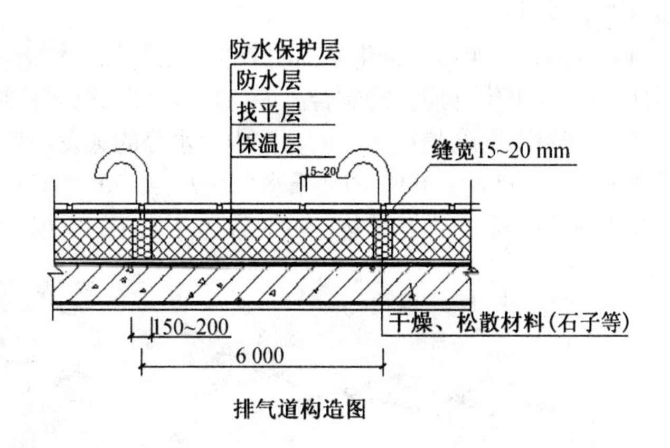

图5-3　排气孔及其构造图

（2）正置式屋面也因为防水层在上方，容易受到气温热胀冷缩的影响和日光紫外线的影响而产生老化、开裂，对屋面的防水很是不利。

（3）对于屋面渗漏点的维修，因卷材下部的排气道四方贯通，一旦一处卷材破损，可能从另处表现处渗漏。单纯地从渗漏点不容易确定卷材的破损点，对后期的维修带来不便。

2）倒置式屋面

倒置式屋面是指保温层位于防水层上方的保温屋面。该做法目前多被采用于各类工程中，因为其有以下特点：

（1）构造简化，避免浪费。倒置式屋面可以节省隔汽层，因延长了防水层的使用年限，节省后期维护费用，综合经济效益高是显著的。

（2）不必设置屋面排汽系统。首先节约了屋面排汽系统的费用，其次减少了屋面的渗漏点（每个排汽帽均为渗漏点）。

（3）防水层受到保护，避免热应力、紫外线以及其他因素对防水层的破坏；因防水层在保温层下部，避免了热胀冷缩以及紫外线照射而产生的开裂和老化。

（4）日后屋面检修不损材料，方便简单。

3）刚性防水屋面

刚性防水屋面（图5-4）是指用细石混凝土做防水层的屋面，因混凝土属于脆性材料抗拉强度较低，所以称为刚性防水屋面。其特点是构造简单、施工方便、耐久性好、耐老化、耐穿刺性好，但容易开裂，尤其对气温变化和结构变形较为敏感。

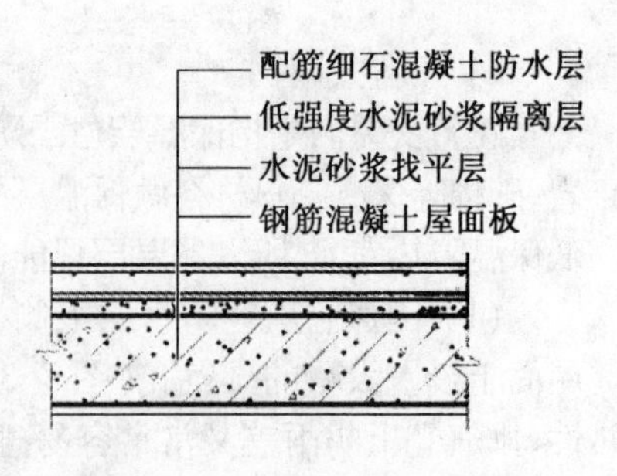

图 5-4 刚性防水屋面

2. 绿化屋顶

绿化屋顶是根据建筑屋顶的结构特点、荷载和屋顶上的生态环境条件，选择生长习性与之相适应的植物，通过一定技艺，在建筑物屋顶及一切可资利用的空间建造绿色景观的一种形式，是当代园林发展的新方向、新亮点、新阶段(图 5-5)。绿化屋顶有如下特点：

(1) 隔热效果明显。绿化屋顶的节能效果与绿化植物有着密切的联系：①植被茎叶的遮阳作用，可以有效降低室外屋面的综合温度，减小屋面的温差传热量；②植物的光合作用吸收太阳能用于自身的蒸腾作用；③植被基层的土壤中的水分的蒸发消耗太阳能；④据植物学家统计，照射在植物叶子上的太阳能约有 60% 消耗于水分蒸发，约 30% 透过植物体，2% 用于光合作用，其余的 8% 由树叶表面反射回去，而且植物叶片对致热红外光的反射率高达 70%。

(a) 绿化屋顶形式一

(b) 绿化屋顶形式二

(c) 绿化屋顶形式三

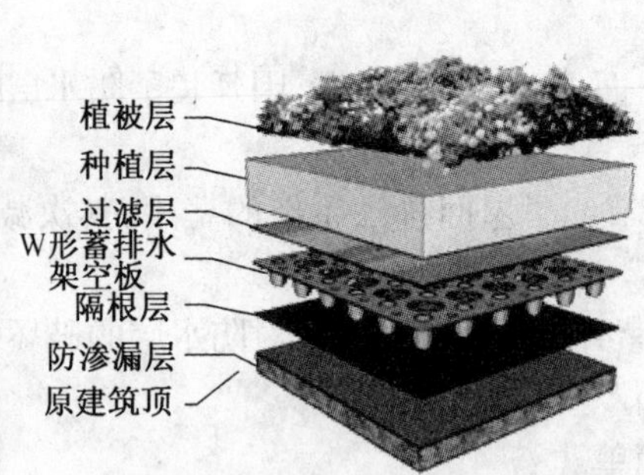

(d) 绿化屋顶构造图

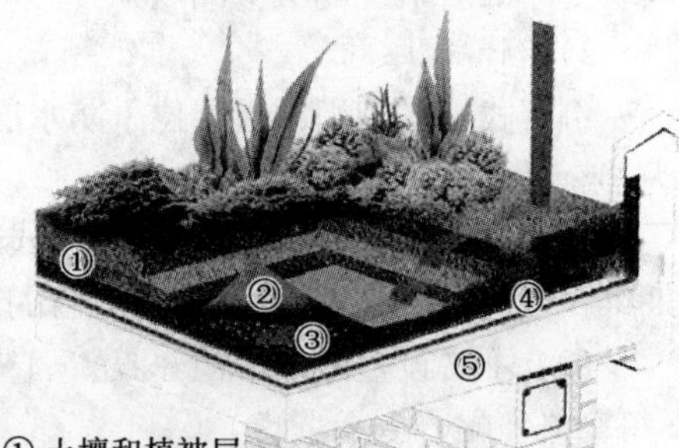

(e) 绿化屋顶剖面图

图 5-5 绿化屋顶及其构造图

（2）改善空气质量、降低温度。绿化屋顶的植物可通过光合作用吸收二氧化碳，释放氧气，还可以净化空气。种植屋顶不仅可以增加湿度，吸收热量，降低温度，还能形成一层“空气过滤网”。1 m^2 屋顶草地每年可去除空气中0.2 kg悬浮颗粒。下雨时，大约一半雨水会滞留在屋顶上，储藏于植物的根部，日后逐步蒸发。这样能增加空气湿度，对环境也起到了平衡作用。

（3）美化环境、改善城市面貌。将屋顶花园与屋顶在整体上统一协调考虑，不仅能丰富城市景观，还能改善城市环境，保护生态平衡，对社会、环境、人都有益处，提供一个放松、休闲的好去处。

（4）有较好的经济效益。在屋顶上可以种植瓜果、蔬菜等农作物，可以为人们提供无公害的水果、蔬菜，既健康又节省开支。

3. 蓄水屋顶

蓄水屋顶（图5-6）就是在刚性防水屋面上蓄一定厚度的水，其目的是利用水蒸发时带走大量热量，大量消耗投射到屋面的太阳辐射能，从而有效减少屋面的传热量和降低屋面温度，是改善屋面热工性能的有效途径（图5-7）。蓄水屋顶具有热稳定性好、可净化空气和改善环境小气候等优点。一般建筑材料如混凝土的比热容仅是水的1/5，因此蓄水屋顶的温升较低。此外，水的蒸发会耗去大量的热量，使屋顶温度不会升太高。水吸收的热量在环境温度降低后大部分将因对太空的长波辐射而冷却，另一部分释放入室内，形成“热延迟现象”。但这对于夏季夜间降温不利。水层如果采用50～100 mm或采用500～600 mm并种植水生植物，可减小这种不利影响。但这种现象可使昼夜温差缩小，有利于提高冬季夜间室内温度。

图5-6 蓄水屋顶

蓄水屋顶不适用于下列几种情况：

（1）不宜在寒冷地区、地震区、振动较大的建筑物使用；

（2）不宜在防水等级低的建筑使用；水面宜养殖水浮莲等浮生植物；

（3）屋面坡度不宜大于0.5%，屋面泛水的防水层高度应高于溢水口100 mm。

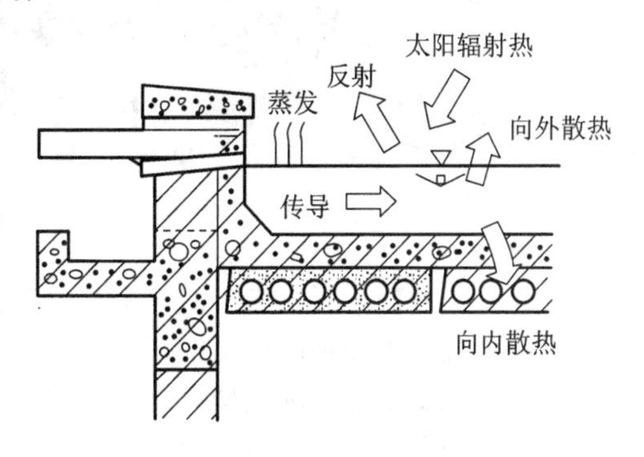

图5-7 开敞式蓄水屋顶刚性防水屋面夏季热量传导示意图

4. 屋顶平改坡

“平改坡”是指在建筑结构许可条件下，将多层住宅平屋面改造成坡屋顶，并对外立面进行整修粉饰，达

到既改善住宅性能又改变建筑物外观视觉效果的房屋修缮行为(图5-8)。其具有如下特点:

(1) 节能效果明显。坡屋顶的得热量要比平屋顶小,而且由于坡屋顶闷顶空间的存在,可以有效缓解屋顶外表面的高温对顶层吊顶内表面温度的影响,如果加上适当的通风设计将会使夏季居住的环境更舒适。

图5-8 屋顶平改坡

(2) 防漏性能好。平屋面建筑在防水上是依靠防水层"以堵为主",而坡屋面则"以疏为主",从根本上解决了屋顶雨水渗漏的问题。

(3) 改变建筑外部造型。为了充分利用坡屋面形成的空间,多层住宅顶层可设计成跃层,形成空中小别墅。还可在顶层厨房、卫生间上方做成平屋面,卧室、客厅上方做成坡屋面,使主要房间有良好的隔热保温性能,并增加了储藏空间和活动空间。

5. 太阳能屋顶

目前更多的是利用智能化技术、生态技术实现建筑屋顶节能,如太阳能集热屋顶和可控制通风屋顶等。太阳能屋顶是指可分别安装在每栋独立建筑上的光伏发电系统(图5-9)。太阳能屋顶一方面能通过对太阳辐射能的吸收减少屋顶吸热量,降低室内温度,减少空调负荷;另一方面把吸收的太阳能转化成电能,供给房屋各种用电设备。总的来说,它不但减少了建筑能耗,而且为建筑提供了能源。但太阳能屋顶建筑成本太高,因而普及率较低。

图5-9 太阳能屋顶

屋顶节能有多种途径,可以通过改变屋顶的构造、改变屋顶构成层次以及改变屋顶材质、加盖涂层等来实现建筑节能。也可选择两种或以上方法兼而施之,将达到更好的节能效果。下文主要以平屋面和坡屋面两种方式来进行阐述。

5.1.2 平屋顶构造特点

1. 卷材、防水涂膜保温屋面

1) 卷材、防水涂膜保温屋面构造一

卷材、防水涂膜保温屋面构造如图5-10所示。具体的构造要求(从上向下)如下:

(1) 铺块材,干水泥擦缝;

(2) 10 mm 厚 M0.4 ~ M1.0 砂浆隔离层;

(3) 卷材、涂膜防水层;

(4) 20 mm 厚 1:3 水泥砂浆找平层;

(5) 起始处1 m内0 ~20 厚1:6 水泥砂浆找坡1 m以外最薄处20 mm厚轻混凝土找2%坡;

(6) 保温或隔热层;

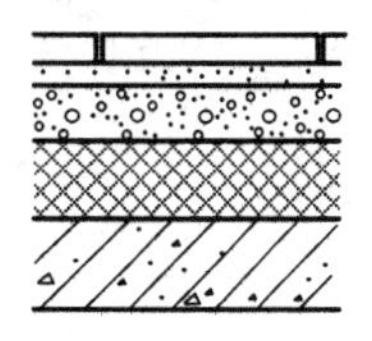

保温隔热上人屋面
保温隔热隔汽上人屋面

图5-10 卷材、防水涂膜保温屋面构造一

(7) 钢筋混凝土屋面板。

如果带隔气层的话在上面(1)~(6)层次的基础上再增加(8)~(9)层次：

(8) 1.2 mm 厚聚氨酯防水涂料隔汽层；

(9) 20 mm 厚 1∶3 水泥砂浆找平层；

(10) 钢筋混凝土屋面板。

2) 卷材、防水涂膜保温屋面构造二

另一类卷材、防水涂膜保温屋面构造如图 5-11 所示。具体的构造要求(从上向下)如下：

(1) 40 mm 厚 C20 细石混凝土配 ϕ6@150 或冷拔 ϕ4b@100 双向钢筋网片分格缝双向@3000；

(2) 0.4 mm 厚塑料膜或 0.8 mm 厚土工布隔高层；

(3) 卷材、涂膜防水层；

(4) 20 厚 1∶3 水泥砂浆找平层；

(5) 起始处 1 m 内 0~20 mm 厚 1∶6 水泥砂浆找坡 1 m 以外最薄处 20 mm 厚轻混凝土找 2% 坡；

(6) 保温或隔热层；

(7) 钢筋混凝土屋面板。

如果带隔气层的话在上面(1)~(2)层次的基础上再增加(8)~(10)层次：

(8) 1.2 mm 厚聚氨酯防水涂料隔汽层；

(9) 20 mm 厚 1∶3 水泥砂浆找平层；

(10) 钢筋混凝土屋面板。

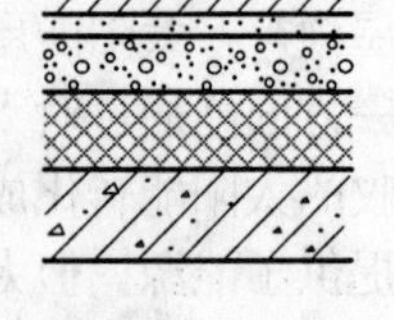

保温隔热上人屋面
保温隔热隔汽上人屋面

图 5-11 卷材、防水涂膜保温屋面构造二

卷材、防水涂膜保温屋面构造一、二材料选用要求：

(1) 保温隔热层材料厚度选用见表 5-1。

表 5-1 卷材、涂膜防水屋面保温隔热层厚度选用参考表

材料 / 厚度 mm / 传热系数 $K/(W\cdot(m^2\cdot K)^{-1})$	聚苯乙烯泡沫塑料板 B1		挤塑聚苯乙烯泡沫塑料板 B2		硬质聚氨酯泡沫塑料 B3		泡沫玻璃板 B4		憎水膨胀珍珠岩板 B5		蒸压加气混凝土块 B6	
	导热系数/ $(W/(m\cdot K)^{-1})$ ≤0.041	表观密度/ $(kg\cdot m^{-3})$ 20~22	导热系数/ $(W/(m\cdot K)^{-1})$ ≤0.030	表观密度/ $(kg\cdot m^{-3})$ 32~38	导热系数/ $(W/(m\cdot K)^{-1})$ 0.027	表观密度/ $(kg\cdot m^{-3})$ ≥30	导热系数/ $(W/(m\cdot K)^{-1})$ ≤0.062	表观密度/ $(kg\cdot m^{-3})$ ≥150	导热系数/ $(W/(m\cdot K)^{-1})$ ≤0.087	表观密度/ $(kg\cdot m^{-3})$ 200~350	导热系数/ $(W/(m\cdot K)^{-1})$ 0.19	表观密度/ $(kg\cdot m^{-3})$ 500
0.25	175		130		110		265		—		—	
0.30	145		105		90		215		—		—	
0.35	120		90		75		180		280		—	
0.40	105		75		65		155		240		—	
0.45	90		65		55		135		200		—	
0.50	80		60		50		120		180		—	
0.55	70		50		45		105		160		—	

（续表）

材料 厚度 mm / 传热系数 $K/(W\cdot(m^2\cdot K)^{-1})$	聚苯乙烯泡沫塑料板 B1		挤塑聚苯乙烯泡沫塑料板 B2		硬质聚氨酯泡沫塑料 B3		泡沫玻璃板 B4		憎水膨胀珍珠岩板 B5		蒸压加气混凝土块 B6	
	导热系数/ $(W/(m\cdot K)^{-1})$ ≤0.041	表观密度/ $(kg\cdot m^{-3})$ 20~22	导热系数/ $(W/(m\cdot K)^{-1})$ ≤0.030	表观密度/ $(kg\cdot m^{-3})$ 32~38	导热系数/ $(W/(m\cdot K)^{-1})$ 0.027	表观密度/ $(kg\cdot m^{-3})$ ≥30	导热系数/ $(W/(m\cdot K)^{-1})$ ≤0.062	表观密度/ $(kg\cdot m^{-3})$ ≥150	导热系数/ $(W/(m\cdot K)^{-1})$ ≤0.087	表观密度/ $(kg\cdot m^{-3})$ 200~350	导热系数/ $(W/(m\cdot K)^{-1})$ 0.19	表观密度/ $(kg\cdot m^{-3})$ 500
0.60	60		45		40		95		140		—	
0.70	50		40		30		75		120		290	
0.80	40		30		25		65		90		240	
0.90	35		25		25		50		80		200	
1.00	30		20		25		45		70		170	

（2）轻混凝土找坡层材料可采用力口气碎块混凝土、水泥膨胀珍珠岩等由工程设计定。

（3）找平层水泥砂浆中直掺适量抗裂纤维，分格缝@3 000~4 000 mm，缝宽5~20 mm内嵌填密封膏。

3）发泡聚氨酯上人屋面（倒置式）

发泡聚氨酯上人屋面（倒置式）如图5-12所示。具体的构造要求（从上向下）如下：

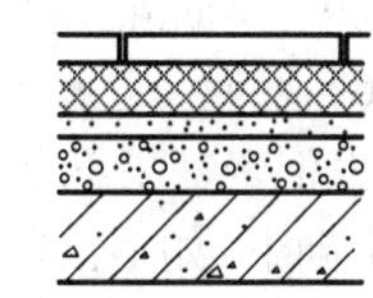

图5-12　发泡聚氨酯上人屋面（倒置式）

（1）铺块材，干水泥擦缝；

（2）6 mm厚聚合物水泥砂浆结合层；

（3）硬泡聚氨酯保温（现场喷涂发泡成型）；

（4）卷材、涂膜防水层；

（5）20 mm厚1:3水泥砂浆找平层；

（6）起始处1 m内0~20 mm厚1:6水泥砂浆找坡1 m以外最薄处20 mm厚轻混凝土找2%坡；

（7）钢筋混凝土屋面板。

4）保温隔热上人屋面（倒置式）

保温隔热上人屋面（倒置式）如图5-13所示。具体的构造要求（从上向下）如下：

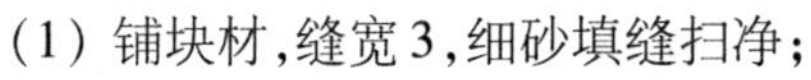

图5-13　保温隔热上人屋面（倒置式）

（1）铺块材，缝宽3，细砂填缝扫净；

（2）25 mm厚粗砂垫层，下部干铺无纺聚酯纤维布一层，檐沟处加防水堵头（或25 mm厚1:2.5水泥砂浆内配1.2 mm厚的钢板网，5 mm×12.5 mm网孔）；

（3）挤塑聚苯乙烯泡沫塑料板保温层；

（4）卷材、涂膜防水层；

（5）20 mm厚1:3水泥砂浆找平层；

（6）起始处1 m内0~20 mm厚1:6水泥砂浆找坡，1 m以外最薄处20 mm厚轻混凝土找

2%坡；

（7）钢筋混凝土屋面板。

5）保温隔热不上人屋面（保温隔热隔汽不上人屋面）

保温隔热不上人屋面（保温隔热隔汽不上人屋面）如图5-14所示。具体的构造要求（从上向下）如下：

（1）涂料或粒料保护层；

（2）防水层；

（3）20 mm厚1∶3水泥砂浆找平层；

（4）起始处1 m内0～20 mm厚1∶6水泥砂浆找坡1 m以外最薄处20 mm厚轻混凝土找2%坡；

（5）保温隔热层；

（6）钢筋混凝土屋面板。

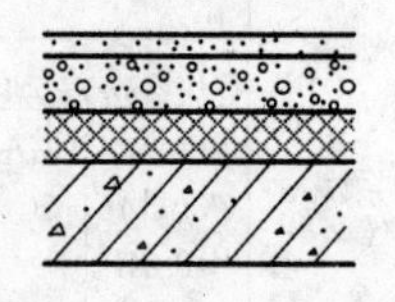

图5-14　保温隔热不上人屋面（保温隔热隔汽不上人屋面）

带隔气层的上面(1)～(5)层次的基础上再增加(7)～(9)层次：

（7）1.2 mm厚聚氨酯防水涂料隔汽层；

（8）20 mm厚1∶3水泥砂浆找平层；

（9）钢筋混凝土屋面板。

6）发泡聚氨酯不上人屋面（倒置式）

发泡聚氨酯不上人屋面（倒置式）如图5-15所示。具体的构造要求（从上向下）如下：

（1）涂料保护层；

（2）硬泡聚氨酯保温（现场喷涂发泡成型）；

（3）防水层；

（4）20 mm厚1∶3水泥砂浆找平层；

（5）起始处1 m内0～20 mm厚1∶6水泥砂浆找坡，1 m以外最薄处20 mm厚轻混凝土找2%坡；

（6）钢筋混凝土屋面板。

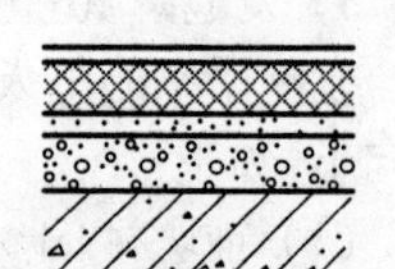

图5-15　发泡聚氨酯不上人屋面（倒置式）

7）保温隔热层不上人屋面（倒置式）

保温隔热层不上人屋面（倒置式）如图5-16所示。具体的构造要求（从上向下）如下：

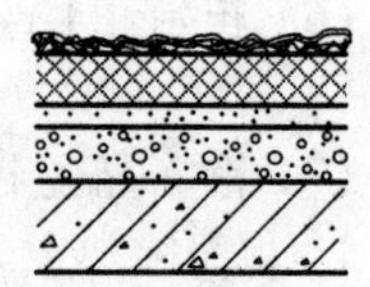
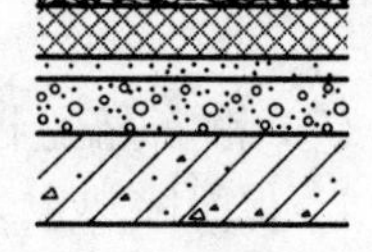

图5-16　保温隔热不上人屋面（倒置式）

（1）60 mm厚粒径15～20卵石保护层；

（2）干铺无纺聚酯纤维布一层；

（3）挤塑聚苯乙烯泡沫塑料板保温隔热层；

（4）卷材、涂膜防水层；

（5）20 mm厚1∶3水泥砂浆找平层；

（6）起始处1 m内0～20 mm厚1∶6水泥砂浆找坡，1 m以外最薄处20 mm厚轻混凝土找2%坡；

（7）钢筋混凝土屋面板。

8）倒置式屋面的构造特点

倒置式屋面是与传统屋面相对而言的。所谓倒置式屋面，就是将传统屋面构造中的保温层与防水层颠倒，把保温层放在防水层的上面。倒置式屋面的定义中，特别强调了“憎水性”保温材料，工程中常用的保温材料如水泥膨胀珍珠岩、水泥蛭石、矿棉岩棉等都是非憎水性的，这类保温材料如果吸湿后，其导热系数将陡增，所以才出现了普通保温屋面中需在保温层上做防水层，在保温层下做隔气层，从而增加了造价，使构造复杂化。其次，防水材料暴露于最上层，加速其老化，缩短了防水层的使用寿命，故应在防水层上加做保护层，这又将增加额外的投资。再次，对于封闭式保温层而言，施工中因受天气、工期等影响，很难做到其含水率相当于自然风干状态下的含水率：如因保温层和找平层干燥困难而采用排汽屋面的话，则由于屋面上伸出大量排汽孔，不仅影响屋面使用和观瞻，而且人为地破坏了防水层的整体性，排汽孔上防雨盖又常常容易碰踢脱落，反而使雨水灌入孔内。

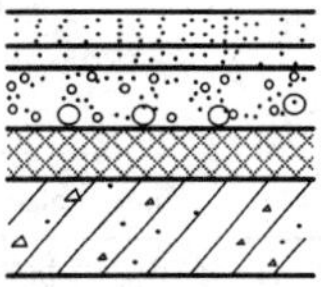

图 5-17　保温隔热屋面保温隔热隔汽屋面(上人或不上人均可)

2. 刚性防水屋面

刚性防水屋面如图 5-17 所示。具体构造要求(从上向下)如下：

(1) 面层刚性防水层；

(2) 20 mm 厚 1∶3 水泥砂浆找平层；

(3) 起始处 1 m 内 0～20 mm 厚 1∶6 水泥砂浆找坡，1 m 以外最薄处 20 mm 厚轻混凝土找 2% 坡；

(4) 保温隔热层；

(5) 钢筋混凝土屋面板。

带加气层构造要求在上面的(1)—(4)层次的基础上再增加(6)—(8)层次：

(6) 1.2 mm 厚聚氨酯防水涂料隔汽层；

(7) 20 mm 厚 1∶3 水泥砂浆找平层；

(8) 钢筋混凝土屋面板。

通常，刚性防水屋面保温隔热层厚度可参见表 5-2。

表 5-2　刚性防水屋面保温隔热层厚度选用参考表

材料 厚度 mm 传热系数 $K/(W\cdot(m^2\cdot K)^{-1})$	聚苯乙烯泡沫塑料板 B1		挤塑聚苯乙烯泡沫塑料板 B2		硬质聚氨酯泡沫塑料 B3		泡沫玻璃板 B4		憎水膨胀珍珠岩板 B5		蒸压加气混凝土块 B6	
	导热系数/$(W/(m\cdot K)^{-1})$ ≤0.041	表观密度/$(kg\cdot m^{-3})$ 20～22	导热系数/$(W/(m\cdot K)^{-1})$ ≤0.030	表观密度/$(kg\cdot m^{-3})$ 32～38	导热系数/$(W/(m\cdot K)^{-1})$ 0.027	表观密度/$(kg\cdot m^{-3})$ ≥30	导热系数/$(W/(m\cdot K)^{-1})$ ≤0.062	表观密度/$(kg\cdot m^{-3})$ ≥150	导热系数/$(W/(m\cdot K)^{-1})$ ≤0.087	表观密度/$(kg\cdot m^{-3})$ 200～350	导热系数/$(W/(m\cdot K)^{-1})$ 0.19	表观密度/$(kg\cdot m^{-3})$ 500
0.25	175		130		105		265		—		—	
0.30	140		105		85		215		—		—	
0.35	120		90		75		180		270		—	
0.40	100		75		60		155		230		—	
0.45	90		65		55		130		200		—	
0.50	75		55		46		115		180		—	
0.55	70		50		40		100		160		—	

（续表）

材料 厚度 mm 传热系数 $K/(W\cdot(m^2\cdot K)^{-1})$	聚苯乙烯泡沫塑料板 B1		挤塑聚苯乙烯泡沫塑料板 B2		硬质聚氨酯泡沫塑料 B3		泡沫玻璃板 B4		憎水膨胀珍珠岩板 B5		蒸压加气混凝土块 B6	
	导热系数/$(W/(m\cdot K)^{-1})$ ≤0.041	表观密度/$(kg\cdot m^{-3})$ 20~22	导热系数/$(W/(m\cdot K)^{-1})$ ≤0.030	表观密度/$(kg\cdot m^{-3})$ 32~38	导热系数/$(W/(m\cdot K)^{-1})$ 0.027	表观密度/$(kg\cdot m^{-3})$ ≥30	导热系数/$(W/(m\cdot K)^{-1})$ ≤0.062	表观密度/$(kg\cdot m^{-3})$ ≥150	导热系数/$(W/(m\cdot K)^{-1})$ ≤0.087	表观密度/$(kg\cdot m^{-3})$ 200~350	导热系数/$(W/(m\cdot K)^{-1})$ 0.19	表观密度/$(kg\cdot m^{-3})$ 500
0.60	60		45		40		90		140		—	
0.70	50		35		30		75		110		280	
0.80	40		30		25		60		90		230	
0.90	35		25		25		50		70		190	
1.00	30		20		25		40		60		160	

注：① 屋面保温材料硬质聚氨酯泡沫塑料导热系数的修正系数为 1.1，其余按《民用建筑热工设计规范》（GB 50176—93）选取。

② 表中 B1，B2，B3，B4，B5，B6 为保温材料代号。

3. 架空屋面

1）保温隔热屋面、保温隔热隔汽屋面（上人或不上人均可）

保温隔热屋面，保温隔热隔汽屋面（上人或不上人均可）如图 5-18 所示。具体构造要求（从上向下）如下：

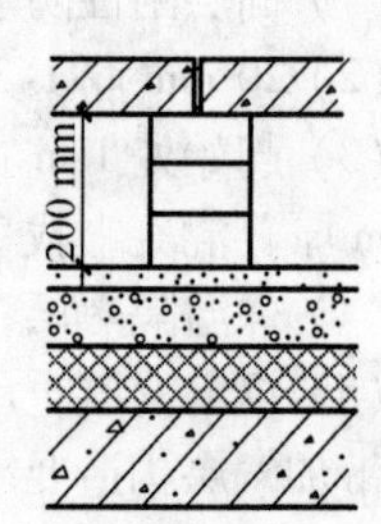

图 5-18　保温隔热屋面保温隔热隔汽屋面（上人或不上人均可）

（1）495 mm×495 mm×50 mm（上人），495 mm×495 mm×35 mm（不上人），C20 预制钢筋混凝土架空板（双向 ϕ6@150）用 1∶0.5∶10 水泥白灰砂浆砌在砖墩上，板缝用1∶3水泥砂浆勾缝；

（2）115 mm×115 mm×200 mm（h）砖或 140 mm×140 mm×200 mm（h）混凝土空心砌块，纵横中距 500 mm（靠女儿墙空出 300 mm），用 1∶0.5∶10 水泥白灰砂浆座浆砌筑；

（3）防水层；

（4）20 mm 厚 1∶3 水泥砂浆找平层；

（5）起始处 1 m 内 0～20 mm 厚 1∶6 水泥砂浆找坡，1 m 以外最薄处 20 mm 厚轻混凝土找 2% 坡；

（6）保温隔热层；

（7）钢筋混凝土屋面板。

带隔气层则需在上面（1）—（6）的基础上再增加（8）—（10）层次：

（8）1.2 mm 厚聚氨酯防水涂料隔汽层；

（9）20 mm 厚 1∶3 水泥砂浆找平层；

（10）钢筋混凝土屋面板。

2）保温隔热上人屋面

保温隔热上人屋面如图 5-19 所示。具体构造需求（从上向下）如下：

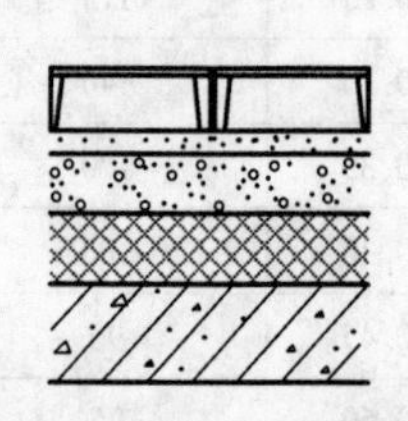

图 5-19　保温隔热上人屋面

（1）干铺 200 高 498 mm×498 mm 预制纤维水泥架空板凳（成品）；

（2）在架空板凳根部用建筑胶粘贴10 mm厚160 mm×160 mm纤维水泥板双向中距500 mm；
（3）防水层；
（4）20 mm厚1∶3水泥砂浆找平层；
（5）起始处1 m内0～20 mm厚1∶6水泥砂浆找坡，1 m以外最薄处20 mm厚轻混凝土找2%坡；
（6）保温隔热层；
（7）钢筋混凝土屋面板。

5.1.3 保温材料性能

1. 膨胀珍珠岩

一种天然酸性玻璃质火山熔岩非金属矿产，包括珍珠岩、松脂岩和黑曜岩，三者只是结晶水含量不同。由于在1 000℃～1 300℃高温条件下其体积迅速膨胀4～30倍，故统称为膨胀珍珠岩。一般要求膨胀倍数大于7～10倍（黑曜岩膨胀倍数大于3倍，可用），二氧化硅70%左右。常温导热系数0.024 5～0.048W/(m·K)，高温导热系数0.058～0.175W/(m·K)，低温导热系数0.028～0.038W/(m·K)，最高使用温度800℃。用作高效保温、保冷填充材料。

膨胀珍珠岩的堆积密度、质量含水率、粒度和导热系数指标见表5-3。

表5-3 膨胀珍珠岩性质

标号	堆积密度	质量含水率	粒度				导热系数		
	kg/m^3	%	%				W/(m·K)(kcal/m·h·℃)		
	最大值	最大值	5 mm筛孔筛余量	0.15 mm筛孔通过量			平均温度(298±5)K，温度梯度5～10 K/cm		
			最大值	最大值			最大值		
				优等品	一等品	合格品	优等品	一等品	合格品
70号	70						0.047(0.040)	0.049(0.042)	0.051(0.044)
100号	100						0.052 (0.045)	0.054(0.046)	0.056(0.048)
150号	150	2	2	2	4	6	0.058(0.050)	0.060(0.052)	0.062(0.053)
200号	200						0.064(0.057)	0.066(0.055)	0.068(0.058)
250号	250						0.070(0.060)	0.072(0.062)	0.074(0.064)

2. 聚苯乙烯泡沫塑料

聚苯乙烯泡沫塑料是以聚苯乙烯树脂为主体，加入发泡剂等添加剂制成，它是目前使用最多的一种缓冲材料。它具有闭孔结构，吸水性小，有优良的抗水性；密度小，一般为0.015～0.03 kg/m^3；机械强度好，缓冲性能优异；加工性好，易于模塑成型；着色性好，温度适应性强，抗放射性优异等优点，而且尺寸精度高，结构均匀。因此，在外墙保温中其占有率很高。但燃烧时会放出污染环境的苯乙烯气体。

1）模塑聚苯乙烯泡沫塑料板

又叫 EPS 板，自重轻，且具有一定的抗压、抗拉强度，靠自身强度能支承抹面保护层，不需要拉接件，可避免形成热桥。EPS 板在密度 30～50 kg/m^3 的范围内，导热系数值最小；在平均温度10℃，密度为 20 kg/m^3 时，导热系数为0.033～0.036 W/(m·K)；密度小于 15 kg/m^3 时，导热系数随密度的减小而急剧增大；密度 15～22 kg/m^3 的 EPS 板适合做外保温。

用于外墙和屋面保温时，一般不会产生明显的受潮问题。但当 EPS 板一侧长期处于高温高湿环境，另一侧处于低温环境并且被透水蒸气性不好的材料封闭时；或当屋面防水层失效后，EPS 板可能严重受潮，从而导致其保温性能严重降低。用于冷库、空调等低温管道保温时，必须在 EPS 板外表面设置隔汽层。

2）挤塑聚苯乙烯泡沫塑料板

又叫 XPS 板，具有特有的微细闭孔蜂窝状结构，与 EPS 板相比，具有密度大、压缩性能高、导热系数小、吸水率低、水蒸气渗透系数小等特点。在长期高湿度或浸水环境下，XPS 板仍能保持其优良的保温性能，在各种常用保温材料中，是目前唯一能在 70% 相对湿度下 2 年后热阻保留率仍在80% 以上的保温材料。由于 XPS 板长期吸水率低，特别适用于倒置式屋面和空调风管，还具有很好的耐冻融性能及较好的抗压缩蠕变性能。

3. 硬质聚氨酯泡沫塑料

硬质聚氨酯泡沫塑料，简称聚氨酯硬泡，它在聚氨酯制品中的用量仅次于聚氨酯软泡。

聚氨酯硬泡多为闭孔结构，具有绝热效果好、重量轻、比强度大、施工方便等优良特性，同时还具有隔音、防震、电绝缘、耐热、耐寒、耐溶剂等特点，广泛用于冰箱、冰柜的箱体绝热层、冷库、冷藏车等绝热材料，建筑物、储罐及管道保温材料，少量用于非绝热场合，如仿木材、包装材料等。一般而言，较低密度的聚氨酯硬泡主要用作隔热（保温）材料，较高密度的聚氨酯硬泡可用作结构材料（仿木材）。聚氨酯硬泡一般为室温发泡，成型工艺比较简单。按施工机械化程度可分为手工发泡及机械发泡，按发泡时的压力可分为高压发泡及低压发泡，按成型方式可分为浇注发泡及喷涂发泡。

4. 蒸压加气混凝土块

蒸压加气混凝土砌块是用钙质材料（如水泥、石灰）和硅质材料（如砂子、粉煤灰、矿渣）的配料中加入铝粉作加气剂，经加水搅拌、浇注成型、发气膨胀、预养切割，再经高压蒸汽养护而成的多孔硅酸盐砌块。

蒸压加气混凝土砌块选用时应考虑的主要技术指标：强度，干密度，干燥收缩值，抗冻性和导热系数，放射性。

（1）砌块按尺寸偏差与外观质量、干密度，抗压强度和抗冻性分为优等品（A）、合格品（B）两个等级。

（2）砌块按强度分为 A1.0，A2.0，A2.5，A3.5，A5.0，A7.5，A10 七个级别。

（3）砌块按干密度分为 B03，B04，B05，B06，B07，B08 六个级别。

蒸压加气混凝土砌块常用规格尺寸为：

长度:600 mm。

宽度:100 mm,120 mm,125 mm,150 mm,180 mm,200 mm,240 mm,250 mm,300 mm。

高度:200 mm,240 mm,250 mm,300 mm。

蒸压加气混凝土砌块不得使用在下列部位:

(1) 建筑物 ±0.000 以下(地下室的室内填充墙除外)部位;

(2) 长期浸水或经常干湿交替的部位;

(3) 受化学侵蚀的环境,如强酸、强碱或高浓度二氧化碳等的环境;

(4) 砌体表面经常处于 80℃以上的高温环境;

(5) 屋面女儿墙。

5. 泡沫玻璃板

泡沫玻璃保温板最早是由美国彼兹堡康宁公司发明的,是由碎玻璃、发泡剂、改性添加剂和发泡促进剂等,经过细粉碎和均匀混合后,再经过高温熔化,发泡、退火而制成的无机非金属玻璃材料。它是由大量直径为 1 ~2 mm 的均匀气泡结构组成。其中吸声泡沫玻璃保温板为 50% 以上开孔气泡,绝热泡沫玻璃为 75% 以上的闭孔气泡,制品密度为 160 ~220 kg/m^3,可以根据使用的要求,通过生产技术参数的变更进行调整。泡沫玻璃保温板因其具有重量轻、导热系数小、吸水率小、不燃烧、不霉变、强度高、耐腐蚀、无毒、物理化学性能稳定等优点被广泛应用于石油、化工、地下工程、国防军工等领域,能达到隔热、保温、保冷、吸音之效果,另外还广泛用于民用建筑外墙和屋顶的隔热保温。随着人类对环境保护的要求越来越高,泡沫玻璃将成为城市民用建筑的高级墙体绝热材料和屋面绝热材料。泡沫玻璃以其无机硅酸盐材质和独立的封闭微小气孔汇集了不透气、不燃烧、防啮防蛀、耐酸耐碱(氢氟酸除外)、无毒、无放射性、化学性能稳定、易加工而且不变形等特点,使用寿命等同于建筑物使用寿命,是一个既安全可靠又经久耐用的建筑节能环保材料。

泡沫玻璃板的特性:

(1) 容重轻,在 160 kg/m^3 左右;

(2) 导热系数小,在 0.058 W/(m · K)以下,导热性能稳定;

(3) 不透湿;

(4) 吸水率小,在 0.2% 左右;

(5) 不燃烧;

(6) 不霉变、腐蚀;

(7) 强度高,抗压强度≥0.7 MPa,抗折强度≥0.5 MPa;

(8) 能耐酸性腐蚀(氟化氢除外);

(9) 本身无毒,不含 CFC(氟氯化炭)和 HCFC(氢氟氯酸);

(10) 物理化学性能稳定,尺寸稳定,易切割。

泡沫玻璃板的技术性能如表 5-4 所列。

表 5-4　　泡沫玻璃板的技术性能

物理特性		单位	ZES 800	ZES 1000	ZES 1200	ZES 1600	ZES 500	ZES 700	ZES 1400	ZES 2400
平均密度		kg/m	120 ± 8	130 ± 8	140 ± 8	160 ± 8	120 ± 8	120 ± 8	150 ± 8	220 ± 20
导热系数	平均值	W/(m·K)(10℃)	0.043	0.044	0.046	0.048	0.039	0.042 5	0.047	0.065
	最高单测值		0.046	0.047	0.049	0.051	0.042	0.045 5	0.050	0.070
抗压强度	平均值	MPa	0.8	1.0	1.2	1.6	0.5	0.7	1.4	2.4
	最低单测值		0.55	0.69	0.83	1.1	0.35	0.48	0.97	1.5
体积吸水率		Vol%	≤0.5				≤0.5			
氯离子含量		ppm	≤25				≤25			
使用温度		℃	−268 ~ +480				−268 ~ +480			
线膨胀系数		1/℃	9×10^{-6}				9×10^{-6}			

5.1.4　施工工艺

1. 施工工艺流程

(1) 地砖(上人屋面)基层清理→找坡层→保温层→找平层→防水层→隔离层→结合层。

(2) 彩色涂料(不上人屋面)基层清理→找坡层→温层→找平层保→防水层。

图 5-20 为清扫基屋示意图。

图 5-20　清扫基层

2. 找坡层施工

1) 基层要求

在铺设水泥膨胀珍珠岩之前,要事先检查基层,基层过于凹凸的部位,高出部位须踢平,凹处用水泥砂浆分层填实,基层表面的灰尘、污垢、垃圾等必须事先清理干净。屋面结构标高进行事先确定,校对屋面做法厚度与现场实际标高偏差情况,将屋面设备基础、通风孔、排气孔等定位,以便下道工序方便施工。

2) 水泥膨胀珍珠岩

铺设前在女儿墙上弹好坡度标高线,找出排水坡度最高点并挂线,在结构基层上用 1∶3 水泥砂浆做好灰饼。开始搅拌水泥膨胀珍珠岩时必须搅拌均匀,严格控制加水量,不能使水泥膨胀珍珠岩过稀,水泥与膨胀珍珠岩比例为 1∶8(体积比)。铺设时根据提前打好的灰饼拉线进行虚铺,虚铺后用靠尺按照图纸 2% 找坡,最薄处 30 mm,最后滚压密实。

3) 排气管安装

由于屋面板和保温找坡层中有一定的水汽存在,故需设置排气孔,因此在找坡层铺设前女儿墙上间隔 6 m 弹好排气管分隔线,等水泥膨胀珍珠岩铺设一半时,按照弹好的分隔线拉线布置排气管(埋入找坡层内的管子上采用电钻钻下部 6 ~ 8 mm,上部不超过 200 mm 的小孔),并在排气管交接处设置排气孔,如图 5-21(排气孔做法)、图 5-22(排气孔布置成排成线)所示。

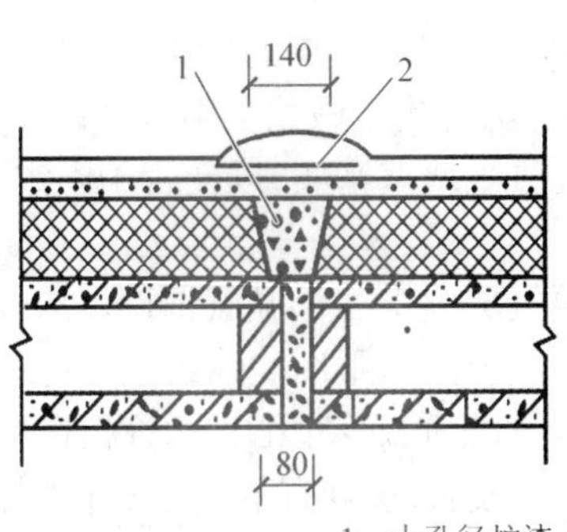

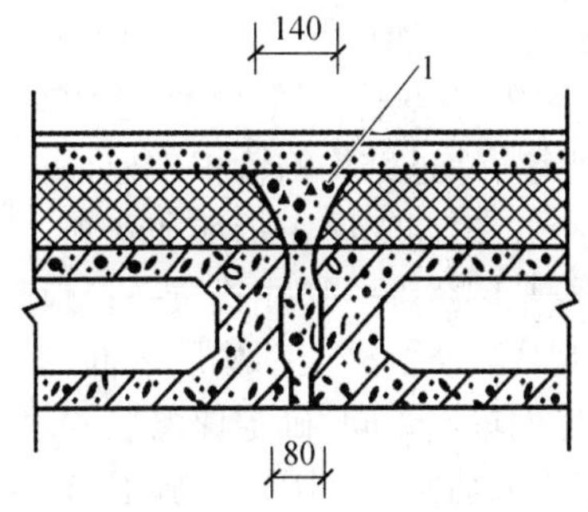

1—大孔径炉渣;2—干铺油毡条宽250 mm

图5-21 排气孔做法(单位:mm)

3. 保温层施工

在找坡层施工完成后或具备保温施工时,在找坡层上直接铺设60 mm厚挤塑聚苯板,由于挤塑聚苯板膨胀系数低,不需要留置伸缩缝,直接错缝铺设,遇到屋面设备基础或其他突起物处将挤塑聚苯板切割后铺设,若因剪裁不方正或屋面不方正形成缝隙,应用挤塑聚苯板条填塞密实。屋面四周保温板采用宽度不小于500 mm的A级保温材料,设置水平防火隔离带。

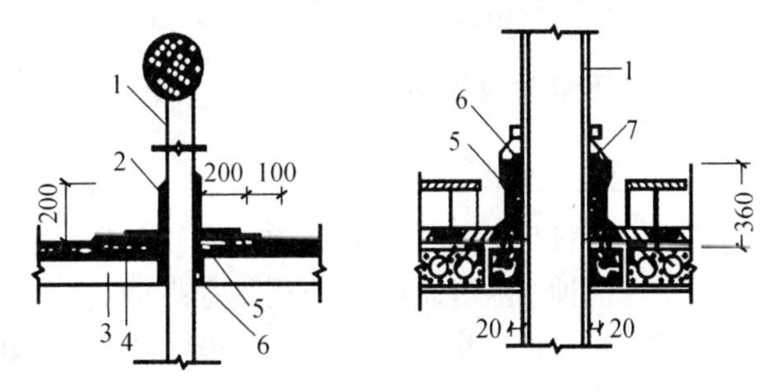

1—金属管;2—二布二油;3—屋面板;4—防水层;
5—油膏嵌缝;6—沥青麻布;7—镀锌铁皮

图5-22 排气孔布置或排成线(单位:mm)

4. 找平层施工

为确保挤塑聚苯板的整体性。保温层施工具备找平层施工条件后,及时进行找平层的施工,材料采用20 mm厚1∶3水泥砂浆,砂浆中掺聚丙烯或棉纶-6纤维0.75~0.9 kg/m^3。

(1)首先在女儿墙上弹好+50标高线,根据坡度要求贴灰饼,顺排水方向冲筋,冲筋间距为1.5 m,在排水沟、雨水口处做泛水,冲筋完成后开始找平层施工,砂浆铺设应由远到近,由高到低的程序进行,尽量在每分格内一次连续铺设完毕,施工时要严格控制坡度,采用2 m铝合金靠尺找平压实,转角处抹成圆弧形,半径不小于50 mm,终凝前,轻轻取出嵌缝条,完工后表面尽量少踩踏,常温下24 h后进行洒水养护,养护时间一般不少于7 d,要求找平层表面不得有松酥、起砂、起皮现象。干燥后即可进行防水施工。找平层分格缝按照找坡图进行分格,缝宽20 mm,并用沥青砂浆填塞密实。

(2)找平层遇管道应做成小圆台,遇水落口处应坡向水落口,水落口周围50 cm范围内做成略低的凹坑(5%找坡),伸出屋面的管道根部直径50 cm范围内,找平层应抹出高度不小于30 mm的圆台,管道与找平层之间,应留出20 mm×20 mm的凹槽,并用密封材料嵌填密实。

主要机具:机动机具搅拌机平板振捣器。

主要工具:平秋、木刮杠、水平尺、手推车、木拍子、木抹子等。

作业条件:铺设保温材料的基层(结构层)施工完以后,将预制构件的吊钩等进行处理,处理点应抹入水泥砂浆,经检查验收合格,方可铺设保温材料。铺设隔气层的屋面应先将表面清扫干净,且要求干燥、平整,不得有松散、开裂空鼓等缺陷;隔气层的构造做法必须符合设计要求和施工及验收规范的规定。穿过结构的管根部位,应用细石混凝土堵塞密实,以使管子固定。板状保温材料运输、存放应注意保护,防止损坏和受潮。

工艺流程:基层清理→弹线找坡→管根固定→隔气层施工→保温层铺设→抹找平层。其中,基层清理:预制或现浇混凝土结构层表面,应将杂物、灰尘清理干净。弹线找坡:按设计坡度及流水方向,找出屋面坡度走向,确定保温层的厚度范围。管根固定:穿结构的管根在保温层施工前,应用细石混凝土塞堵密实。隔气层施工:2～4 道工序完成后,设计有隔气层要求的屋面,应按设计做隔气层,涂刷均匀。保温层铺设:松散保温层铺设:松散保温层:是一种干做法施工的方法,材料多使用炉渣或水渣粒径为 5～40 mm。使用时必须过筛,控制含水率。铺设松散材料的结构表面应干燥、洁净,松散保温材料应分层铺设,适当压实。

5.1.5 质量验收规范

1. 检验批的划分

相同材料和作法的屋面,每 100 m^2 可划分一个检验批,不足 100 m^2 也为一个检验批。检验批质量验收的抽查数量,应符合下列规定:

(1) 每一个检验批不少于 3 处,每处 10 m^2,整个屋面抽查不得少于 3 处。

(2) 细部构造应全部检查。

2. 一般规定

(1) 本章适用于建筑屋面节能工程,包括采用松散保温材料、现浇保温材料、喷涂保温材料、板材、块材等保温隔热材料的屋面节能工程的质量验收。

(2) 屋面保温隔热工程的施工,应在基层质量验收合格后进行。施工过程中应及时进行质量检查、隐蔽工程验收和检验批验收,施工完成后应进行屋面节能分项工程验收。

(3) 屋面保温隔热工程应对下列部位进行隐蔽工程验收,并应有详细的文字记录和必要的图像资料:①基层;②保温层的敷设方式、厚度,板材缝隙填充质量;③屋面热桥部位;④隔汽层。

(4) 屋面保温隔热层施工完成后,应及时进行找平层和防水层的施工,避免保温隔热层受潮、浸泡或受损。

3. 主控项目

(1) 用于屋面节能工程的保温隔热材料,其品种、规格应符合设计要求和相关标准的规定。

检验方法:观察、尺量检查;核查质量证明文件。

检查数量:按进场批次,每批随机抽取 3 个试样进行检查;质量证明文件应按照其出厂检验批进行核查。

(2) 屋面节能工程使用的保温隔热材料,其导热系数、密度、抗压强度或压缩强度、燃烧性能应符合设计要求。

检验方法:核查质量证明文件及进场复验报告。

检查数量:全数检查。

(3) 屋面节能工程使用的保温隔热材料,进场时应对其导热系数、密度、抗压强度或压缩强度、燃烧性能进行复验,复验应为见证取样送检。

检验方法:随机抽样送检,核查复验报告。

检查数量:同一厂家同一品种的产品各抽查不少于3组。

(4) 屋面保温隔热层的敷设方式、厚度、缝隙填充质量及屋面热桥部位的保温隔热做法,必须符合设计要求和有关标准的规定。

检验方法:观察、尺量检查。

检查数量:每100 m^2抽查一处,每处10 m^2,整个屋面抽查不得少于3处。

(5) 屋面的通风隔热架空层,其架空高度、安装方式、通风口位置及尺寸应符合设计及有关标准要求。架空层内不得有杂物。架空面层应完整,不得有断裂和露筋等缺陷。

检验方法:观察、尺量检查。

检查数量:每100 m^2抽查一处,每处10 m^2,整个屋面抽查不得少于3处。

(6) 采光屋面的传热系数、遮阳系数、可见光透射比、气密性应符合设计要求。节点的构造做法应符合设计和相关标准的要求。采光屋面的可开启部分应符合相关规范的要求。

检验方法:核查质量证明文件;观察检查。

检查数量:全数检查。

(7) 采光屋面的安装应牢固,坡度正确,封闭严密,嵌缝处不得渗漏。

检验方法:观察、尺量检查;淋水检查;核查隐蔽工程验收记录。

检查数量:全数检查。

(8) 屋面的隔汽层位置应符合设计要求,隔汽层应完整、严密。

检验方法:对照设计观察检查;核查隐蔽工程验收记录。

检查数量:每100 m^2抽查一处,每处10 m^2,整个屋面抽查不得少于3处。

4. 一般项目

(1) 屋面保温隔热层应按施工方案施工,并应符合下列规定:

① 松散材料应分层敷设,按要求压实、表面平整、坡向正确;

② 现场采用喷、浇、抹等工艺施工的保温层,其配合比应计量准确,搅拌均匀、分层连续施工,表面平整,坡向正确。

③ 板材应粘贴牢固、缝隙严密、平整。

检验方法:观察、尺量、称重检查。

检查数量:每100 m^2抽查一处,每处10 m^2,整个屋面抽查不得少于3处。

(2) 金属板保温夹芯屋面应铺装牢固、接口严密、表面洁净、坡向正确。

检验方法:观察、尺量检查,核查隐蔽工程验收记录。

检查数量:全数检查。

(3) 坡屋面、内架空屋面当采用敷设于屋面内侧的保温材料做保温隔热层时,保温隔热层应有防潮措施,其表面应有保护层,保护层的做法应符合设计要求。

检验方法:观察检查,核查隐蔽工程验收记录。

检查数量:每100 m^2抽查一处,每处10 m^2,整个屋面抽查不得少于3处。

项目 5.2 隔热保温坡屋面

5.2.1 系统概述

图 5-23 是一个典型的坡屋面结构，坡屋面框架结构是指坡度大于等于 10°且小于 75°的建筑屋面。近年，坡屋面建筑日渐增多，特别是住宅小区，不分南北，不管气候条件，全国一窝蜂，以至于有的地区通过规划行文，要求平改坡。

坡屋面具有造型古朴，柔和优美；迎风面大，构造复杂；内部空间大等特点。坡屋面目前常用的有块瓦屋面、油毡瓦屋面、块瓦形钢板材瓦屋面、小青瓦屋面等。

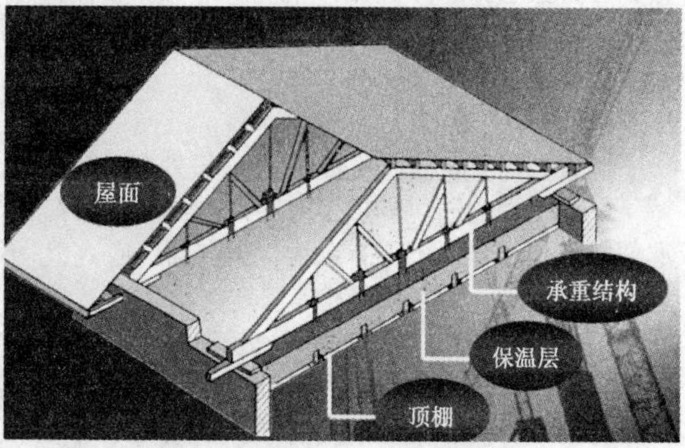

图 5-23 典型坡屋面结构

5.2.2 坡屋顶构造特点

坡屋顶保温隔热屋厚度选用参见表 5-5。

表 5-5 坡屋面保温隔热层厚度选用参考表

材料 / 厚度 mm / 传热系数 $K/(W\cdot(m^2\cdot K)^{-1})$	聚苯乙烯泡沫塑料板 B1		挤塑聚苯乙烯泡沫塑料板 B2		硬质聚氨酯泡沫塑料 B3		泡沫玻璃板 B4		憎水膨胀珍珠岩板 B5		蒸压加气混凝土块 B6	
	导热系数/ $(W/(m\cdot K)^{-1})$ ≤0.041	表观密度/ $(kg\cdot m^{-3})$ 20~22	导热系数/ $(W/(m\cdot K)^{-1})$ ≤0.030	表观密度/ $(kg\cdot m^{-3})$ 32~38	导热系数/ $(W/(m\cdot K)^{-1})$ 0.027	表观密度/ $(kg\cdot m^{-3})$ ≥30	导热系数/ $(W/(m\cdot K)^{-1})$ ≤0.062	表观密度/ $(kg\cdot m^{-3})$ ≥150	导热系数/ $(W/(m\cdot K)^{-1})$ ≤0.087	表观密度/ $(kg\cdot m^{-3})$ 200~350	导热系数/ $(W/(m\cdot K)^{-1})$ 0.19	表观密度/ $(kg\cdot m^{-3})$ 500
0.25	185		135		115		280		—		—	
0.30	150		110		95		230		—		—	
0.35	130		95		80		195		300		—	
0.40	110		80		70		170		260		—	
0.45	100		70		60		145		220		—	
0.50	85		65		55		130		200		—	
0.55	80		60		50		120		180		—	
0.60	70		50		45		105		160		—	
0.70	60		45		35		90		130		—	
0.80	50		35		30		75		110		290	
0.90	45		30		25		65		100		250	
1.00	45		25		25		55		85		210	

坡屋面系统的历史可以追溯到远古，我国自有史记载以来至清末，房屋建筑几乎都是坡屋面的。国外也大致如此，不过更具特色和多样性，如有各种尖屋顶、圆球屋顶等。坡形屋面基本都使用了屋面瓦。瓦作为最古老的建筑材料之一，千百年来被广泛使用。瓦是最主要的屋面材料，它

不仅起到了遮风挡雨和室内采光的作用,而且有着重要的装饰效果,随着现代新材料的不断涌现,瓦的其他功能也不断出现。下文主要介绍瓦屋面的构造特点。

1. 平瓦屋面

1）平瓦屋面构造一

平瓦屋面构造一的示意图如图5-24所示。其具体构造要求(从上向下)如下:

(1) 平瓦;

(2) 1:3水泥砂浆卧瓦层最薄处约20（内配$\phi6$@500 mm×500 mm钢筋网);

(3) 35 mm厚C20细石混凝土(内配$\phi4$@150×150钢筋网与屋面板预埋$\phi10$钢筋头绑牢);

(4) 保温隔热层;

(5) 涂膜防水层;

(6) 15 mm厚1:3水泥砂浆找平层;

(7) 钢筋混凝土屋面板预埋$\phi10$钢筋头双向间距900 mm伸出保温隔热层面30 mm(预制板埋于板缝)。

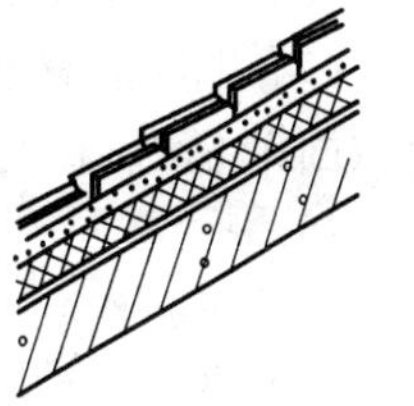

图5-24 平瓦屋面构造一图示

需要注意以下问题:

(1) 平瓦屋面适用于坡度20%~50%。当屋面坡度≥50%时全部瓦材均应采取固定加强措施。

(2) 平瓦屋面位于地震地区全部瓦材均应采取固定加强措施。

(3) 平瓦屋面坡度<50%时檐口处的两排瓦和屋脊两侧的一排瓦及山墙处的一行瓦应采取固定加强措施。

(4) 平瓦可分为烧结瓦和混凝土瓦两大类,如:陶瓦(S瓦、J瓦)、彩色混凝土瓦、水泥机平瓦等。

2）平瓦屋面构造二

平瓦屋面构造二(硬泡聚氨酯保温隔热)如图5-25所示。具体构造要求(从上向下)如下:

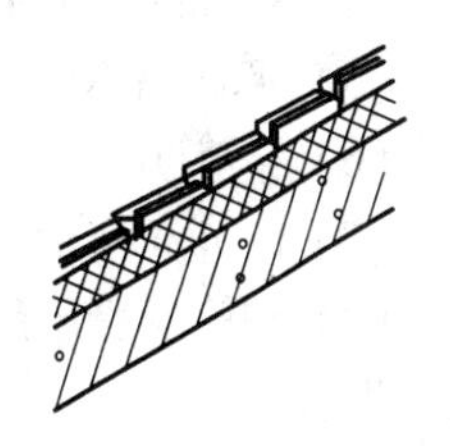

图5-25 硬泡聚氨酯保温隔热

(1) 平瓦;

(2) 1:3水泥砂浆卧瓦层最薄处≥20 mm(内配$\phi6$@500×500钢筋网与屋面板预埋$\phi10$钢筋头绑牢);

(3) 满喷硬泡聚氨酣保温隔热层;

(4) 钢筋混凝土屋面板预埋$\phi10$钢筋头双向间距900 mm伸出保温平硬泡聚氨酣保温隔热隔热层面30 mm(预制板埋于板缝)。

3）平瓦屋面构造三

平瓦屋面构造三如图5-26所示。具体构造要求(从上向下)如下:

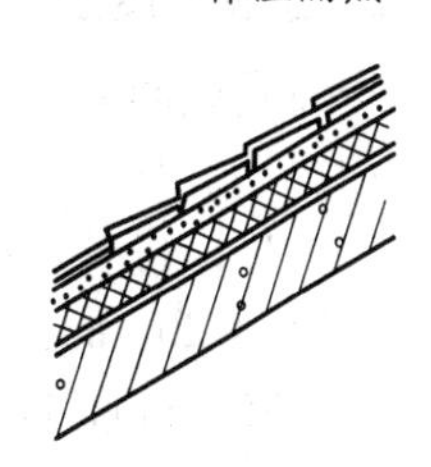

图5-26 平瓦屋面构造三

(1) 平瓦;

(2) 1:3水泥砂浆卧瓦层最薄处≥20 mm(内配$\phi6$@500×500钢筋网与屋面板预埋$\phi10$钢筋头绑牢);

(3) 15 mm厚1:3水泥砂浆;

(4) 保温隔热层;

(5) 防水层;

(6) 15 mm 厚 1:3 水泥砂浆找平层;

(7) 钢筋混凝土屋面板预埋 ϕ10 钢筋头间距双向 900 mm,伸出保温隔热层面 30(预制板埋于板缝)。

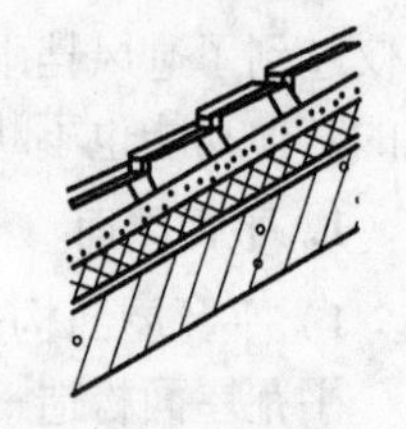

图 5-27 平瓦屋面构造四

4) 平瓦屋面构造四

平瓦屋面构造四如图 5-27 所示。具体构造要求(从上向下)如下:

(1) 平瓦;

(2) 钢挂瓦条 L30×4 中距按瓦材规格;

(3) 钢顺水条 -25×5,中距 600 mm,固定用 ϕ3.5 长 40 mm 水泥钉@600;

(4) 35 mm 厚 C20 细石混凝土(内配 ϕ4@150×150 钢筋网与屋面板预埋 ϕ10 钢筋头绑牢);

(5) 保温隔热层;

(6) 涂膜防水层;

(7) 15 mm 厚 1:3 水泥砂浆找平层;

(8) 钢筋混凝土屋面板预埋 ϕ10 钢筋头双向间距 900 mm 伸出保温隔热层面 30(预制板埋于板缝)。

需要注意的是:用于防水等级为Ⅱ级。

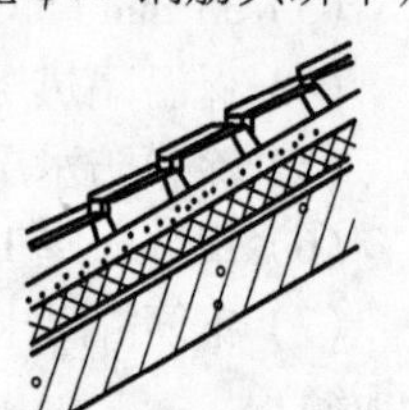

图 5-28 平瓦屋面构造五

5) 平瓦屋面构造五

平瓦屋面构造五如图 5-28 所示。具体构造要求(从上向下)如下:

(1) 平瓦;

(2) 木挂瓦条 30 mm×25 mm(h),中距按瓦材规格;

(3) 木顺水条 25 mm×12 mm(h),中距 500 mm,固定用 ϕ4 长 60 mm 水泥钉@600;

(4) 35 mm 厚 C20 细石混凝土(内配 ϕ4@150×150 钢筋网与屋面板预埋 ϕ10 钢筋头绑牢);

(5) 保温隔热层;

(6) 涂膜防水层;

(7) 15 mm 厚 1:3 水泥砂浆找平层;

(8) 钢筋混凝土屋面板预埋 ϕ10 钢筋头双向间距 900 mm 伸出保温隔热层面 30 mm(预制板埋子板缝)。

需要注意的是:用于防水等级为Ⅱ级。

2. 小青瓦屋面

小青瓦屋面如图 5-29 所示。具体构造要求(从上向下)如下:

图 5-29 小青瓦屋面

(1) 小青瓦;

(2) 1:1:4 水泥石灰砂浆如水泥重 3% 的麻刀或耐碱短玻纤卧瓦,最薄处≥20 mm;

(3) 25 mm 厚 1:3 水泥砂浆满铺 1 mm 厚铜板网,菱形孔 15×40 mm,搭接处用 18 号镀钟钢丝绑扎并与预埋的 ϕ10 钢筋头绑牢;

(4) 保温隔热层;

(5) 涂料防水层;

(6) 15 mm 厚 1:3 水泥砂浆找平层；

(7) 钢筋混凝土屋面板，预埋 ϕ10 钢筋头@900×900，伸出保温隔热层面 30 mm(预制板埋于板缝)。

3. 油毡瓦屋面

油毡瓦屋面如图 5-30 所示。具体构造要求(从上向下)如下：

(1) 油毡瓦用 ϕ3 的专用钢钉固定，钉入找平层内≥6 mm；

(2) 空铺防水卷材一层或防风防水透汽膜一层；

(3) 35 mm 厚 C20 细石混凝土(内配 ϕ6@500×500 钢筋网与屋面板预埋 ϕ10 钢筋头绑牢)；

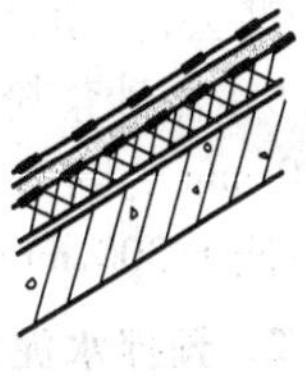

图 5-30　油毡瓦屋面

(4) 保温隔热层；

(5) 防水层；

(6) 15 mm 厚 1:3 水泥砂浆找平层；

(7) 钢筋混凝土屋面板预埋 ϕ10 钢筋头双向间距 900 mm 伸出保温隔热层面 30 mm(预制板埋于板缝)。

需要注意的是：当屋面防水等级要求是三级时防水层和 1:3 水泥砂浆找平层可不要。

4. 金属板瓦屋面

金属板瓦屋面如图 5-31 所示。具体构造要求(从上向下)如下：

(1) 金属板瓦用带橡胶垫圈的自攻螺钉与挂瓦条固定；

(2) 冷弯型钢挂瓦条中距按瓦材规格用 M8×80 胀锚螺栓固定在屋面板上挂瓦条下部加 4 mm 厚垫板(垫板下密封膏压严)，中距同钉距；

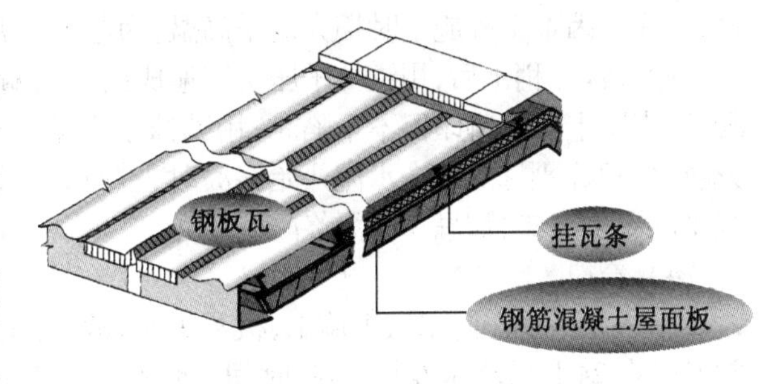

图 5-31　金属板瓦屋面

(3) 保温隔热层粘贴在挂瓦条之间；

(4) 空铺防风防水透汽膜一层；

(5) 防水卷材防水层；

(6) 15 厚 1:3 水泥砂浆找平层；

(7) 钢筋混凝土屋面板。

5.2.3　材料性能

同 5.1.3 保温材料性能。

5.2.4　施工工艺

混凝土楼板面基层处理→刷素水泥浆一遍→预拌水泥砂浆找平层→基层处理剂→聚合物防水涂料施工(专业分包)→铺设挤塑聚苯板→细石混凝土保护层浇筑→预拌水泥砂浆卧瓦层铺设→铺块瓦。

1. 基层处理

将屋面结构层上面的松散砂浆、混凝土、水泥浆及其他杂物清除干净,对凸出表面的混凝土用凿子凿去,扫净,用水冲洗干净;露筋部位用1:2水泥砂浆抹压,并浇水养护;女儿墙、烟道根部用1:2.5水泥砂浆粉刷压光,所有阴阳角做半径为5 cm的圆弧;管道直径500 mm范围内做高度不小于30 mm的圆台;女儿墙水平留槽高度为500 mm;水落口安装正确,不倒返水;出屋面管道套管高度不低于300 mm。

2. 预拌水泥砂浆找平层

1）材料要求

找平层砂浆采用预拌砂浆,强度等级M15P8,由预拌砂浆厂家生产,施工现场加水使用。使用严格按使用说明书操作。

2）标高控制点

间距为1.5 m左右;控制点上口作成20 mm×20 mm方形,下口30 mm×30 mm方形,上口贴白色小瓷片,易于寻找;在雨水口处找出泛水,即可进行抹找平层。

3）抹找平层

砂浆的稠度应控制在7 cm左右。根据标高控制点铺水泥砂浆,用铝合金刮尺刮平,木抹子搓揉、压实。因本工程施工时期为夏季高温,为避免气温过高影响施工质量,找平层宜于夜间施工。

砂浆铺抹稍干后,用铁抹子压实三遍成活。头遍提浆拉平,使砂浆均匀密实;当水泥砂浆开始凝结,人踩上去有脚印但不下陷时,用铁抹子压第二遍,将表面压平整、密实;注意不得漏压,并把死坑、死角、砂眼抹平;当水泥开始终凝时,进行第三遍压实,将抹纹压平、压实,略呈毛面,使砂浆找平层更加密实,切忌在水泥终凝后压光。

4）养护

因水泥砂浆在防水层上施工,极易失水,故应加强养护,防止起砂。砂浆找平层抹平压实后,常温时在24 h后浇水养护,养护时间一般不少于7 d。

3. 聚合物防水涂料

聚合物水泥基防水涂料由丙烯酸酯与防水乳胶、水泥、填充料及多种助剂加工而成。在最终形成的防水涂膜中,既有有机高分子材料的柔性网络,又有无机胶凝刚性结构。使其防水涂膜既保持了无机硅酸盐材料的抗老化性强,强度、硬度大,又引入了有机高分子材料的变形性好(能受轻微震动及不大于1~2 mm宽位移),粘结力强,结构封闭性好,易刷涂等优点,加之卓越的环保功能及施工简便,是理想的防水材料。

水泥基防水涂料一般条件下,涂料可用约3 h,涂层干固时间约2~6 h。现场环境温度低、湿度大、通风不好,干固时间长些;反之短些。

涂层颜色与颜料选择:基本颜色为象牙白色。选择其他颜色时,加中性、无机颜料。其他颜料须先试验确认无异常现象后,方可使用。

1）施工工具

清理基面工具:锤子、凿子、铲子、钢丝刷、扫帚、抹布等。

取料配料工具:台秤、水桶、称料桶、搅拌器、剪子等。

涂料涂覆工具:滚子、刮板、刷子。

2）施工工艺

基面处理：基面必须平整、牢固、干净、无明水、无渗漏。不平处须先找平；阴阳角应做成圆弧角。

配料：按规定的比例取料，用搅拌器充分搅拌约5 min左右，直至料中不含团粒，最好不用手工搅拌。打底层涂料等，如需加水，则要先在液料中加水，用搅拌器边搅拌边徐徐加入粉料。彩色层涂料的颜料加量为液料的10%以下，并且只需要在面层涂料中添加颜料。

涂覆：根据工程的特点和要求，选择适当的工法。涂覆时要尽量均匀，不能有局部沉积，并要求多滚刷几次使涂料与基层之间不留气泡，粘结严实。在潮湿或不吸水的基层上使用时，不需要打底层。各层之间的时间间隔以前一层涂膜干固不黏为准。若防水层厚度不够，尤其是立面施工，可加涂一层或数层。加无纺布施工时，下涂和上涂要连续施工，无纺布要铺贴平直，并用刷子刷实不留空鼓。

保护层与装饰层施工：须在防水层完成2 d后进行。

4. 挤塑聚苯板

1）材料要求

保温板进场需同时提供材料质保书、出厂检验报告等。材料规格型号等必须与设计图纸或供货合同一致。材料的性能必须符合设计要求或施工规范的规定，当无具体规定时可按操作规程取定：表观密度20 ~ 50 kg/m^3，导热系数为0.035 ~ 0.047 W/(m · K)，抗压强度不低于0.18MPa。

材料进场后应按制定位置堆放，清点验收。验收合格后做好材料的保管，应堆放在平整坚实场地上妥加保管、护盖，防止雨淋、受潮或破损、污染，并做好防火措施。

2）施工工艺

保温板材的铺设有干铺和粘贴等施工方法。板材的铺设方法应根据板材的生产厂家施工说明进行铺设；当施工说明无具体规定时，本书按板材干铺施工工艺进行介绍。

铺设前，应根据屋面的情况、保温板的规格和屋面的坡度走向，事先进行分格和编排，边缘不符合模数的板材统一切割，制定铺设顺序，有计划地铺设，不得随意进行铺设和切割保温板材。

干铺板块保温材料，应找平弹线或拉线铺设，保证板材接逢通顺平直。板块应紧密铺设、铺平、垫稳，表面应与相邻两板高度一致。当局部边角铺设不到位时，可将保温板根据边角情况进行裁割，用碎块嵌补；嵌补时宜优先利用废弃的边角料；局部缝隙应用同类材料的粉屑加适量水泥填嵌缝隙。

保温板铺设过程严禁有明火，施工现场不得吸烟，在已铺完的板状保温层上行走或用胶轮车运输材料时，应在其上铺脚手板。保温层施工完成后，应及时进行下一道工序，以减少破坏和雨水进入，使保温层含水。

5. 细石混凝土保护层

保护层为40 mm厚C20细石混凝土，配ϕ4@150 × 150钢筋网，平面内间距 <4 000 mm设纵横分隔，缝宽20 mm。

1）埋分格缝条

分格缝间距不大于4 000 mm × 4 000 mm，除屋面大面要设置外，且要距女儿墙或天沟300处沿四周通长封闭设置，使细石混凝土保护层与女儿墙、电梯机房等立面墙体相断开，以利于收缩。

按屋面坡度和灰饼高度预埋长木条，木条采用松木制作，表面刨光并涂刷废机油。木条作成上宽下窄的楔型，上部宽 20 mm，下部宽 10 mm，高度与砂浆层同高(40 mm 厚)，方便以后木条取出；木条上口与灰饼高度一致，拉通线调直，两侧用水泥砂浆固定，固定用的砂浆要作成斜角。

2）钢筋网铺设

按设计要求绑扎 $\phi4@200$ 双向钢筋网，钢筋网应注意放在保护层的上部，用垫块垫好，以达到控制收缩裂缝的作用；钢筋网应在分格缝处断开。钢筋网要求横平竖直，间距均匀。

3）细石混凝土施工

按实验室配合比拌和好细石混凝土，按先远后近、先低后高的原则逐格进行施工；浇筑时按分格板高度摊开刮平，用平板振动器十字交叉来回振实，直至混凝土表面泛浆后，用木抹子将表面抹平压实，在混凝土初凝以前，再进行第二次压浆抹光；在女儿墙的根部、以及高出细石混凝土的根部均做成圆弧或钝角；混凝土初凝后，及时取出分格缝隔板，用铁抹子抹光，并及时修补分格缝缺损部分，做到平直整齐，待混凝土终凝前进行第三次压光；混凝土终凝后立即进行浇水养护，养护时间一般不少于 7 d；细石混凝土表面平整度不得大于 5 mm。

4）天沟及泛水

根据水落口位置做好坡度线，用细石混凝土做成圆弧，略低于保护层约 40～50 mm，并坡向水落口，注意在做天沟时，应预先用 30 mm 的木条与保护层隔开，以后用密封材料嵌密实；水落口周围应作成略低的凹槽，范围为水落口周围500 mm 范围，与水落口接茬平顺，坡度不得低于 5%，以利于泄水。墙面立面上的卷材泛水收头应塞入预留槽内，用金属压条钉压固定，最大间距不应大于900 mm，并用密封材料嵌填封严，外侧用1∶2.5水泥砂浆填实，粉出 10 mm 的斜角滴水，并保持滴水线水平、顺直。

5）灌分格缝

混凝土浇水养护完毕后，用水将分格缝冲洗干净并达到干燥，所有分格缝相互贯通，清理干净，缺边损角处修补好后打扫干净；在分格缝上均匀涂刷冷底子油后，向其内灌嵌硅酮密封膏，应满灌缝内，并应一次性灌满。

6. 屋面瓦

1）瓦屋面的施工工艺

清理基层→绑扎钢筋网片→铺砂浆→铺瓦→检查验收→淋水试验。

平瓦屋面的施工要求：

(1) 屋面，檐口瓦：挂瓦次序从檐口由下到上，自左向右方向进行，檐口瓦要挑出檐口 50～70 mm，瓦后爪均应挂在钢筋网片上，与左边、下边两块瓦落槽密合，随时注意瓦面、瓦楞垂直，不符合质量要求的瓦不能铺挂。为保证瓦的平整顺直，应从屋脊拉一斜线到檐口，即斜线对准屋脊第一张瓦的右下脚，顺次与第二排的第二张瓦，第三排的第三张瓦，直到檐口瓦的右下角，都在一直线上，然后由下到上依次逐张铺挂，可以达到瓦沟顺直，整齐美观。瓦的搭接应顺主导风向，以防漏水。檐口瓦应铺成一条直线，天沟处的瓦要根据宽度及斜度弹线锯料。整坡瓦要平整，排列横平竖直，无翘角和张口现象。上部第一排瓦与下部第一排瓦，安装时为使施工质量更安全可靠，分别用水泥砂浆粘贴。

(2) 斜脊，斜沟瓦：先将整瓦(或选择可用的缺边瓦)挂上，沟边要求搭盖宽度不小于 150 mm，弹出墨线，编好号码，然后按号码次序挂上，斜脊处的平瓦边按上述方法挂上，保证脊瓦搭接平瓦每边不小于40 mm。斜脊、斜沟处地平瓦要保证使用部分的瓦面器具。

(3) 脊瓦：挂平脊、斜脊脊瓦时，应拉通长线，铺平挂直，扣脊瓦时用水泥砂浆铺座平实，脊瓦接口和脊瓦与平瓦间的缝隙处，要用抗裂纤维的灰浆嵌严刮平，脊瓦与平瓦的搭接每边不少于40 mm；平瓦的接头口要顺主导风向；斜脊的接头口向下，即由下向上铺设，平瓦与斜脊的交界处要用麻刀灰封严。铺好的平脊和斜脊平直，无起伏现象。

复习思考题

1. 建筑屋顶必须满足哪些要求？
2. 简述常见平屋顶保温的类型及构造。
3. 简述平屋面保温施工工艺及应注意的事项。
4. 简述常见坡屋顶保温的类型及构造。
5. 简述瓦屋面的施工工艺及应注意的事项。

实训练习题

1. 作业目的

训练学生屋面施工图纸识读能力；熟练掌握质量验收规范；熟悉屋面的施工工艺；能进行屋面材料改变时传热系数的校核计算。

2. 作业方式

网上收集资料、整理资料，并以PPT的形式进行结论的介绍。

3. 作业内容

1) 平屋面

(1) 不同形式平屋面的结构特点有哪些？浙江省最适合的屋面形式及材料特点是什么？

(2) 平屋面节能的可采取的方法是什么？分析优缺点。

(3) 节能屋面施工时最主要注意的方面有哪些？施工工艺上有何特殊的要求？

(4) 节能形式的最大缺点是什么？

2) 斜屋面

(1) 不同构造斜屋面的结构特点有哪些？浙江省最适合的斜屋面形式及材料特点是什么？

(2) 节能型斜屋面的原理是什么？

(3) 斜屋面施工时最主要注意的方面有哪些？施工工艺上有何特殊的要求？

(4) 该种屋面形式的最大缺点是什么？

(5) 该种屋面质量验收的要点是什么？

4. 要求

(1) 该作业以小组形式在课余时间完成，完成时间为一周，汇报提纲里必须要明确的小组成员分工及要求。

(2) 成绩评定分成：PPT编制的质量10%；纸质资料质量的完整度与系统性40%；汇报资料的提炼度40%；介绍人的状态10%。

模块 6 用能设备节能

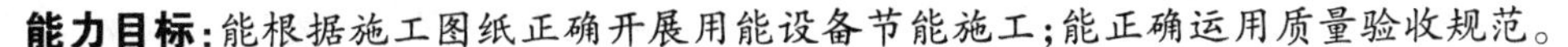

能力目标:能根据施工图纸正确开展用能设备节能施工;能正确运用质量验收规范。
知识目标:熟悉采暖空调系统、、照明等节能强制性条文;熟悉用能设备节能标准;掌握用能设备常用术语内涵;了解用能设备节能的常规做法及施工要点。

背景资料

一个现代化的建筑物,它包括冬季供热、天燃气使用、通风、夏季制冷、消防、照明、电梯、弱电、室内给排水等,建筑品质的高低除了这些配套设施是否完善外还与建筑周边环境、室内空气品质等有关。那么这些属于建筑能耗吗?属于建筑能耗中的哪一类呢?日常生活中,作为一个普通人,又如何真正为建筑节能尽一份力,让我们赖以生存的地球少一点无知的破坏?我们应该明确的观点是节能是我们每个公民应尽的义务,无关贫穷还是富有。

项目 6.1　暖通空调节能技术

6.1.1　暖通空调系统节能概述

暖通空调是采暖、通风、空气调节的总称。

采暖,又称供暖,是指向建筑物供给热量,使室内保持一定的温度。我国处于北半球的中低纬度,地域辽阔,划分为严寒、寒冷、夏热冬冷、温和以及夏热冬暖 5 个建筑热工设计分区,不同地区的采暖方式差别很大。北方地区约 70% 的城镇建筑面积在冬季采用集中供暖方式。而夏热冬冷地区采用的则是与之完全不同的局部采暖方式,主要形式包括热泵、电热、煤炉、炭炉等。

通风,就是采用自然和机械方法,对室内空间进行换气,使其符合卫生和安全的要求,具有良好的空气品质。

空调是空气调节的简称。它是利用设备和技术对室内空气(或人工混合气体)的温度、湿度、清洁度及气流速度进行调节,以满足人们对环境的舒适要求或生产对环境的工艺要求。

采暖、通风与空调技术并非孤立,而是相互联系的,如有些情况下通风也可以实现空气调节的目的,而热泵空调也能供热等。

6.1.2　采暖、通风空调系统节能技术

建筑能耗是指建筑在建造和使用过程中,热能通过传导、对流和辐射等方式对能源的消耗。按照国际通行的分类,建筑能耗专指民用建筑(包括居住建筑和公共建筑)使用过程中对能源的消耗,主要包括采暖、空调、通风、热水供应、照明、炊事、家用电器和电梯等方面的能耗。其中,以采暖和空调能耗为主,各部分能耗大体比例如下:采暖、空调占 65%,热水供应占 15%,电气设备占 14%,炊事占 6%。因此,采暖、空调系统的节能问题已经迫在眉睫。下面对采暖、空调系统的能耗构成及节能技术进行探讨。

1. 能耗的构成

1) 采暖能耗的构成

我国的东北、华北和西北地区,称为严寒地区和寒冷地区。这些地区城镇的建筑面积约占全

国的近50%,达400多亿平方米,年采暖用能约1.3×10^8吨标准煤,占全国能源消费量的11%,占采暖地区全社会总能耗的21.4%。在严寒地区,一些城镇建筑能耗已占到当地全社会总能耗的50%以上;在夏热冬冷地区城镇建筑能耗也占到当地社会总能耗的30%以上。

在冬季,由于室外温度很低,欲保持室内舒适的温度就要不断地向房间提供热量,以弥补通过围护结构从室内传到室外的热量损失。在采暖地区需设置采暖设备,室内需有适当的通风换气。居住建筑冬季室内温度一般要求达到16℃~18℃,较高要求达到20℃~22℃。

建筑物的总得热包括采暖设备的供热(占70%~75%),太阳辐射得热(通过窗户和其他围护结构进入室内,占15%~20%)和建筑物内部得热(包括炊事、照明、家电和人体散热,占8%~12%)。这些热量再通过围护结构(包括外墙、屋顶和门窗等)的传热和空气渗透向外散失。建筑物的总失热包括围护结构的传热耗热量(占70%~80%)和通过门窗缝隙的空气渗透耗热量(占20%~30%)。对于一般民用建筑和产生热量很少的工业建筑,供热负荷常常只考虑围护结构的传热耗热量以及由门、窗缝隙或孔洞进入室内的冷空气的耗热量。

2)空调能耗的构成

空调系统的能耗可按系统组成分为三个部分:①空调冷热源能耗;②末端设备能耗;③输配系统能耗。

以上三部分能耗中,冷热源能耗约占空调系统总能耗的一半,空调冷热源的能耗主要有冷水机组、热泵、锅炉等的能耗,通过减少机组额定工况能耗及机组部分负荷能耗来实现节能,是空调系统节能的重要环节。如果把各自消耗的能量折算成一次能源,则各类机组均可用单位时间内制取的冷量或热量所消耗的一次能源消耗能量进行比较,可使用一次能源效率OEER(W/W)来表示。

空调机组末端设备能耗主要是指风机盘管、新风机组等的能耗,一定程度上决定于房间负荷的大小。空调系统末端可以通过改变控制策略、进行有效的实时控制来减少能耗。

输配系统包括风系统、冷冻水系统和冷却水系统。水系统能耗指冷冻水或冷却水系统为克服管路阻力、阀门阻力、系统高差等所需消耗的能量。空调水系统能耗也占有很大的比例,一般空调水系统的输配用电,夏季供冷期间约占整个空调系统耗电量的12%~24%,因此水系统节能同样具有重要意义。设计人员应重视水系统设计,积极推广变频调速水泵、冬夏两用双速水泵等节能措施。对于空调冷却水系统,在水量一定情况下,进水温度高1℃,电压缩主机电机电耗约增加2%,溴化锂冷水机组能耗提高6%。因此,制冷系统冷却水进水温度的高低对主机耗电量有着重要影响。

2. 系统节能技术

1)采暖节能技术

对于采暖建筑物来说,节能的主要途径是减小建筑物外表面积和加强围护结构保温,以减少传热耗热量;提高门窗的气密性,以减少空气渗透耗热量。在减少建筑物总失热量的前提下,尽量利用太阳辐射,而减少建筑物总失热量的保障是做好建筑围护结构的保温,建筑围护结构保温需要解决三方面的问题:①外墙保温;②屋顶保温;③外墙门窗保温。

(1)外墙保温措施。经过多年的研究与实践,外墙保温优点有以下几方面:保温材料对主体结构具有保护作用,室外气候引起的温度变化发生在保温层内,避免主体产生大的温度变化;有利

于消除和减弱热桥的影响；重质材料的主体结构在室内一侧，蓄热能力较强，对房间热稳定性有利，可避免室内温度出现大的波动；外保温施工不影响室内活动；对相同建筑面积而言，增加了用户的使用面积。

(2) 屋顶保温措施。坡屋顶下做吊顶或者坡屋顶加平板，其保温效果要大大优于平屋顶。倒置式屋面与传统保温屋面构造比较具有很多优点：①构造简化，避免浪费；②必需设置屋面排汽系统；③防水层受到保护，避免热应力、紫外线以及其他因素对防水层的破坏；④出色的抗湿性能使其具有长期稳定的保温隔热性能与抗压强度；⑤如采用挤塑聚苯乙烯保温板能保持较长久的保温隔热功能，持久性与建筑物的寿命等同；⑥憎水性保温材料可以用电热丝或其他常规工具切割加工，施工快捷简便；⑦日后屋面检修不损材料，方便简单；⑧采用了高效保温材料，符合建筑节能技术发展方向。

(3) 门窗保温措施。建筑物的能量有约1/3是从窗户流失的。所以，门窗保温越来越得到人们的重视，人们已经从单纯的密闭保温开始认识到了门窗本身保温的重要性。铝合金门窗渐渐淡出了住宅界，目前基本所有住宅都采用了导热系数更低的塑钢门窗，并采用夹层玻璃，增加了空气隔热层，降低热量的流失。同时，通过对窗框结构进行妥善合理的设计，将能量损失减少到最低限度。目前采用的PU硬质泡沫塑料窗框芯的窗户保温性能可达传统木框窗的2倍。例如，采用在风荷载下仍能保持不透风的抗扭铝型材或塑钢型材，窗框内贴硬质PU泡沫塑料保温层，就完全可以满足国外保温法规的要求。同时为防止窗框部位产生热桥，型材边角也采用PU硬质泡沫塑料进行保温，这样窗户总体传热系数可降低至 $0.66\ W/(m^2 \cdot K)$。

建筑采暖由热源、热网、热用户三块组成，每一块在不同的区域由于能源种类的不同和室外温度的差异，节能的模式在这三块中的形式也不同。

(1) 热源。近年来，我国城市热电厂和锅炉房规模都有了大幅增加。为适应城市工业民用建设用电用暖需求的不断增长，三北地区大型热电机组比重也逐年增加；区域锅炉房中单台锅炉容量也开始向国际化大型化方向发展；多热源组合建网综合运营成为大城市供热采暖系统的新形式；长江中下游、珠三角地区实现电、热、冷联产式发展，电厂效益得到明显提高；技术人员积极寻找新能源，清洁能源和核热技术成为未来供热采暖技术发展的必然趋势；除开大中城市之外，目光投向小城镇热电系统，市场前景广阔。

(2) 热力网。未来的城市住宅区供热采暖节能系统热力网应向环状管网和组网建设方向发展，计算机互联网技术在管理中得到普遍应用，逐步实现供热采暖节能系统管理由过去监测为主向控制为主转变；输送蒸汽逐渐取代直埋保温管，未来热力网对耐高温提出更高期待；提高量调控技术以优化计量收费标准。

(3) 热用户。未来的民用住宅建筑应严格以分户控制计量为依据进行设计施工，完善热用户管理；室内供热采暖方式更加多样化，地面供暖得到大范围应用；热力计量表更加精确可靠；阀门操作控制更加简便稳定；散热器外观设计更加实用、美观。得热和建筑物内部得热，最终达到节约采暖设备供热量的目的。

2) 空调节能技术

如前所述，空调系统的能耗是各个环节能耗的总和，每一环节的能耗所占的比重不同，降低能耗的途径不同，可发掘的节能空间的大小也不同。常见的空调系统节能技术措施主要有以下几种。

(1) 选择合适的通风空调系统。各种通风空调系统都有自己的特点和适用范围,在系统形式选择时,应当分析环境控制场合的特点(负荷特性、使用特性、调节要求、管理要求、建筑特点等)和各类系统具有的特点:使选择的系统与被控制的环境有最佳的配合,达到在良好的环境控制质量条件下既经济又节能的目的。例如,会议厅、剧场、影院等场所需对整个空间的温湿度进行统一调节,而且人员密度变化较大,宜选择变风量空调系统(VAV)。

(2) 合理选择冷热源设备。包括冷水机组的选型、风冷热泵机组的选型、地(水)源热泵机组的选型、直燃机机组的选型等。

(3) 选用合适的动力设备。空调系统中的动力设备主要是水泵和风机,而水泵和风机的运行工作点不仅受其自身特性的影响,而且也取决于所在管路系统的阻力特性,所以选型时要研究管路的阻力特性,选择合适的设备。

由于空调系统中的设备大部分时间在部分负荷下运行,从节能的角度要把设备的最高效率点选在峰值负荷的70% ~80%状态。在非峰值负荷时常常采用改变设备流量的方式来调节,如传动系统采用变频技术等。

目前,空调水系统在我国空调系统中所占比例较大,因而空调水系统运行管理也是影响空调节能的一个重要因素。在一个综合性建筑物内各空调系统不可能同时使用,为此可将其划分为不同的空调系统,但空调水系统在满足设备承压的情况下一般不分区不分设系统,只采用阀门控制各系统的开关。定流量循环水泵的流量一般是无法控制的,只能在用户末端设三通调节阀将多余的水流量通过旁通阀流回系统。当空调系统低负荷运行时,水泵却在满负荷下运转,有资料统计表明,此类调节方式中,定速泵和风机所耗电能60% ~70%消耗于调节阀、截流控制压降等处。

将变频技术应用到空调水系统中是一种可行有效的节能方法,通过改变循环水泵的转速使系统在变流量下运行,而水泵转速的改变并不影响其特性曲线的形状。根据管道特性曲线的变化,可以使水泵始终在高效下工作,实现节能目的。

(4) 减少输配系统的能耗。

在通风空调系统中,空气与水通常用作冷载体,空气与水在输送过程的能耗包括传热造成的冷热量损失和输送过程的流动阻力损失,对于输送冷量的水或空气的管路系统,克服流动阻力的能量又转变为热量,导致冷量损失。减少输送过程的能耗主要可以从以下方面着手:

① 做好输送冷量的水管和风管的保温。

系统内介质温度与环境温度差越大,保温层选用厚度就越大;冷系统所在环境相对湿度越大,保温层选用厚度就越大;冷媒介质管径小于150 mm时,管径越大,保温层选用厚度就越大;工程系统的空气越不流通,保温层选用厚度就越大。

如果保温效果不好,管道保温损失在整个空调系统冷量损失中的比重较大,因此管道的保温应引起重视。

我国目前生产的绝热保温材料一般可分为三大类:

(a) 无机多孔保温材料。主要有硅酸钙、膨胀珍珠岩、膨胀蛭石等。这些材料密度大,导热系数高,易破损,目前已不大使用(不过建筑上还在使用)。

(b) 纤维类保温材料。主要有矿棉、玻璃纤维、硅酸铝纤维等。这类材料密度小,导热系数小,化学稳定性好,施工方便,价格便宜,但也有吸湿、吸水性强,机械强度低,施工时易引起人体刺痒等缺点,给施工造成一定的困难。近年来纤维类保温材料由松散性纤维向制品化发展,经粘合成型,制成板、卷、壳等制品,一方面提高了强度,减弱了吸水性,另一方面方便了施工,缩短了工期,成为目前广泛采用的保温材料,如果再采用夹筋铝箔作保护层,对隔气、防潮更有利,效果更佳。

(c) 有机质多孔材料。主要有聚苯乙烯泡沫塑料、聚氨酯等,聚苯乙烯等制成的板、壳,此类材料导热系数小、施工方便、机械性能好、外表美观,但价格高。

空调管道常采用高级橡塑作为保温材料,它是一种较为理想的绝热材料,绝热效果好,对相同管道所使用的保温厚度薄、用量少,同时是整体成型保温材料,工艺较为简单、进度快;此外,高级橡塑属于绿色、环保、清洁型保温材料,施工中的废弃物较少,对健康无害。空调风管道常采用聚苯乙烯泡沫塑料作为保温材料。它具有闭孔结构,吸水性很小,耐低温性好,耐熔耐冻性好。

② 选择合适的泵与风机。

精心设计、正确计算系统阻力,选择合适的泵与风机的型号和规格,切忌选择流量、扬程或全压过大的泵与风机,避免不必要的能量损失。

③ 大温差可以减少输送过程的能耗。

所谓大温差,指水系统的供回水温差或风系统的送风温差较大,从而减少水流量和送风量,降低输送过程的能耗。常规空调的冷冻水和冷却水温差为5℃,大温差系统冷冻水温差可增加好几度。常规的空调系统送风温差一般在6℃~10℃,最大不超过15℃,大温差系统的送风温差在14℃~20℃。大温差不仅可以减少输送过程的能耗,同时减少了管路的断面尺寸,从而降低了管路系统的初投资。但是大温差也会影响空调设备的性能。因此,确定温差时必须对利弊充分估计。也就是说,应综合考虑系统总能耗(包括输送能耗和冷水机组能耗)、经济性、环境控制质量等多方面因素来选择合理的温差。

(5) 合理选择末端设备。

从集中空调节能角度上讲,重视末端的设计和管理是提高能源利用率的最佳途径之一,以下分别介绍空调机组(包括组合式空调机组、变风量和新风机组)和风机盘管等末端设备的耗能特点。

① 空调机组。

(a) 选用空调机组时,应注意风量、风压的匹配,选择最佳状态点运行,不宜过分加大风机的风压。风压的提高会造成风机耗功率显著增加。

(b) 选用漏风率小的机组。实测证明,漏风率增加1%,风机电机耗功率约增加6%~10%。按国家标准规定,对于一般舒适性空调系统,在保持空调机组内压力700 Pa时,机组漏风率不应大于2%;对于洁净性空调,洁净度高于或等于1000级时,机组漏风率不应大于1%。而实测表明,实际工程中普遍存在漏风量大的问题。

(c) 根据工程需要,宜采用有高、中、低三档风速开关进行风量有级调节的机组,或采用变风机转速的方法进行风量无级调节的机组。

(d) 选择空调输冷系数(ACF)大的机组。ACF即单位风机电机耗功率的供冷量,目前很多厂家的产品样本资料均未提供机组风机的消耗功率,而只提供风机的电机安装功率。

(e) 机组的单位重量供冷量大,表明机组消耗的材料少,能够节材。

(f) 大型全空气空调系统,尽可能选择双风机带自控的机组。

② 风机盘管。

风机盘管是最常用的空调末端设备,虽然其能耗所占比例不大,但对空调效果的影响却比较大。国内生产的风机盘管从总体上看质量还是较为可靠的。

(6) 防止再热损失。

设计时应防止冷却后再加热、加热后再冷却、除湿后再加湿、加湿后再除湿等重复的、互相抵消的空气处理手段。原则上应避免夏季供冷时采用再热方式。

如果送风量和送风温差没有严格限制,那么采取改变送风量的方法来满足负荷变化是比较理想的调节方式。不过,变风量值由温度传感器控制时,房间的湿度可能会有较大变化;变风量值由湿度传感器控制时,房间的温度可能会有较大变化。最理想的调节方式是变风量辅以变露点控制。

(7) 排风热回收。

新风能耗在空调通风系统中,占了较大的比例。例如,办公楼建筑大约可占到空调总能耗的17% ~23%。建筑中有新风进入,必有等量的室内空气排出。这些排风相对于新风来说,含有热量(冬季)或冷量(夏季)。在采用有组织排风的建筑中,就有可能从排风中回收热量或冷量,以减少新风的能耗。

(8) 其他节能技术。

传统的节约能源的手段对大空间建筑物仍然是适用的,如减少设计负荷、合理确定送风量和新风量、减低空气和水的输送能耗、利用新风供冷、合理的能源组合、选用高效率的制冷设备和空气末端装置、蓄冷和低位热源的利用等,都是重要的节能措施。在有条件的情况下,还可以应用以下节能技术:

① 建筑采用覆土埋入式,即半地下化,周围覆以土层,在隔声、保温、提高建筑物稳定性方面十分有利。

② 利用自然通风。对于没有环境噪声干扰的大空间建筑,最大限度地利用自然通风改善室内环境和节约能量消耗是最为合理的。如某些大型体育馆的屋顶做成可开闭式则是彻底实现了这一要求。

③ 土壤热的利用。以体育馆为例,由于建筑占地面积大,利用其地下的土壤蓄热十分有利。例如,在进厅地面下埋设盘管,利用夜间由廉价电力制冷(热)水,由盘管将热量蓄在土层,白天取出供空调用,同时由于地下蓄热,可使地板起辐射供冷(热)的作用。此外,为了减低新风负荷,可将新风流经专用的配管沟道进行预冷或预热,间接利用土壤的热量(土壤与空气换热),也有利于节约能源。

为满足生活和生产对室内空气环境的需求,通风与空调技术已被广泛地运用于工业与民用建筑工程之中。通风,就是采用自然和机械方法,对室内空间进行换气,使其符合卫生和安全的要求,具有良好的空气品质。空气调节,就是采用专用设备对空气进行处理,为室内或密闭空间制造人工环境,使其空气的温度、湿度、流速、洁净度达到生活或生产所需的要求。本节重点是:掌握通风与空调工程的施工程序,熟悉风管系统的施工要求,了解净化空调系统施工要求。

6.1.3 采暖、通风空调工程施工

1. 室内采暖管道的安装

1) 室内采暖管道安装程序

为了更好地发挥室内采暖系统的作用,保证采暖系统的安装质量。安装时必须遵循以下工艺

流程:干管安装→立管安装→支管安装。在安装时,首先要测线,确定每个实际管段的尺寸,然后按其下料加工。

2）室内采暖管道安装施工方案

（1）管道穿过墙壁和楼板,应设置金属或塑料套管。安装在楼板内的套管,其顶部应高出装饰地面 20 mm;安装在卫生间及厨房内的套管,其顶部应高出装饰地面 50 mm,底部应与楼板底面相平;安装在墙壁内的套管其两端与饰面相平。穿过楼板的套管与管道之间缝隙应用阻燃密实材料和防水油膏填实,端面光滑。穿墙套管与管道之间缝隙宜用阻燃密实材料填实,且端面应光滑。管道的接口不得设在套管内。

（2）焊接钢管的连接,管径小于或等于 32 mm,应采用螺纹连接;管径大于 32 mm,采用焊接。

（3）管径小于或等于 100 mm 的镀锌钢管应采用螺纹连接,套丝扣时破坏的镀锌层表面及外露螺纹部分应做防腐处理;管径大于 100 mm 的镀锌钢管应采用法兰或卡套式专用管件连接,镀锌钢管与法兰的焊接处应二次镀锌。

（4）楼层高度小于或等于 5 m,每层必须安装 1 个立管管卡。楼层高度大于 5 m,每层不得少于 2 个立管管卡。管卡安装高度,距地面应为 1.5 ~ 1.8 m,2 个以上管卡应匀称安装,同一房间管卡应安装在同一高度上。

（5）散热器支架、托架安装,位置应准确,埋设牢固。散热器支架、托架数量,应符合设计或产品说明书要求。

（6）确定预留孔部位:待工程施工到预留孔部位时,应立即由专人按施工图中给定的管道及设备坐标和标高,在钢筋下方的模板上,标出轴线,量尺测出预留孔洞中心至坐标点处并画出“ + ”字线标记。要求多次复查以保证位置、标高的准确性。

3）室内采暖管道安装施工措施

（1）穿墙、楼板套管采用钢套管。套管固定要求牢固、管口平齐、环缝间隙均匀,油麻填实,封闭严密套管安装时不能直接和主筋焊接,应采取附加筋形式,附加筋和主筋绑扎。套管安装时不能直接和主筋焊接,应采取附加筋形式,附加筋和主筋绑扎。

（2）穿墙套管应保证两端与墙面平齐,穿楼板套管应使下部与楼板平齐,上部有防水要求的房间及厨房中的套管应高出地面 50 mm,其他房间应为 20 mm,套管环缝应均匀,用油麻填塞,外部用腻子或密封胶封堵。

（3）地沟内管道保温:40 mm 厚聚氨酯保温管,22#铁丝固定保温管。3 mm 厚自黏防水卷材,包裹在供水、回水管道上。管道井内供水、回水管道保温:40 mm 厚聚氨酯保温管,22#铁丝固定保温管。铝箔玻璃丝布,缠在供水、回水保温管上。

4）室内采暖管道施工技术要点

（1）丝扣连接:包括断管、套丝、配装管件、管段调直。螺纹连接时,应在管端螺纹外面敷上填料(麻丝或生料带),用手拧入 2 ~3 扣,再用管子钳一次装紧,不得倒回,装紧后应留有 2 ~3 道尾丝,丝扣连接后将麻丝、生料带等杂物清理干净后,露丝部分刷 2 道防锈漆。

（2）管道焊接:按要求对管道加工坡口,当采用气割加工时必须清除坡口表面的氧化物和毛刺等,对凹凸不平处进行打磨。管道对口应平直,间隙符合要求;错口偏差不超过管壁厚的 10% ,且不超过 2 mm;焊口表面无烧伤、裂纹和明显的结瘤、夹渣及气孔,焊波均匀一致;管道组对时,在管道的对口焊接处或弯曲(弯管)部位不得焊接支管;弯曲部位不得有焊缝;接口焊缝距起弯点不应小于一个管径,且不小于100 mm;接口焊缝距管道支、吊架边缘不小于50 mm;直管段上两对接焊口中心面间的距离,当公称直径大于或等于150 mm时,不应小于150 mm;当公称直径小于150 mm时,不应小于管子外径。焊缝及其他连接件的设置应便于检修,并不得紧贴墙壁、楼板或管架。

(3) 安装(丝接)地下供水、回水管道:管道连接及接长全部采用丝接;生胶带缠在丝扣上,刷粘结剂,用管扳手拧紧。

(4) 丝接处刷灰色防锈漆两道。

(5) 安装打压设备:打压设备用不锈钢软管,一端安装(丝接)在供水立管上,另一端安装(丝接)打压设备上。

(6) 按设计要求:用打压设备给管道加压,按设计及规范要求加压至0.6 MPa(放大显示压力表从0升至0.6 MPa),观测10 min内压力降不超过0.02 MPa,然后将试验压力降至工作压力0.1 MPa,检查管道及连接处,不渗、不漏为合格。

2. 通风与空调安装

通风与空调工程是建筑工程的一个分部工程,包括送、排风系统,防、排烟系统,除尘系统,空调系统,净化空调系统,制冷系统和空调水系统7个独立的子分部工程。工程的主要施工内容包括:风管及其配件的制作与安装,部件制作与安装,消声设备的制作与安装,除尘器与排污设备安装,通风与空调设备、冷却塔、水泵安装,高效过滤器安装,净化设备安装,空调制冷机组安装,空调水系统管道、阀门及部件安装,风、水系统管道与设备防腐绝热,通风与空调工程的系统调试等。

1) 通风与空调工程的一般施工程序

施工前的准备→风管、部件、法竺的预制和组装斗风管、部件、法兰的预制和组装的中间质量验收→支吊架制作安装→风管系统安装→通风空调设备安装→空调水系统管道安装→通风空调设备试运转、单机调试→风管、部件及空词设备绝热施工→通风与空词工程系统调试→通风与空调工程竣工验收→通风与空调工程综合效能测定与调整。

2) 施工前的准备工作

(1) 制定工程施工的工艺文件和技术措施。按规范要求规定所需验证的工序交接点和相应的质量记录,以保证施工过程质量的可追溯性。

(2) 根据施工现场的实际条件。综合考虑土建、装饰,其他各机电专业等对公用空间的要求,核对相关施工图,从满足使用功能和感观要求出发,进行管线空间管理、支架综合设置和系统优化路径的深化设计,以免施工中造成不必要的材料浪费和返工损失。深化设计如有重大设计变更,应征得原设计人员的确认。

(3) 与设备和阀部件的供应商及时沟通,确定接口形式、尺寸、风管与设箭连接端部的做法。进口设备及连接件采购周期较长,必须提前了解其接口方式,以免影响工程进度。

(4) 对进入施工现场的主要原材料、成品、半成品和设备进行验收。一般应由供货商、监理、施工单位的代表共同参加,验收必须得到监理工程师的认可,并形成文件。

(5) 认真复核预留孔、洞的形状尺寸及位置,预埋支、吊件的位置和尺寸,以及梁柱的结构形式等,确定风管支、吊架的固定形式,配合土建工程进行留槽留洞,避免施工中过多的剔凿。

3) 通风与空调工程施工技术要求

(1) 风管系统的制作和安装要求

风管系统的施工包括风管、风管配件、风管部件、风管法兰的制作与组装；风管系统加工的中间质量检验、运输、进场验收、风管支吊架制作安装；风管主干管安装、支管安装。针对日益增多的风管材料品种和技术素质不一的劳务队伍，施工中必须按《通风与空调工程施工质量验收规范》（GB 50243）、《通风管道施工技术规程》（JGJ 141）及国家现行的有关强制性标准的规定，严格加以控制。

（2）空调水系统管道的安装要求

空调水系统包括冷（热）水、冷却水、凝结水系统的管道及附件。镀锌钢管一般采用螺纹连接，当管径大于 DN100 时，可采用卡箍、法兰或焊接连接。空调用蒸汽管道的安装，应按《建筑给水排水及采暖工程施工质量验收规范》（GB 50242）的规定执行，与制冷机组配套的蒸汽、燃油、燃气供应系统和蓄冷系统的安装，还应符合设计文件、有关消防规范以及产品技术文件的规定。

（3）通风与空调工程设备安装的要求

通风与空调工程设备安装包括通风机，空调机组，除尘器，整体式、组装式及单元式制冷设备（包括热泵），制冷附属设备以及冷（热）水、冷却水、凝结水系统的设备等，这些设备均属通用设备，施工中应按现行国家标准《机械设备安装工程施工及验收通用规范》（GB 00231）的规定执行。设备就位前应对其基础进行验收，合格后方能安装。设备的搬运和吊装必须符合产品说明书的有关规定，做好设备的保护工作，防止因搬运或吊装而造成设备损伤。

（4）风管、部件及空调设备防腐绝热施工要求

普通薄钢板在制作风管前，宜预涂防锈漆一遍，支、吊架的防腐处理应与风管或管道相一致，明装部分最后一遍色漆，宜在安装完毕后进行。风管、部件及空调设备绝热工程施工应在风管系统严密性试验合格后进行。空调水系统和制冷系统管道的绝热施工，应在管路系统强度与严密性检验合格和防腐处理结束后进行。

6.1.4　采暖、通风与空调系统调试与验收要求

采暖、通风与空调工程安装完毕，必须进行系统的测定和调整（简称调试）。系统调试包括设备单机试运转及调试、系统无生产负荷的联合试运转及调试。

1. 系统调试

1）采暖系统调试

采暖系统调试前要先进行系统的试压，试压可以分段进行，也可整个系统进行，水压试验合格后，即可对系统进行清洗。清洗的目的是清除系统中的污泥、铁锈、砂石等杂物，以确保系统运行后介质流动通畅。在清洗工作结束后，即可进行系统的试运行工作。室内采暖系统试运行的目的是在系统热状态下，检验系统的安装质量和工作情况，此项工作可分为系统充水、系统通热和初调节三个步骤进行。系统的充水工作由锅炉房开始，一般用补水泵充水。向室内采暖系统充水时，应先将系统的各集气罐排气阀打开，水以缓慢速度充入系统，以利于水中空气逸出，当集气罐排气阀流出水时，关闭排气阀门，补水泵停止工作。待一段时间后（2 h 左右），再将集气罐排气阀打开，启动补水泵，当系统中残存的空气排除后，将排气阀关闭，补水泵停止工作，此时系统已充满水。

接着，锅炉点火加热水温升至50℃时，循环泵启动，向室内送热水。这时，工作人员应注意系统压力的变化，室内采暖系统入口处供水管上的压力不能超过散热器的工作压力。还要注意检查

管道、散热器和阀门有无渗漏和破坏的情况，如有故障，应及时排除。

热水系统调节方法是：通过调整用户入口的调压板或阀门，使供水管压力表上的读数与入口要求的压力保持一致，再通过改变各立管上阀门的开启度来调节通过各立管散热器的流量，一般距入口最远的立管阀门开度最大，越靠近入口的立管阀门开度越小。蒸汽采暖系统初调节的方法是：首先通过调整热用户入口的减压阀，使进入室内的蒸汽压力符合要求。再改变各立管上阀门的开度来调节通过各立管散热器的蒸汽流量，以达到均衡采暖的目的。

2）通风与空调系统调试

（1）通风与空调系统联合试运转及调试由施工单位负责组织实施，设计单位、监理和建设单位参与。对于不具备系统调试能力的施工单位，可委托具有相应能力的其他单位实施。

（2）系统调试前由施工单位编制的系统调试方案报送监理工程师审核批准。调试所用测试仪器仪表的精度等级及量程满足要求，性能稳定可靠并在其检定有效期内。调试现场围护结构达到质量验收标准。通风管道、风口、阀部件及其吹扫、保温等已完成并符合质量验收要求。设备单机试运转合格。其他专业配套的施工项目（如给水排水、强弱电及油、汽、气等）已完成，并符合设计和施工质量验收规范的要求。

（3）泵统调试主要考核室内的空气温度、相对湿度、气流速度、噪声或空气的洁净度能否达到设计要求，是否满足生产工艺或建筑环境要求，防排烟系统的风量与正压是否符合设计和消防的规定。空调系统带冷（热）源的正常联合试运转，不应少于 8 h，当竣工季节与设计条件相差较大时，仅作不带冷（热）源试运转，例如：夏季可仅作带冷源的试运转，冬期可仅作带热源的试运转。

2. 工程竣工验收

1）采暖系统竣工验收

室内采暖系统应按分项、分部或单位工程验收。单位工程验收时应有施工、设计、建设、监理单位参加并做好验收记录。单位工程的竣工验收应在分项、分部工程验收的基础上进行。各分项、分部工程的施工安装均应符合设计要求及采暖施工及验收规范中的规定。设计变更要有凭据，各项试验应有记录，质量是否合格要有检查。交工验收时，由施工单位提供下列技术文件：

（1）全套施工图、竣工图及设计变更文件；

（2）设备、制品和主要材料的合格证或试验记录；

（3）隐蔽工程验收记录和中间试验记录；

（4）设备试运转记录；

（5）水压试验记录；

（6）通水冲洗记录；

（7）质量检查评定记录；

（8）工程检查事故处理记录。

质量合格、文件齐备、试运转正常的系统，才能办理竣工验收手续。上述资料一并存档，为今后的设计提供参考，为运行管理和维修提供依据。

2）通风与空调系统竣工验收

（1）施工单位通过无生产负荷的系统运转与调试以及观感质量检查合格，将工程移交建设单位，由建设单位负责组织，施工、设计、监理等单位共同参与验收，合格后办理竣工验收手续。

（2）竣工验收资料包括：图纸会审记录、设计变更通知书和竣工图；主要材料、设备、成品、半成品和仪表的出厂合格证明及试验报告；隐蔽工程、工程设备、风管系统、管道系统安装试验及检验记录、设备单机试运转、系统无生产负荷联合试运转与调试、分部（子分部）工程质量验收、观感质量综合检查、安全和功能检验资料核查等记录。

（3）观感质量检查包括：风管及风口表面及位置；各类调节装置制作和安装；设备安装；制冷及水管系统的管道、阀门及仪表安装；支、吊架形式、位置及间距；油漆层和绝热层的材质、厚度、附着力等。

3. 通风与空调工程综合效能的测定与调整

（1）通风与空调工程交工前，在已具备生产试运行的条件下，由建设单位负责，设计、施工单位配合，进行系统生产负荷的综合效能试验的测定与调整，使其达到室内环境的要求。

（2）综合效能试验测定与调整的项目，由建设单位根据生产试运行的条件、工程性质、生产工艺等要求进行综合衡量确定，一般以适用为准则，不宜提出过高要求。

（3）调整综合效能测试参数要充分考虑生产设备和产品对环境条件要求的极限值，以免对设备和产品造成不必要的损害。调整时首先要保证对温湿度、洁净度等参数要求较高的房间，随时做好监测。调整结束还要重新进行一次全面测试，所有参数应满足生产工艺要求。

（4）防排烟系统与火灾自动报警系统联合试运行及调试后，控制功能应正常，信号应正确，风量、正压必须符合设计与消防规范的规定。

6.1.5　常见质量问题及控制要点

采暖及通风空调工程的质量不仅取决于设计的水平和设备的性能，而且取决于安装的质量，它关系到工程项目生产效益和经济效益的发挥。近年来，采暖及通风空调工程发展得较快，有些施工单位将工程分包给不具备施工条件的安装单位，施工人员未经专业培训盲目上岗操作，工程中出现很多质量通病，致使工程质量低劣，达不到预期的使用功能和效果。下面介绍一下在实际施工过程中常见的和节能相关的质量问题以及产生的原因，以供参考。

1. 离心式通风机出口风量不足

表现形式：风机的电机运转电流与额定电流相差较多，系统总风量过小。

危害性：系统的总风量不足，空调或洁净房间的温湿度或洁净度无法保证。

产生的原因分析：

（1）风机转速丢转过多。

（2）风机的实际转速与设计要求的转速不符。

（3）风机的叶轮反转。

（4）系统的总、干、支管及风口风量调节阀没有全部开启。

（5）风管系统设计不合理，局部阻力过大。

（6）设计选用的风机压力过小。

2. 空调制冷机组冷量不足

表现形式：制冷压缩机本体运转无明显异常现象，但空调房间温度降不下来。

危害性：满足不了生产工艺或工作人员舒适的要求。

产生的原因分析：

(1) 制冷剂充灌得不足;制冷剂不足可从膨胀阀处听到有间断的液体流动声,严重不足时,将在膨胀阀后的管道上出现结霜现象。

(2) 制冷系统有泄漏部位。

(3) 冷凝器的冷却水量不足或冷却水温偏高。

(4) 热力膨胀阀开度不适当。

(5) 热力膨胀阀和感温包安装不合适。一般要求膨胀阀应垂直安装,感温包安装在回气管道的水平部位;在有集油弯头的情况下,感温包应安装在集油弯头之前;当蒸发器出口处设有气液交换器时,感温包应安装在气液交换器之前。

3. 空调制冷压缩系统运转不正常

表现形式:压缩机的排气压力过高或过低,吸气压力过高或过低,高、低压继电器经常动作,压缩机启动后 90 s 内突然停车及油压过低。

危害性:空调制冷压缩机不能正常运转,空调系统所需要的冷量无法保证,系统不能投入运行。

产生的原因分析：

(1) 空气进入制冷系统;冷疑器冷却水量不足,制冷剂充入量过多,以致积入冷凝器减少冷凝面积;管壳式冷凝器封头盖水路隔板漏水,使水流短路;排气阀未开足;冷却水量过多及排气阀片。

(2) 吸气阀开启过大;吸气阀片、阀门座、活塞环渗漏;卸载装置失灵,或空调负荷减少;吸气过滤器堵塞;系统制冷剂充入不足。

(3) 高、低压继电器压力值调整得不适当;吸气阀未开。

(4) 压差控制器(油压继电器)动作。

(5) 油泵有故障;油压调节过低;油过滤器堵塞及压缩机在高真空下运转。

4. 通风、空调系统实测总风量过小

表现形式:风机和电机的转速正常,风机运转无异常现象,电机运转电流过小,与电机的额定电流相差较大,各送风口(或排风口)出口风速很小。

危害性:系统总风量达不到设计要求,通风、空调系统的其他参数无法保证,影响系统的正常运转。

产生的原因分析：

(1) 空调器内的空气过滤器、表面冷却器、加热器堵塞。

(2) 总风管及各支风管的风量调节阀关闭或开度不大。

(3) 风阀的质量不高,风阀的叶片脱落。

(4) 风管系统设计不合理,局部阻力过大。

(5) 设计选用的空调器不当。

(6) 设计选用的风机全压过小。

5. 通风、空调系统实测的总风量过大

表现形式:风机运转正常,电机运转电流超过额定电流,各风口的出口风速较大。

危害性:通风、空调系统在试车或试验调整过程中,如电机长时间处于超负荷运行,电机将会烧毁。

产生的原因分析：

（1）对于空气洁净系统是由于各级空气过滤器的初阻力小。

（2）系统总风管无调节阀或调节阀失灵。

（3）风机选用不当。

6. 组合式空调器安装质量差

表现形式：表面凹凸不平整，各空气处理段连接有缝隙，空气处理部件与壁板之间有明显缝隙，减振效果不良，排水管漏风。

危害性：影响空气处理的效果，增大冷热源的消耗，空调系统运行噪声增加。

产生的原因分析：

（1）空调器的坐标位置偏差过大，达不到施工及验收规范对设备安装基准线的平面位置和标高的允许偏差的要求。其允许偏差：平面位置 ±10 mm；标高 ±（10 ~ 20）mm。

（2）空调器各空气处理段有些产品为散件现场组装，使得壁板表面不平整，甚至几何尺寸偏差过大。

（3）空调器各空气处理段之间连接的密封垫厚度不够，应采用 6 ~ 8 mm，具有一定弹性的垫片。

（4）空调器内的空气过滤器、表面冷却器、加热器与空凋器箱体连接的缝隙无封闭。

（5）挡水板的片距不等，折角与设计要求不符，安装颠倒；应保证折角准确，挡水板的长度和宽度偏差不大于 2 mm，片与片的间距一般控制在 25 mm 范围。

（6）空调器无减振措施，一般空调器与基础之间垫厚度不小于 5 mm 的橡胶板。

（7）排水管无水封装置，水封的高度应根据空调系统的风压来确定。

7. 冷却塔的冷却效果不良

表现形式：冷却水温度偏高，空调制冷系统的冷凝温度和冷凝压力上升。

危害性：降低制冷系统的制冷量，并影响系统的正常运转。

产生的原因分析：

（1）冷却塔上的轴流排风机不转或反转；冷却塔运转前，必须对电机的单体进行试验，确认电机正确的旋转方向。

（2）布水器的孔眼堵塞，在通水试验或试运转中，应检查和处理使布水器畅通。

（3）旋转布水器的转速不正常，在试运转中来调整进水压力和布水管孔眼安装的角度来改变布水器的旋转速度，提高冷却塔的冷却能力。

（4）填料附有泥垢，减少热交换的散热面积，冷却塔在安装时应避免将杂物带入，并在试车前进行清洗，将填料上附有的泥垢等杂物清除掉。

（5）冷却塔上的轴流排风机压头较小，不允许在冷却塔排风孔上安装短管或其他部件，否则增加阻力而减少风机的排风量，降低了冷却塔的冷却效果。

8. 离心式风机运转不正常

表现形式：风机试运转时产生跳动、噪声大、叶轮扫膛、三角皮带磨损及启动电流大等异常现象。

危害性：风机不能正常运转，影响整个系统的使用，如不进行处理，将缩短风机的使用寿命。

产生的原因分析：

(1) 风机的转子质量不均匀，静平衡性能差。

(2) 三角皮带传动的风机，其皮带轮宽、中心平面位移和传动轴水平度超差；风机安装就位后，必须用水平尺对其传动轴的水平度进行检查，在轴承水平中分面上相距 180 mm 的两个位置进行检测，其允许偏差不大于 0.02‰；皮带轮轮宽中心平面位移，应在主、从动皮带轮端面拉线后用钢板尺测量，其允许偏差不大于 1 mm。

(3) 电动机直联传动的风机，其联轴器同心度较差。

(4) 三角皮带过紧或过松。皮带的松紧度：用手敲打已装好的皮带中间，稍有跳动为准或用手往下按，其按下的距离为皮带的厚度为宜。

(5) 同规格的皮带周长不相等。

(6) 三角皮带轮轮毂部断面尺寸与三角皮带不配套。

(7) 55 kW 以上的风机没有设启动阀。

9. 法兰铆接后风管不严密

表现形式：铆接不严，风管表面不平，漏风量过大。

危害性：系统运转后由于漏风及振动噪声较大，空调冷、热量造成不应有的损失，并影响空气洁净系统的洁净度。

产生的原因分析：

(1) 铆钉间距大，造成风管表面不平。

(2) 铆钉直径小，长度短，与钉孔配合不紧，使铆钉松动，铆合不严。

(3) 风管在法兰上的翻边量不够。

(4) 风管翻边四角开裂或四角咬口重叠。

10. 风管的密封垫片及风管连接不符合要求

表现形式：风管法兰连接处漏风，风管系统的噪声增大。

危害性：增加风管系统冷、热量的损耗，或增加有害气体的泄漏量而污染环境。

产生的原因分析：

(1) 通风、空调系统选用的法兰垫片材质不符合施工验收规范的要求。

(2) 法兰垫片的厚度不够，因而影响弹性及紧固程度。

(3) 法兰垫片凸入风管内。

(4) 法兰的周边螺栓压紧程度不一致。

11. 法兰风管连接不严密

表现形式：风管与插条法兰的间隙过大，系统运转后有较大的漏风现象。

危害性：由于风管连接的不严密，增加了系统的漏风量，使运行的能耗增加，甚至造成空调系统的风量不足，影响空调房间温湿度的要求，并增大环境噪声。

产生的原因分析：

(1) 压制的插条法兰形状不规则。

(2) 插条法兰的结构形式选用不当。

(3) 采用 U 形插条连接时,风管翻边的尺寸不准确。

(4) 未采取涂抹密封胶等密封措施。

12. 空气过滤器箱不严密

表现形式:空气过滤器箱体漏风;过滤器箱与过滤器框架不严密。

危害性:由于过滤器箱的不严密,造成向外部环境漏风,不但增大冷、热能量损耗,而且降低洁净效果;另外由于过滤器框架与过滤箱体接合处不严密,使未经过滤器过滤的空气流过,降低洁净房间的洁净度。

产生的原因分析:

(1) 箱体板材的连接方式不当。咬口形式可采用转角咬口和联合角咬口,尽量避免采用按扣式咬口。

(2) 箱体与过滤器框架连接得不严密。箱体与过滤器框架采用螺栓紧固时,其间隙必须垫上密封垫片,防止未经过滤器的空气流过。

(3) 框架的垂直度和水平度差。

(4) 箱体板材的连接缝隙,箱体与框架的缝隙未做密封处理。

13. 洁净系统不严密

表现形式:洁净系统的风管咬口缝、法兰连接处、风管翻边四个棱角、风量调节阀外露的活动部分等处漏风。

危害性:由于各连接部位不严密,造成系统漏风量过大,不但增大冷、热源的损耗,而且影响洁净房间的洁净度。

产生的原因分析:

(1) 风管咬口形式选择不当。

(2) 风管各缝隙未采取密封措施。

(3) 法兰的垫料材质、厚度及连接形式选择不当。

(4) 法兰的平整度、螺栓孔及铆钉孔间距不符合要求。

(5) 风量调节阀轴孔不严密。

(6) 风管法兰翻边量小。

14. 高效空气过滤器安装质量不符合要求

表现形式:高效过滤器本体损坏,与高效过滤器风口框架或高效过滤器框架连接不严密,经检查有泄漏现象。

危害性:洁净室内的洁净度达不到设计要求。

产生的原因分析:

(1) 高效过滤器未按出厂标志竖向搬运和存放。

(2) 高效过滤器安装前应检查过滤器框架或边口端面的平直性,端面平整度允许偏差每只不大于 1 mm。如端面平整度超差,不能修改过滤器的外框。

(3) 高效过滤器安装时的气流方向与外框上标出的箭头不符。

(4) 用波纹板组合的高效过滤器在竖向安装时没有垂直地面。

(5) 高效过滤器与框架之间连接密封不良。

15. 装配式洁净室围护结构不严密

表现形式:洁净室的壁板、顶棚等部位的接缝处漏风,室内静压偏低。

危害性:洁净室由于围护结构不严密导致风量泄漏,室内静压偏低,使洁净度受到影响。

产生的原因分析:

(1) 壁板或顶板的外形尺寸偏差大。

(2) 壁板的两边企口密封得不严密。

(3) 顶板与骨架密封得不严密。

(4) 壁板与顶板连接未密封。

(5) 顶棚或壁板与照明灯具、传递窗等部件未密封。

(6) 穿越壁板、顶棚的各种管路的孔洞未密封。

16. 风管严密性检测

风管系统安装完毕后,应按系统类别进行严密性检验,风管的强度应能满足在1.5倍工作压力下接缝处无开裂。矩形风管的允许漏风量应符合规范要求。低压系统风管的严密性检验在加工工艺得到保证的前提下,采用漏光法检测。检测不合格时,应按规定的抽检率作漏风量测试;中压系统风管的严密性检验在漏光检验合格后,选用专用漏风测试仪做漏风量抽检;高压系统风管的严密性检验均需做漏风量试验。

17. 通风空调系统调试

(1) 风管系统的风量平衡。系统各部位的风量均应调整到设计要求的数值,可用调节阀改变风量进行调整。调试时可从系统的末端开始,即由距风机最远的分支管开始,逐步调整到风机,使各分支管的实际风量达到或接近设计风量,系统风量调平衡后,应满足:①风口的风量、新风量、排风量、回风量的实测值与设计风量的偏差不大于10%;②风量与回风量之和应近似等于总的送风量或各送风量之和;③总的送风量应略大于回风量与排风量之和。同时,通风系统的连续运转不应少于2 h。

(2) 新风系统的测试。新风系统主要由风管、新风调节阀和新风处理机等组成。其测试方法与送风系统相同,在调整新风量时,一定要符合设计要求,否则可能产生种种弊端。如果新风量太多,会增加制冷压缩机的热负荷,影响室内的空调效果;如果新风量太少,则不符合国家的卫生标准,使人感到闷气、不舒服。

(3) 空调水系统的调试。冷水系统的管路长且复杂,系统内的清洁度要求高,因此,在管清洗时要求比较严格。在清洗之前先关闭风机盘管等设备的进水阀,开启旁通阀,使清洗过程中管内的杂质通过旁通阀最后排出管外。冷水系统的清洗工作属封闭式的循环清洗,每1~2 h排水一次,反复多次,直至水质洁净为止。最后开启制冷机蒸发器、风柜和风机盘管的进水阀,关闭旁通阀,进行冷冻水系统管路的充水工作。由于整个系统是封闭的,因此,在充水时要注意管内气体的排放,如果管内的气体排放不干净,将直接影响制冷效果。一般可在系统的各个最高点安装普通的或自动的排气阀进行排气。

(4) 空调系统带冷热源的正常联合试运转不应少于8 h。在试运转时应考虑到各种因素,如建筑装修材料是否干燥,室内的热湿负荷是否符合设计条件等。同时,在无生产负荷联合试运转时,一般能排除的影响因素应尽可能排除,如室温达不到要求,应检查盘管的过滤网是否堵塞,新

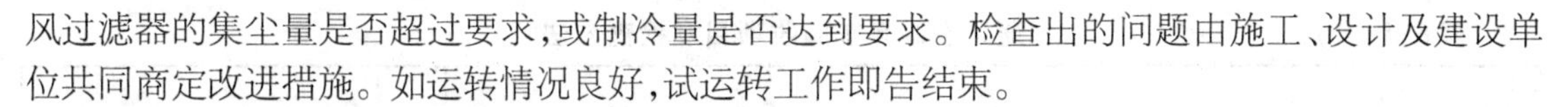

风过滤器的集尘量是否超过要求，或制冷量是否达到要求。检查出的问题由施工、设计及建设单位共同商定改进措施。如运转情况良好，试运转工作即告结束。

18. 采暖管路堵塞

表现形式：管道水路不畅通，热力水力失调。

危害性：房间温度不均衡，造成热量的局部浪费和局部达不到设计温度。

产生的原因分析：主要是施工原因造成的砂子、污物等杂物在系统内积存，使过流断面变小或完全堵死，造成系统室内系统部分或全部停止循环，采暖失效。容易产生堵塞点为：热媒流向改变处，如三通、四通、弯头等；阀门等调节配件处；系统流速降低处等。

19. 散热器安装不规则

表现形式：散热器安装位置不一致，高低不平、不稳。

危害性：散热器温度不均衡。

产生的原因分析：锉、锯、垫散热器过多；地面装饰施工前安装散热器；托钩、固定卡未达到强度就安装散热器；散热器托钩、卡子安装时拉线不准。散热器安装后，散热器被当作脚凳踩或承重，造成散热器安装后松动。托钩、固定卡、托架施工时，没严格按程序进行操作。

20. 积气与空气塞

表现形式：系统热量不平衡，实际散热面积达不到设计要求，造成系统积气与空气塞的原因包括施工及设计两个方面。

危害性：热力失调，能源浪费。

产生的原因分析：

管线安装坡度过小或反坡支架设置少于规范要求，导致支架之间管线塌腰积气；系统充水阶段程序不当等。设计原因包括水流速过小、集气罐设计位置不当等。根据相关资料介绍，水流速度大于或等于0.25 m/s时，空气可以被水带走从而实现气水同向流动，意思就是说小于此流速的时候将导致系统积气。

6.1.6 质量验收

根据《建筑节能工程施工质量验收规范》(GB 50411—2007)规定，通风与空调系统节能工程的验收，可按系统、楼层等进行。

1. 验收项目与检查方法

通风空调系统节能工程验收时应依据《建筑节能工程施工质量验收规程》(DGJ 08—113—2009)第9节的有关规定进行检查，验收项目及检查方法如表6-1所示。

2. 系统节能性能检测

(1) 采暖、通风与空调、配电与照明工程安装完成后，应进行系统节能性能的检测，且应由建设单位委托具有相应检测资质的检测机构检测并出具报告。受季节影响未进行的节能性能检测项目，应在保修期内补做。

表 6-1　　通风空调系统验收项目及检查方法

检查类型	序号	检查名称	检查方法	备注
主控项目	1	组合式空调机组、柜式空调机组、新风机组、风机盘管机组、单元式空调机组、热回收装置等设备的冷量、热量、风量、风压、功率及额定热回收效率;风机的风量、风压、功率及其单位风量耗功率;成品风管的材质、厚度等技术性能参数;自控阀门与仪表的技术性能参数;锅炉的容量及其额定热效率;热交换器的换热量;电机驱动压缩机的蒸汽压缩循环冷水(热泵)机组的额定制冷量(制热量)、输入功率、性能系数(COP);单元式空气调节机、屋顶式空气调节机组、房间空调器和多联机组的名义制冷量、输入功率及能效比(EER);蒸汽、热水型溴化锂吸收式机组及直燃型溴化锂吸收式冷(温)水机组的名义制冷量、供热量、输入功率及性能系数、单位冷量蒸汽耗量;冰蓄冷系统、水蓄冷系统的额定制冷量(制热量)、输入功率、性能系数(COP);集中采暖系统热水循环水泵的流量、扬程、电机功率及耗电输热比(EHR);空调冷热水系统循环水泵的流量、扬程、电机功率及输送能效比(ER);冷却塔的水量、进塔水压、进出水温度及电机功率;自控阀门与仪表的规格和技术性能参数	观察检查;技术资料和性能检测报告等质量证明文件与实物核对	全数检查
	2	风机盘管机组的规格、供冷量、供热量、风量、出口静压、噪声及功率;散热器的单位散热量、金属热强度	现场随机抽样送检; 核查复验报告	同一厂家同一规格的散热器按其数量的 1% 进行鉴证取样送检,但不得少于 2 组;同一厂家的风机盘管机组按敷量复验 2%,但不得少于 2 台并覆盖各种型号
	3	绝热材料的导热系数、密度、吸水率等技术性能参数	现场随机抽样送检; 核查复验报告	同一厂家同材质的保温(绝热)材料见证取样送检次数不得少于 2 次
	4	采暖与空调系统的制式;各种设备、自控阀门与仪表的安装;室内温度调控装置、热计量装置、热力入口装置、水系统各分支管路水力平衡装置、温控装置与仪表的安装;分室(区)温度调控功能;分栋、分区或分户(室)冷、热计量(或分摊)功能;空调冷(热)水系统的变流量或定流量运行情况	观察检查	全数检查

（续表）

检查类型	序号	检　查　名　称	检查方法	备　　注
主控项目	5	组合式空调机组、柜式空调机组、新风机组、单元式空调机组的安装、规格、数量；与风管、送风静压箱、回风箱的连接；组合式空调机组漏风量的检测；空气热交换器翅片和空气过滤器的安装	观察检查；核查漏风量测试记录	按同类产品的数量抽查20%，且不得少于1台
	6	风机盘管机组的安装、数量；位置、高度、方向；机组与风管、回风箱及风口的连接；空气过滤器的安装	观察检查	按总数抽查10%，且不得少于5台
	7	风机的安装、规格、数量	观察检查	全数检查
	8	双向换气装置和排风热回收装置的安装、规格、数量；进、排风管的连接；室外进、排风口的安装、高度及水平距离；排风与进风之间的风量差	观察检查	按总数抽检20%，且不得少于1台
	9	锅炉、热交换器、电机驱动压缩机的蒸气压缩循环冷水（热泵）机组、蒸汽型、热水型及直燃型溴化锂吸收式冷（温）水机组等设备的安装、连接、规格及数量	观察检查	全数检查
	10	冷却塔、水泵等辅助设备的安装、规格、数量；冷却塔的安装位置；管道连接	观察检查	全数检查
	11	冷热源侧的电动两通调节阀、冷（热）量计量装置、空调机组回水管上的电动两通（调节）阀和风机盘管机组回水管上的电动两通（调节）阀等自控阀门与仪表的安装、规格、数量	观察检查	空调机组冷热源侧的电动两通调节阀和冷（热）量计量装置全数检查；风机盘管机组回水管上的电动两通（调节）阀按类型数量抽查10%，且均不得少于1个
	12	采暖管道和空调水系统管道及配件的绝热层的材质、规格及厚度；绝热管壳的安装；松散或软质保温材料的体积、毡类材料的包扎；防潮层与绝热层的结合、封闭情况；立管的防潮层的敷设情况；卷材防潮层的施工方式；管道阀门、过滤器及法兰部位的绝热结构；空调冷热水管穿楼板和穿墙处的绝热层的结合情况；绝热衬垫的设置情况	观察检查；用钢针刺入绝热层、尺量检查	按数量抽查10%且绝热层不得少于10段，防潮层不得少于10 m，阀门等配件不得少于5个

（续表）

检查类型	序号	检查名称	检查方法	备注
主控项目	13	风管系统及部件的绝热层的材质、规格及厚度等；绝热层与风管、部件及设备之间的结合情况；绝热层表面厚度允许偏差；防潮层封闭情况；防潮层隔汽层绝热材料的拼缝情况；风管穿楼板和穿墙处的绝热层连续情况；风管系统部件的绝热情况	观察检查；用钢针刺入绝热层、尺量检查	管道按轴线长度抽查10%；风管穿楼板和穿墙处及阀门等配件抽查10%，且不得少于2个
	14	风管的材质、断面尺寸及厚度；风管与部件、风管与土建及风管间的连接情况；风管的严密性及风管系统的严密性和漏风量；防热桥的措施	观察、尺量检查；核查风管及风管系统严密性检验记录	按数量抽查10%，且不得少于1个系统
	15	风量平衡的调试情况；系统的总风量与设计风量的允许偏差值，风口的风量与设计风量的允许偏差值	观察检查；核查试运转和调试记录	全数检查
	16	低温热水地面辐射供暖系统的防潮层和绝热层的做法及绝热层的厚度；室内温控装置的传感器安放位置	防潮层和绝热层隐蔽前观察检查，用钢针刺入绝热层、尺量；观察检查、尺量室内温控装置传感器的安装高度	防潮层和绝热层按检验批抽查5处，每处检查不少于5点；温控装置按每个检验批抽查10个
	17	隐蔽部位或内容的验收	观察检查；核查隐蔽工程验收记录	全数检查
	18	空气风幕机的规格、数量、安装位置和方向；纵向垂直度和横向水平度的偏差	观察检查	按总数量抽查10%，且不得少于1台
	19	变风量末端装置与风管的连接情况	观察检查	按总数量抽查19%，且不得少于2台
	20	冷热源设备及其辅助设备和配件的绝热情况	观察检查	按类别数量抽查10%，且均不得少于2件

（2）采暖、通风与空调、配电与照明系统节能性能检测的主要项目及要求如表6-2所示，其检测方法应按国家现行有关标准规定执行。

表 6-2　　系统节能性能检测主要项目及要求

序号	检测项目	抽样数量	允许偏差或规定值
1	室内温度	居住建筑每户抽测卧室或起居室 1 间,其他建筑按房间总数抽测 10%	冬季不得低于设计计算温度 2℃,且不应高于 1℃; 夏季不得高于设计计算温度 2℃,且不应低于 1℃
2	供热系统室外管网的水力平衡度	每个热源与换热站均不少于 1 个独立的供热系统	0.9～1.2
3	供热系统的补水率	每个热源与换热站均不少于 1 个独立的供热系统	0.5%～1%
4	室外管网的热输送效率	每个热源与换热站均不少于 1 个独立的供热系统	≥0.92
5	各风口的风量	按风管系统数量抽查 10%,且不得少于 1 个系统	≤15%
6	通风与空调系统的总风量	按风管系统数量抽查 10%,且不得少于 1 个系统	≤10%
7	空调机组的水流量	按系统数量抽查 10%,且不得少于 1 个系统	≤20%
8	空调系统冷热水、冷却水总流量	全数	≤10%
9	平均照度与照明功率密度	按同一功能区不少于 2 处	≤10%

(3) 系统节能性能检测的项目和抽样数量也可以在工程合同中约定,必要时可以增加其他检测项目,但合同中约定的检测项目和数量不应低于本规范的规定。

项目 6.2　配电与照明系统节能

6.2.1　配电与照明系统节能概述

随着我国经济的发展,大型公共建筑高耗能的问题日益突出。据统计,国家大型公共建筑单位面积耗电量达到 70～300 kW · h,为普通居民住宅的 10～20 倍,占全国城镇总耗电量的 22%,是欧洲、日本等发达国家同类建筑单位面积耗电量的 1.5～2 倍。电气系统节能决定了建筑物的智能、环保以及主要能耗,电能的消耗占了很大的比例,随着建筑智能化的发展,这种比例在继续加大,所以要进行大型公共建筑节能,必须考虑建筑的电气节能。而在耗电量中,照明能耗一般占整个建筑电量能耗的 25%～35%,占全国电力总消耗量的 13%。因此,实现照明系统节能的意义十分重大,经济效果明显。

6.2.2 主要技术参数

1. 供配电系统技术参数

(1) 日平均负荷。电体系在测试期内实际用电平均有功负荷称为日平均负荷,记为 P_p,单位为 kW。其数值等于实际用电量除以用电小时数。

(2) 日最大负荷。用电体系在测试期出现的最大小时平均有功负荷称为日最大负荷,记为 P_{max},单位为 kW。

(3) 有功电量。运行期间变压器负载侧的有功电量记为 W_p,单位为 kW·h。

(4) 无功电量。运行期间变压器负载侧的无功电量记为 W_q,单位为 kW·h。

(5) 额定容量。变压器额定容量记为 S_e,单位为 kVA。

2. 电光源的技术参数

在使用电光源时,必须掌握评价电光源的技术特性参数。从照明节电角度出发,主要有发光效率、光源寿期、光源颜色和有关的电气性能。

(1) 光通量。是指单位时间内光辐射量的大小,用流明(lm)来表示。光源单位用电功率发出的光通量越大,则电能转换光能的效率越高,即光效越高。

(2) 发光效率。简称光效,它是电光源发出的光通量及其用电功率之比,单位是流明/瓦(lm/W),是评价电光源用电效率最主要的技术参数。

(3) 光源寿命。又称光源寿期。电光源的寿命通常用有效寿命和平均寿命两个指标来表示。

(4) 光源有效寿命。指灯开始点燃至灯的光通量衰减到额定光通量的某一百分比时所经历的点灯时数,一般规定在 70% ~80% 。

(5) 光源平均寿命。指一组试验样灯,从点燃到其中 50% 的灯失效时所经历的点灯时数,是评价电光源可靠性和质量的主要技术参数。

(6) 光源颜色。简称光色,它可用色温和显色指数两个指标来度量。

(7) 色温。当光源的发光颜色与把黑体(能全部吸收光能的物体)加热到某一温度所发出的光色相同(对于气体放电等则为相似)时,该温度称为光源的色温。色温用热力学温度来表示,单位是开尔文,符号为 K。

(8) 显色指数。是指在光源照到物体后,与参照光源相比(一般以日光或接近日光的人工光源为参照光源)对颜色相符程度的度量参数,是衡量光源显色性优劣或在视觉上失真程度的指标。参照光源的显色指数定为 100,其他光源的显色指数均小于 100,符号是 Ra。Ra 越小,色差越大,显色性也越差,反之显色性越好。

(9) 光源启动性能。是指灯的启动和再启动特性,它用启动和再启动所需要的时间来度量。一般地讲,热辐射电光源的启动性能最好,能瞬时启动发光,也不受再启动时间的限制;气体发电光源的启动特性不如热辐射电光源,不能瞬时启动。除荧光灯能快速启动外,其他气体放电灯的启动时间最少在 4 min 以上,再启动时间最少也需要 3 min 以上。不能承受启动和再启动约束的场合,像住宅、商厦、宾馆、酒楼、康乐场所等的室内照明只能选用普通白炽灯、卤钨灯和荧光灯。

6.2.3　节能技术

1. 电气节能设计的原则

电气节能设计既不能以牺牲建筑功能、损害使用需求为代价，也不能盲目增加投资、为节能而节能。应在满足可靠性、经济性和合理性的基础上，提高整个供配电系统的运行效率。电气节能设计应遵循以下原则：

（1）满足建筑物的功能。主要包括：满足建筑物不同场所、部位对照明照度、色温及显色指数的不同要求；满足舒适性空调所需要的温度及新风量；满足特殊工艺要求，如体育场馆、医疗建筑、酒店及餐饮娱乐场所一些必需的电气设施用电，展厅、多功能厅等的工艺照明及电力用电等。

（2）考虑实际经济效益。节能应考虑国情，计及实际经济效益，不能因为追求节能而过高地消耗投资，增加运行费用，而是应该通过比较分析，合理选用节能设备及材料，使增加的节能方面的投资，能在几年或较短的时间内用节能减少下来的运行费用进行回收。

（3）节省无谓消耗的能量。节能的着眼点，应是节省无谓消耗的能量。设计时首先找出哪些方面的能量消耗是与发挥建筑物功能无关的，再考虑采取什么措施节能。如变压器的功率损耗、电能传输线路上的有功损耗，都是无用的能量损耗；又如量大面广的照明容量，宜采用先进的调光技术和控制技术使其能耗降低。

2. 配电系统节能

1）变压器的选择

变压器节能的实质就是降低其有功功率损耗、提高其运行效率。变压器的有功功率损耗为

$$\Delta P_b = P_0 + P_k\beta^2 \tag{6-1}$$

式中　ΔP_b——变压器有功损耗，kW；
P_0——变压器的空载损耗，kW；
P_k——变压器的有载损耗，kW；
β——变压器的负载率。

变压器的空载损耗P_0又称铁损，它由铁芯的涡流损耗及漏磁损耗组成，其值与硅钢片的性能及铁芯制造工艺有关，而与负荷大小无关，是基本不变的部分。为减小变压器的空载损耗，变压器应选用SI7，SIZ7，S9或SC9等节能型变压器，它们都是选用高磁导率的优质冷轧晶粒取向硅钢片和先进工艺制造的节能变压器。由于“取向”处理，使硅钢片的磁畴方向接近一致，减少铁芯的涡流损耗；45°全斜接缝结构使接缝密合性好，可减少漏磁损耗。与老产品比，SL7，SLZ7无励磁调压变压器的空载损耗和短路损耗，10 kV系列分别降低41.5%和13.93%；35 kV系列分别降低38.33%和16.22%。S9，SC9系列与SL7，SLZ7系列比，其空载和短路损耗又分别降低5.9%和23.33%，平均每千伏安较SL7，SI—Z7系列年节电9 kW·h。

P_k是传输功率的损耗，即变压器的线损，它取决于变压器绕组的电阻及流过绕组电流的大小。因此，应选用阻值较小的铜心绕组变压器。

对$P_k\beta^2$，用微分方法求极值，可知当$\beta=50\%$时，变压器的能耗最小。但这仅仅是从变压器节能的单一角度出发，而没有考虑综合经济效益。因为当$\beta=50\%$时的负载率仅减少了变压器的

线损,并没有减少变压器的铁损,因此节能效果有限;且在此低负载率下,由于需加大变压器容量而多付的变压器价格,或变压器增大而使出线开关、母联开关容量增大引起的设备购置费,再计及设备运行、折旧和维护等费用,累积起来就是一笔不小的投资。由此可见,取变压器负载率为50%是得不偿失的。综合考虑以上各种费用因素,且使变压器在使用期内预留适当的容量,变压器的负载率当β应选择在75%~85%为宜。这样既经济合理,又物尽其用。

设计时,合理分配用电负荷、合理选择变压器容量和台数,使其工作在高效区内,可有效减小变压器总损耗。当负荷率低于30%时,应按实际负荷换小容量变压器;当负荷率超过80%并通过计算不利于经济运行时,可放大一级容量选择变压器。当容量大而需要选用多台变压器时,在合理分配负荷的情况下,尽可能减少变压器的台数,选用大容量的变压器。例如需要装机容量为2 000 kVA,可选2台1 000 kVA,不选4台500 kVA。因为前者总损耗比后者小,且综合经济效益优于后者。对分期实施的项目,宜采用多台变压器方案,避免轻载运行而增大损耗;内部多个变电所之间宜敷设联络线,根据负荷情况,可切除部分变压器,从而减少损耗;对可靠性要求高、不能受影响的负荷,宜设置专用变压器。

2）合理设计供配电系统及线路

(1) 根据负荷容量及分布、供电距离和用电设备特点等因素,合理设计供配电系统和选择供电电压,可达到节能目的。供配电系统应尽量简单可靠,同一电压供电系统变配电级数不宜多于两级。

(2) 按经济电流密度合理选择导线截面,一般按年综合运行费用最小原则确定单位面积经济电流密度。

(3) 由于一般工程的干线、支线等线路总长度动辄数万米,线路上的总有功损耗相当可观。由于线路损耗$\Delta P \propto R$,而$R = PL/S$,则线路损耗ΔP与其电导率P,长度L成正比,与其截面面积S成反比。为此,减少线路上的损耗应从以下几方面入手:

① 选用电导率P较小的材质做导线。铜心最佳,但又要贯彻节约用铜的原则。因此,在负荷较大的一类、二类建筑中采用铜导线,在三类或负荷量较小的建筑中可采用铝心导线。

② 减小导线长度L。主要措施有:变配电所应尽量靠近负荷中心,以缩短线路供电距离,减少线路损失。低压线路的供电半径一般不超过200 m,当建筑物每层面积不少于10 000 m^2时,至少要设两个变配电所,以减少干线的长度。在高层建筑中,低压配电室应靠近强电竖井,而且由低压配电室提供给每个竖井的干线,不应产生“支线沿着干线倒送电能”的现象,尽可能减少回头输送电能的支线。尽可能走直线,少走弯路,以减少导线长度;其次,低压线路应不走或少走回头线,以减少来回线路上的电能损失。

③ 增大线缆截面S。对于比较长的线路,在满足载流量、动热稳定、保护配合和电压损失等条件下,可根据情况再加大一级线缆截面。假定加大线缆截面所增加的费用为M,由于节约能耗而减少的年运行费用为m,则M/m为回收年限,若回收年限为几个月或一两年,则应加大一级导线截面。一般来说,当线缆截面小于70 mm^2、线路长度超过100 m时,增加一级线缆截面可达到经济合理的节能效果。合理调剂季节性负荷,充分利用供电线路。如将空调风机、风机盘管与一般照明、电开水等计费相同的负荷,集中在一起,采用同一干线供电,既可便于用一个火警命令切除非消防用电,又可在春秋两季空调不用时,以同样大的干线截面传输较小的负荷电流,从而减小了线路损耗。

3）提高系统的功率因数

提高系统功率因数的主要措施有:

(1) 减少供用电设备无功消耗,提高自然功率因数。其主要措施有:正确设计和选用变流装置,对直流设备的供电和励磁,应采用硅整流或晶闸管整流装置,取代变流机组、汞弧整流器等直流电源设备。限制电动机和电焊机的空载运转。设计中对空载率大于50%的电动机和电焊机,可安装空载断电装置;对大、中型连续运行的胶带运输系统,可采用空载自停控制装置;对大型非连续运转的风机、泵类笼型异步电动机,宜采用电动调节风量、流量的自动控制方式,以节省电能。条件允许时,采用功率因数较高的等容量同步电动机代替异步电动机,在经济合算的前提下,也可采用异步电动机同步化运行。荧光灯选用高次谐波系数低于15%的电子镇流器;气体放电灯的电感镇流器,单灯安装电容器就地补偿等,都可使自然功率因数提高到0.85~0.95。

(2) 用静电电容器进行无功补偿。按全国供用电规则,高压供电的用户和高压供电装有带负荷调整电压装置的电力用户,在当地供电局规定的电网高峰负荷时功率因数应不低于0.9。当自然功数因素达不到上述要求时,应采用电容器人工补偿的方法,以满足规定的功率因数要求。实践表明,每千瓦补偿电容每年可节电150~200 kW·h,是一项值得推广的节电技术。特别是对于下列运行条件的电动机要首先应用:远离电源的水源泵站电动机;距离供电点200 m以上的连续运行电动机;轻载或空载运行时间较长的电动机;YZR,YZ系列电动机;高负载率变压器供电的电动机。

有必要指出的是,就地安装无功补偿装置,可有效减少线路上的无功负荷传输,其节能效果比集中安装、异地补偿要好。还有一点,对于电梯、自动扶梯和自动步行道等不平稳的断续负载,不应在电动机端加装补偿电容器。因为负荷变动时,电动机端电压也产生变化,使补偿电容器没有放完电又充电,这时电容器会产生无功浪涌电流,使电动机易产生过电压而损坏。另外,如星三角起动的异步电动机也不能在电动机端加装补偿电容器,因为它起动过程中有开路、闭路瞬时转换,使电容器在放电瞬间又充电,也会使电动机因过电压而损坏。

4) 电力电缆选型

(1) 选择线路时既要考虑经济性,又要考虑安全性。导线截面积偏大,线损就小,但会增加线路投资;导线截面积小,线损就偏大,而且安全系数也小。

(2) 供配电线路在满足电压损失和短路热稳定的前提下,年最大负荷运行时间小于4 000 h,可按导体载流量选择导线截面;年最大负荷运行时间大于4 000 h但小于7 000 h,应按经济电流密度选择导线截面。

(3) 按经济电流密度选择电线、电缆截面的方法是经济选型。经济电流是寿命期内投资和导体损耗费用之和最小的适用截面区间所对应的工作电流(范围)。按载流量选择线芯截面时,只要计算初始投资;按经济电流选择时,除计算初始投资外,还要考虑寿命期内导体损耗费用,二者之和应最小。当减少线芯截面时,初始投资减少,但线路损耗费用增大;反之,增大线芯截面时,线路损耗减少,但初始投资增加。某一截面区间内,二者之和(总费用)最少,即为经济截面。

5) 电动机的节能

(1) 选用高效率电动机。

提高电动机的效率和功率因数,是减少电动机的电能损耗的主要途径。与普通电动机相比,高效电动机的效率要高3%~6%,平均功率因数高7%~9%,总损耗减少20%~30%,因而具有较好的节电效果。所以在设计和技术改造中,应选用Y,YZ和YZR等新系列高效率电动机,以节省电能。

另一方面,高效电动机价格比普通电动机要高20%~30%,故采用时要考虑资金回收期,即能在短期内靠节省电费收回多付的设备费用。一般符合下列条件时可选用高效电动机:①负载率在0.6以上;②每年连续运行时间在3 000 h以上;③电动机运行时无频繁起动制动(最好是轻载起动,如风机、水泵类负载);④单机容量较大。

(2) 选用交流变频调速装置。

推广交流电动机调速节电技术,是当前我国节约电能的措施之一。采用变频调速装置,使电动机在负载下降时,自动调节转速,从而与负载的变化相适应,即提高了电动机在轻载时的效率,达到节能的目的。

目前,用普通晶闸管、GTR、GTO和IGBT等电力电子器件组成的静止变频器对异步电动机进行调速已广泛应用。在设计中,可根据变频的种类和需调速的电动机设备选用适合的变频调速装置。

(3) 选用软起动器设备。

比变频器价格便宜的另一种节能措施是采用软起动器。软起动器设备按起动时间逐步调节晶闸管的导通角,以控制电压的变化。由于电压可连续调节,因此起动平稳,起动完毕则全压投入运行。软起动器也可采用测速反馈、电压负反馈或电流正反馈,利用反馈信息控制晶闸管导通角,以达到转速随负载的变化而变化。

软起动器通常用在电动机容量较大又需要频繁起动的水泵设备中,以及附近用电设备对电压稳定要求较高的场合。因为它从起动到运行,其电流变化不超过三倍,可保证电网电压的波动在所要求的范围内。但由于它是采用晶闸管调压,正弦波未导通部分的电能全部消耗在晶闸管上,不会返回电网。因此,它对散热条件和通风措施要求较高。

6) 节电型低压电器的选用

设计时应积极选用具有节电效果的新系列低压电器,以取代功耗大的老产品,例如:

(1) 用RT20,RTl6(NT)系列熔断器取代RT0系列熔断器。

(2) 用JR20,T系列热继电器取代JR0,JRl6系列热继电器。

(3) 用ADl,AD系列新型信号灯取代原XD2,XD3,XD5和XD6系列信号灯。

(4) 选用带有节电装置的交流接触器。大中容量交流接触器加装节电装置后,接触器的电磁操作线圈的电流由原来的交流吸持改变为直流吸持,既可省去铁芯和短路环中绝大部分的损耗功率,还可降低线圈的升温及噪声,从而取得较高的节电效益,每台平均节电约50 W,一般节电率高达85%以上。

3. 照明系统节能

在整个配电和电气系统中,末端的照明部分占了非常重要的位置,节能灯具的应用一直是实现电气节能的关键环节之一。在保证有足够的照明数量及质量的前提下,应尽可能地做到节约照明用电,提高整个照明系统的效率,防止片面性。

1) 照明系统节能设计

因建筑照明量大而面广,故照明节能的潜力很大。在满足照度、色温及显色指数等相关技术参数要求的前提下,照明节能设计应从下列几方面着手。

(1) 选用高效光源。

按工作场所的条件,选用不同种类的高效光源,可降低电能消耗,节约能源。光源的选择可参照下述方法:

① 一般室内场所照明,优先采用荧光灯或小功率高压钠灯等高效光源,推荐采用T5细管、U

型管节能荧光灯，以满足《建筑照明设计标准》（GB 50034—2004）对照明功率密度（LPD）的限值要求。不宜采用白炽灯，只有在开合频繁或特殊需要时，方可使用白炽灯，但宜选用双螺旋（双绞丝）白炽灯。

② 高大空间和室外场所的一般照明及道路照明，应采用金属卤化物灯、高压钠灯等高光强气体放电灯。

③ 气体放电灯应采用耗能低的镇流器，且荧光灯和气体放电灯必须安装电容器，补偿无功损耗。

各种常见节能光源的主要技术指标如表 6-3 所示。

表 6-3　各种常用节能光源的主要技术指标

光源名称	普通荧光灯	三基色荧光灯	紧凑型荧光灯	金属卤化物灯	高压钠灯	低压钠灯	高频无极灯
额定功率范围/W	6 ~ 125	6 ~ 125	6 ~ 125	70 ~ 1 000	70 ~ 400	18 ~ 180	10 ~ 200
光效/($lm \cdot W^{-1}$)	50 ~ 70	75 ~ 95	45 ~ 65	75 ~ 110	80 ~ 150	100 ~ 200	60 ~ 80
平均寿命/h	10 000	12 000	8 000	6 000 ~ 20 000	24 000	20 000 ~ 280 000	40 000 ~ 80 000
一般显色指数/Ra	70	80 ~ 98	85	65 ~ 92	20 ~ 25		80
色温	全系列	全系列	全系列	3 000/4 000/5 600	1 950/2 200	1 750	2 700 ~ 6 500
启动稳定时间	1 ~ 3 s	1 ~ 3 s	1 ~ 3 s	4 ~ 8 min	4 ~ 8 min	5 ~ 15 min	瞬时
再启动时间	瞬时	瞬时	瞬时	5 ~ 15 min	5 ~ 15 min	2 ~ 6 min	瞬时
功率因数（cos ∞）	0.33 ~ 0.7	0.33 ~ 0.7	0.33 ~ 0.7	0.4 ~ 0.6	0.4 ~ 0.5	0.3 ~ 0.4	0.98
频闪效应	明显	明显	明显	明显	明显	明显	无
表面亮度	小	小	小	大	较大	不大	大
电压变化对光通的影响	较大	较大	较大	较大	大	大	小
环境温度对光通的影响	大	大	大	较小	较小	小	小
耐振性能	较好	较好	较好	好	较好	较好	好
所需附件	镇流器	镇流器	镇流器	镇流器	镇流器	镇流器	高频功率
	启辉器	启辉器	镇流器	触发器	触发器	触发器	发生器

(2) 选用高效灯具。

除装饰需要外，应优先选用直射光通比例高、控光性能合理、反射或透射系数高、配光特性稳定的高效灯具。

① 灯具配光种类的选择。灯具宜按五种不同种类的配光性能，根据场所不同选用，如表6-4所示。

表 6-4　　灯具配光种类的选择

<table>
<tr><td rowspan="2">类别名称</td><td>上半球光通</td><td rowspan="2">配光曲线形状</td><td rowspan="2">灯具特点</td><td rowspan="2">适用场所</td></tr>
<tr><td>下半球光通</td></tr>
<tr><td rowspan="2">直接型</td><td>0% ~10%</td><td rowspan="2">窄中宽</td><td rowspan="2">照明效率高，顶棚暗，垂直照度低</td><td rowspan="2">要求经济，高效率的场所，适用高顶棚</td></tr>
<tr><td>90% ~100%</td></tr>
<tr><td rowspan="2">半直接型</td><td>10% ~30%</td><td rowspan="2">苹果形配光</td><td rowspan="2">照明效率中等</td><td rowspan="6">适用于要求创造环境氛围的场所，经济性较好</td></tr>
<tr><td>60% ~90%</td></tr>
<tr><td rowspan="4">扩散型</td><td>40%</td><td rowspan="4">梨形配光</td><td rowspan="4">增加顶棚亮度</td></tr>
<tr><td>60%</td></tr>
<tr><td>60%</td></tr>
<tr><td>40%</td></tr>
<tr><td rowspan="2">半间接型</td><td>60% ~90%</td><td>元宝形配光</td><td>要求室内各表面有高的反射</td><td rowspan="4">使用创造气氛，具有装饰效果反射型的吊灯、壁灯</td></tr>
<tr><td>10% ~40%</td><td>光</td><td>反射</td></tr>
<tr><td rowspan="2">间接型</td><td>90% ~100%</td><td>凹字型</td><td rowspan="2">效率低，环境光线柔和，室内反射影响大</td></tr>
<tr><td>0% ~10%</td><td>心字形</td></tr>
</table>

② 灯具效率及保护角选择。灯具反射器的反射效率受反射材料影响较大，灯具厂用反射材料的反射特性如表6-5所示。

表 6-5　　灯具常用反射材料的反射特性

<table>
<tr><td>反射类型</td><td>反射材料</td><td>反射率</td><td>吸收率</td><td>特　性</td></tr>
<tr><td rowspan="4">镜面反射</td><td>银</td><td>90% ~92%</td><td>8% ~10%</td><td rowspan="4">亮面或镜面材料，光线入射角等于反射角</td></tr>
<tr><td>铬</td><td>63% ~66%</td><td>34% ~37%</td></tr>
<tr><td>铝</td><td>60% ~70%</td><td>30% ~40%</td></tr>
<tr><td>不锈钢</td><td>50% ~60%</td><td>40% ~50%</td></tr>
<tr><td rowspan="4">定向扩散反射</td><td>铝(磨砂面，毛丝面)</td><td>55% ~58%</td><td>42% ~45%</td><td rowspan="4">磨砂或毛丝面材料，光线朝反射方向扩散</td></tr>
<tr><td>铝漆</td><td>60% ~70%</td><td>30% ~40%</td></tr>
<tr><td>铬(毛丝绵)</td><td>45% ~55%</td><td>45% ~55%</td></tr>
<tr><td>亮面白漆</td><td>60% ~85%</td><td>15% ~40%</td></tr>
<tr><td rowspan="2">漫反射</td><td>白色塑料</td><td>90% ~92%</td><td>8% ~10%</td><td rowspan="2">亮度均匀的雾面，光线朝各个方向反射</td></tr>
<tr><td>雾面白漆</td><td>70% ~90%</td><td>10% ~30%</td></tr>
</table>

③ 灯具扩散配光应采用扩散反射材料。格栅的保护角对灯具的效率和光分布影响很大,保护角20°~30°时,灯具格栅效率60%~70%;保护角40°~50°时,灯具格栅效率40%~50%。

(3) 选用节能镇流器。

① 自镇流荧光灯应配用电子镇流器。

② 直管形荧光灯应配用节能型电子镇流器或节能型电感镇流器。

③ 高压钠灯、金属卤化物灯应配用节能型电感镇流器;在电压偏差较大的场所,宜配用恒功率镇流器;功率较小者可配用电子镇流器。

④ 荧光灯和高强气体放电灯的镇流器分为电感镇流器和电子镇流器,选用适宜采用能效因数 BEF:

$$BEF = 100 \times \frac{\mu}{P} \tag{6-2}$$

式中 BEF——镇流器能效因数(W^{-1});

μ——镇流器流明系数值,是指基准灯和被测镇流器配套工作时的光通量与基准灯和基准镇流器配套工作时的光通量之比;

P——线路功率(W)。

(4) 选用合理的照明方案。

采用光通利用系数较高的布灯方案,优先采用分区照明方式。在有集中空调且照明容量大的场所,采用照明灯具与空调回风口结合的形式。在需要有高照度或有改善光色要求的场所,采用两种以上光源组成的混光照明。室内表面采用高反射率的浅色饰面材料,以更加有效地利用光能。

(5) 照明控制和管理。

① 充分利用自然光,根据自然光的照度变化,分组分片控制灯具开停。设计时适当增加照明开关点,即每个开关控制灯的数量不要过多,有利节能。

② 对大面积场所的照明设计,采取分区控制方式,这样可增加照明分支回路控制的灵活性,使不需照明的地方不开灯,有利节电。

③ 有条件时,应尽量采用调光器、定时开关和节电开关等控制电气照明。公共场所照明,可采用集中控制的照明方式,并安装带延时的光电自动控制装置。

④ 室外照明系统,为防止白天亮灯,最好采用光电控制器代替照明开关,以利节电。

⑤ 在插座面板上设置翘板开关控制,当用电设备不使用时,可方便切断插座电源,消除设备空载损耗、达到节电的目的。

6.2.4 建筑电气工程施工工艺

1. 建筑电气工程的构成

建筑电气工程(装置)由电气装置、布线系统和用电设备电气部分的组合。

(1) 电气装置:指的是高低压电气设备及其控制设备,包括变压器、成套高低压配电柜、控制操动用直流柜(带蓄电池)、备用不间断电源、功率因数电容补偿柜、备用柴油发电机组,以及各类动力配电箱和照明配电箱等。其特征是由多种元器件组合而成,具有独立的功能,额定电压大多为10 kV或380 V/220 V,仅在控制系统中的电压有24 V或12 V,安装施工时用标准固定件进行固定,非特殊情况不再对其增添和加工。

(2) 布线系统:指的是以电压为380 V/220 V 为主的各类馈电线路的组合,包括电线电缆及其外护用的导管、桥架和线槽,还包括裸母线、封闭母线、低压封闭插接式母线、照明多回路插接小母线等,所有固定、支承、绝缘用的附件均属于布线系统的范畴。安装施工时要依据施工设计图纸将散件形式进场的材料进行组合,因而布线系统安装是用工最多的作业。

(3) 用电设备电气部分:是与建筑设备配套的电力驱动、电加热和电照明等直接消耗电能并转换成其他能的部分,包括电动机、电加热器、电光源等控制设备。建筑物的照明灯具、装饰灯具和开关插座以及供给建筑智能化工程的电源均属建筑用电设备的电气部分。安装施工时要认真阅读用电设备的技术说明文件,进行检查接线,才能使调试顺利、运行正常。

2. 建筑电气工程施工特征

(1) 由于建筑电气工程实体绝大部分埋设在建筑物内或附着固定于建筑物表面,因而在土建施工时要做好预埋、预留工作,预埋包括电线电缆导管和固定支架用预埋钢板或螺栓的预埋;预留是导管或线槽等穿越墙体、楼板孔洞的预留和嵌入墙体安装用的配电箱洞口预留。预埋预留直接影响日后全面安装的进度和质量,工作质量好可以达到事半功倍的效果,因此,要求管理人员和作业人员具有相关的识读土建施工图纸和熟悉土建施工程序的能力。

(2) 电气照明工程要与建筑装饰装修配合协调,不能各自为政影响装饰效果或相互污染已完成的工程产品,切实做好成品保护。

(3) 建筑电气工程中的动力工程,尤其是变配电工程,要先于其他建筑设备安装工程完工,并进行通电交工,为其他建筑设备的试运行提供必备条件。

(4) 建筑电气工程一般在建筑物主体结构封顶后,土建工程全面粉刷作业时,为建筑电气工程施工高峰的起点,直至装饰装修工程基本结束,建筑电气工程施工转入的扫尾阶段。

3. 建筑电气工程施工程序

构成建筑电气工程的三大部分即电气装置、布线系统、用电设备电气部分,其施工程序安排有着共同的规律,也有各自的特点。

1) 三者相关施工程序

设备、器具、材料进场验收和规格型号核对及外观检查。相关作业面建筑物条件确认,相关建筑物尺寸复核。施工机械就位并对其试运转和润滑检查。施工安全措施落实到位,并检查其符合性。划线、放样、定位、开始进行安装。施工过程中对每道工序的检验和工序间的交接检验以及完工后的最终检验和试验。通电试运行。

2) 电气装置安装特有的施工程序

基础检查划线或基础型钢制作埋设或对预埋基础型钢清理复核。设备就位固定。外观检查和内部元器件完整性检查以及接线的正确性、牢固性检查。引入、引出的电线或电缆连接。交接试验和继电保护整定。控制系统模拟动作试验。通电空载试运行和负荷试运行。

3) 布线系统敷设特有的施工程序

(1) 暗敷导管和固定线槽、桥架等支架用的预埋螺栓、预埋板等配合土建施工进行埋设。

(2) 暗敷导管在土建模板拆除后清理管口及扫管。

(3) 明敷导管、线槽、桥架、封闭式插接母线等定位划线。

(4) 固定明敷线路的支架或卡件或盒(箱)等定位。

(5) 敷设明敷导管、线槽、桥架和封闭插接式母线,并与已安装好的电气装置连接到位。

(6) 明敷导管扫管、线槽桥架内部清扫。

(7) 导管穿线、线槽敷线、桥架内敷设电缆、封闭插接式母线的接头坚固性复检,插接开关定位固定。

(8) 绝缘检查。

(9) 电线、电缆的终端与电气装置、器具和用电设备接线连接。

(10) 试通电。

4) 用电设备电气部分的施工程序

照明灯具及附件和开关、插座划线定位。固定大型灯具吊点过载试验。照明灯具及附件和开关、插座固定。照明灯具及附件和开关、插座检查接线。其他建筑设备的电气部分绝缘检查。其他建筑设备的电气部分与布线系统引入的电线或电缆连接。试通电或照明试运行。电动机、电加热器等试运转。

5) 注意事项

(1) 虽然现行施工规范规定,有些设备、器具必要时应解体检查,但设备、器具的产品技术文件规定严禁进行现场解体检查者必须遵照执行。

(2) 要密切注意所有非带电的金属部件的保护接地连接的持续性。

(3) 预埋、预留工作既要做到准确性,又不能影响建筑结构的安全性。

6.2.5　常见质量问题及控制要点

配电与照明系统与节能相关的质量问题及控制要点有:

(1) 出现问题:进场线缆铜芯截面比国家标准偏小,每芯电阻值偏大,出厂检验报告不真实。

原因分析:施工单位未选有生产能力的供应商,产品可能是假冒伪劣产品。

质量控制要点:订货前对施工单位提供的供货商资质、生产能力严格审查,材料进场前对材料进行抽查,必要时抽样送检,对不合格材料不准进场使用。

(2) 出现问题:进场照明光源及灯具附件技术指标不符合。

原因分析:施工单位没有按设计要求的技术指标采购节能光源及灯具附件,未选有生产能力的生产厂家,产品技术指标较差。

质量控制要点:订货前对产品供应商资质、生产能力严格审查,产品进场开箱检查时加强检查验收,发现不符合要求的不准进场使用。

(3) 出现问题:三相照明配电干线各相负荷分配不平衡。

原因分析:设计图纸出错或者施工人员在接线时随意所为。

质量控制要点:施工前根据照明配电箱配电系统图对各相负荷进行计算,如出现负荷不平衡超标,提请设计修改。如图纸正确,则督促施工人员按正确的设计图纸连接各相负荷线路,避免各相负荷不平衡。

(4) 出现问题:电网容量与负荷不匹配。

原因分析:原建配电网的设备和导线均与用电量不匹配,不少地方超负荷运行,不仅影响供电安全,还大大增加配电系统的损耗。

质量控制要点:更新线路与设备。

(5) 出现问题:供电电压不合理。

原因分析:许多较大型用电单位的供电电压偏低,如过去规定企业进线电压应为6 kV,中间需经过多次降压,既需较多的建设资金,又增加了系统的电力损耗。

控制要点:适当提高供电电压,将原二次乃至三次降压减少为一次,可大大减少供电系统的设备与线路损耗。

(6) 出现问题:无功功率短缺。

原因分析:随着经济的发展,供配电系统中感性负荷迅速增加。众多的配电变压器和电动机处于低压负荷率的非经济运行状态,造成供配电系统无功功率的大量需求,如不及时补充,将引起供电电压质量下降,系统损耗增加,既浪费电能,又将影响供配电设备的使用率。

控制要点:在供电方和用电方加装补偿电容,前者称集中补偿,直接受益者是供电部门,用户的效益来自少受功率因数不达标的罚款;后者称为就地补偿,直接受益者是用户,主要是减少线路损耗。无功补偿的效益除上述之外,还可以增大发电机、变压器等设备的利用率,降低供电成本,提高系统运行的安全性。

6.2.6 质量验收

根据《建筑电气工程施工验收规范》(GB 50303—2002)及《建筑节能工程施工质量验收规范》(GB 50411—2007)要求,配电与照明系统节能工程施工质量验收项目及检查方法如表6-6所示。

表6-6　配电与照明系统节能工程施工质量验收项目及检查方法

检查类型	序号	检查名称	检查方法	备注
主控项目	1	照明光源、灯具及附属装置的验收、荧光灯具和高强度气体放电灯灯具的效率、管型荧光灯镇流器能效限定值、照明设备谐波含量限值	在现场根据照明光源、灯具的清单和照明平面布置图,进行实物检查及产品资料与实物的核对检查,技术资料和质量证明文件应与实物相符合	每种型号的照明光源、灯具各抽查3套
	2	平均照度值、功率密度值	在无外界光源的情况下,检测被检区域平均照度值和功率密度值	按照现行国家标准《建筑照明设计标准》(GB 50034—2004)中第五章中对不同建筑不同房间或场所的划分,每类房间或场所至少抽测1个

（续表）

检查类型	序号	检查名称	检查方法	备　注
主控项目	3	低压配电系统的电缆和电线截面、标称值、每芯导体电阻值、截面值和每芯导体电阻值的取样送检	见证取样送检应按照上海市工程建设规范《建设工程检测管理规程》（DG/TJ 08—2042）的相关要求进行，在电缆、电线进场时抽取符合抽样规格 3 m 长的电线电缆见证送检，验收时核查检验报告	同厂家各种型号总数的 10%，且不少于 2 个规格
	4	供电电压允许偏差、公共电网谐波电压限值、谐波电流、三相电压不平衡度允许值、低压配电系统补偿后总功率因数	在已安装的变频和照明灯可产生谐波的用电设备均可投入的情况下进行检测：对于公共电网谐波电压、电流值使用三相电能质量分析仪在变压器出线回路、低压配电照明出线回路及动力和回路处测量；对于供电电压允许偏差和三相电压不平衡度使用三相电能质量分析仪在变压器的低压侧测量；低压配电系统补偿后总功率因数选取在各类负荷率大的回路，可读取低压配电电容补偿后功率因数表的数值，记录时间应在正常工作时间内并不小于 10 min	公共电网谐波电压、电流值在变压器出线回路全部测量、低压配电照明出线回路抽测 5%，不得少于 2 个回路，动力及其他回路抽测 2%，不得少于 1 个回路；供电电压允许偏差和三相电压不平衡度根据低压配电出线主回路总数的 20% 抽测，不得少于 5 个回路；补偿后总功率因数在照明回路抽测 5%，不得少于 2 个回路、动力及其他回路抽测 2%，不得少于 1 个回路
	5	三相照明配电干线的各相负荷平衡	在建筑物照明通电试运行时开启全部照明负荷，使用三相功率计检测各相负载电流、电压和功率	抽测三相照明配电干线数的 20%
一般项目	6	螺栓搭接连接制作的检查并记录、压接螺栓力矩值	连接制作按现行国家标准《建筑电气工程施工质量验收规范》（GB 50303—2002）标准中有关规定检查，核查相应的力矩值记录	母线按检验批抽查 10%
	7	交流单芯电缆或分相后的每相电缆的敷设	观察检查	全数检查

项目 6.3　给排水系统节能

建筑给排水系统的运行，需要同时供给能源和水源两种资源。能源和水源的节省，是在排水系统的设计和运行管理中必须考虑的两大问题。在给排水系统中，节能节水有时相伴出现，有时又相互冲突。比如节水器具延时自闭式冲洗阀，在节水的同时，却增加了所需最低工作压力，使能耗增加；再比如设置中水系统，必然要增加能耗，但有节水功能。

节能和节水并不是同一概念，各自有独立的含义，二者不能相互取代。给排水系统节能，主要是指节约维持给排水系统日常运行的能源消耗。即使给排水系统中的节能和节水效果同时相伴出现时,节能也是具有独立而确切含义的。比如有的热水系统的节水器具又伴有节能效果,其节能效果主要是通过减少用水量而节省耗热量体现出来的。本章的讨论主要围绕给排水系统的节能这一话题展开。

6.3.1 给排水系统节能技术

1. 系统末端节能技术

1）热水用水点迅速出热水

热水系统的用水点在用水时,一般先流冷水、之后再流出热水。放出的冷水实际上是由管道中的热水变化来的:热水管道上的散热使管道中的热水逐渐降温,而连接用水器的管道是支管,无循环水补充热量,故变成了冷水。热水系统的用水点出流冷水,一方面是热能的浪费,另一方面还造成水的浪费,并且增加输水动力能耗。

用水点出水快、少放冷水则表明支管的热消耗少,达到节能效果。采取的具体措施除做好管道保温外,还要使立管靠近用水点,使支管尽量的短。运行经验表明,热水支管如果用电伴热对水保温,每天的电费可达0.2元/m左右(电费按0.8元/kWh计),这意味着,支管每减短1 m可节约电费0.2元/d左右。

2）保持热水出水水温稳定

热水系统用水点的出水温度保持稳定可以节省能耗。如客房或浴室的淋浴喷头出水忽冷忽热,水温不稳定,则洗浴者就会躲开水流或不断调节水温,造成水的浪费。若水温稳定,则热水用量和耗热量减少,节约能耗。

保持水温稳定的措施主要有:

(1) 系统设计中减少冷、热水的水压波动。水压波动同冷水源的供应方式及管网的设置有很大关系,一般而言,高位水箱作为冷水水源比变频调速供水的水压(冷、热水)稳定。

(2) 选用高效的冷热水混合阀。高效率的冷热水混合阀能够减小阀前水压波动对出水水温的影响,稳定水温。同时高效率的混合阀还能快速把水温调节到使用者所需的温度,减少水温调节时间和空放水时间,从而减少浪费。

(3) 保持冷、热水的水压平衡。保持冷、热水压平衡是指在水压不波动的情况下,用水处的冷水水压和热水水压相差较小,这样可以减少水温调节时间和减缓冷热水在管道内混掺现象。

3）控制热水用水点无效的出水流量

对热水系统用水点无效流量进行控制能一举两得,实现节能和节水的双重功效,节省的能耗主要是因用水量的减少而节省的热水耗热量和输水动力能耗。

热水器具都有额定流量,出水量在额定流量附近时,使用者能顺利实现洗浴功能或其他目的,并且具有舒适感,比如淋浴喷头和洗脸盆水龙头就是这样。但用水器具的出流量是和器具处的水压相关的,水压大,则出流量大。在热水系统中,除了最不利供水楼层外,其他楼层的用水点水压往往都大于额定流量所需要的水压,因此出流量都大于额定流量,造成耗热量的浪费。

用水点无效出流的控制技术有:

(1) 采用减压稳压阀控制用水点的水压逼近额定流量水压。用水器具如淋浴喷头和脸盆龙头水压一般在0.1~0.2 MPa范围比较适合，通过设置支管减压阀可把水压控制在此范围内，减掉多余水压。

（2）改变器具构造（节水器具）减小额定流量。节水器具通过掺气等措施，能够把完成洗浴功能的额定热水流量降至最小。同时，流量—水压特性曲线变得平缓，流量受水压的影响减小，抑制了无效出流。

4）出水口尽量用空气隔断

出于水质卫生方面的要求，生活供水系统的出水口必须考虑防止倒流污染的措施，比如采用空气割断或倒流防止器。我国目前的倒流防止器水头损失很大，一般为5~8 m水柱，如果在供水系统的末端设置倒流防止器，则要增加供水泵的扬程，增加能耗。因此，在这种情况下，应尽量采用空气隔断，不用倒流防止器。办公、展馆等非居住类公共建筑，空调冷却补水量几乎占建筑总用水量的50%，对此类系统的水泵扬程进行控制，节能意义很大。例如设在屋面的冷却塔，集水盘补水需要水泵提升，且决定着水泵的扬程，应设法避免采用倒流防止器，以减小水泵的扬程，降低能耗。

2. 管网输送系统节能技术

1）减少管网压力损失

生活供水管网的热水管网压力损失主要受管道流速、管长、管径、局部阻力系数等因素的影响。按经济流速选择管径和维持运行、减少局部阻力损失是节能技术中需要重点关注的内容。

经济流速是综合考虑发生的全部费用（包括投资费用、折旧费用和运行等费用）后得到的最优流速。按经济流速选择管径和维持运行，管网综合费用最低。目前，管径按经济流速选择和确定已是较容易掌握的技术，但是，灌水管道按经济流速运行方面还做得不够。

减小输水管道的局部阻力损失可通过减少不必要的阀门、阀配件，特别是有较大阻力损失的倒流防止器实现，同时要避免各种形式的双重设置。

2）热水管道的高效保温

生活热水经管道输配到用水点的过程中，部分热量会通过管壁热传导散发到周围环境中，使到达用水点的水温度下降。一般情况下温度会下降5℃左右，这意味着总耗热量的10%在输送过程中被浪费了。控制热传递损失的措施首先要选用保温效率高的保温材料，其次是先进的保温方法，特别是对室外直埋热水管道，保温方法尤其重要。保温材料一旦进水，保温系数就大大降低，会造成热量大量损失。因此，保温技术的关键是保持保温层的完整和固定，并避免破损漏水。

3）缩短热水系统的管道长度

目前生活热水管道网都是采用管道同程布置技术防止循环水在配水管网中的短路，这使热水管道的长度大量增加，同时造成管道热损耗的相应增加。用同阻技术和循环流量限流控制装置取代同程布置方式，可以缩短热水管道长度，从而减少热水管道系统的热损失量。

4）缩小热水回水管道的管径

在大型且形状复杂的建筑中或多栋建筑共用一个集中热水制备机房的小区中，循环水管的同程布置是很难做到的。人们往往加大循环回水管径，试图避免循环流量的不平衡分布。管径加大并不能真正解决循环流量分布不平衡问题，而且会使热能损失增加。所以为了达到节能的目的，应把增大的循环管管径降下来，以减少传热能耗，通过应用前述的同阻技术和循环流量限流装置，实现循环流量的平衡分布。

3. 提高建筑室内给排水的水资源利用率

提高建筑室内给排水的水资源利用率主要可以从以下方面来实现：降水水资源的利用；中水水资源的利用；通过真空形式来提高水资源的利用。

1）降水水资源的利用

如果想提高室内给排水的水资源的利用率，那么就不能放过任何一种可利用的水资源，而降水水资源就是其中的一种。对此，可以将建筑室内附近的降水进行收集，并根据水质标准进行降水水资源的净化处理，使水资源可以应用在绿化方面、道路清洁方面、冷却循环、室内冲厕方面以及建筑用水方面等。根据不同的应用，水资源的处理标准是不一样的，所以在进行降水水资源的净化处理时，应该根据相应的标准进行净化处理。此外，如果在严重缺水的情况下，降水水资源还可以当作饮用水来使用。

2）中水水资源的利用

中水水资源主要是指已经使用过的排水，根据水质标准进行净化处理后，在一定的范围内进行重复的利用的水资源，但这种中水水资源是不可以作为饮水水资源进行使用的。中水水资源根据排水前使用的方式不同也可以分为3种中水等级：第一种是优质中水，主要是指用于洗浴排水、循环排水等的杂排水；第二种是普通中水，主要是指像室内冲厕排水等的杂排水；第三种是最差中水，这种中水也可以称作生活污水。这些杂排水经过净化处理后成为中水，可用于室内冲厕、绿化、道路清洗以及建筑用水等方面，其需要根据不同的水质标准来进行净化处理。据统计，中水水资源的来源在各种建筑室内所占份额分别是：住宅区杂排水为69%，宾馆和饭店的杂排水为87%，办公用水的杂排水为40%等。如果将这些杂排水进行净化处理，并形成中水进行水资源的重复使用，则可以提高水资源的利用率，减轻水资源匮乏的压力。

3）通过真空形式来提高水资源的利用

通过真空的形式来提高水资源的利用，主要是指，在排水的过程中，用一部分空气来取代水。这样做，一方面可以使水具有强劲的冲击力，使利用水资源进行清洁时，能够使清洁效果更加有效和明显；另一方面，可以避免水资源不必要的浪费，从而提高水资源的利用率，并节约用水。这种通过真空进行排水的形式，已经在我国得到了一定程度的重视，像我国的部分列车就已经应用真空形式的厕所，从而提高了水资源的利用率。根据调查显示，在一些建筑室内给排水中应用真空排水的形式，其平均节水率已经超过的40%，如果在广泛的建筑室内进行应用的话，其平均节水率可以超过70%。

4. 提高节能技术在建筑室内给排水中的应用

在室内建筑给排水中，除了通过提高水资源的利用率和节约用水来实现建筑室内给排水的节能作用外，还需要通过减少耗能的形式来实现。所谓节能就是减少耗能，也就是能源环保型的运用。水资源在使用过程中，最重要的耗能形式就是给水加热，这个过程中会需要通过各种形式的能源消耗来产生热量，并使水资源吸收热量，从而实现水的加热。在这个环节若想实现节能的作用，最为重要的就是减少能源的消耗，具体的措施有：降低使用水的温度，采用节能型产品的使用以及采用节能型的技术等。对此，本书将重点分析两种节能技术：一种是利用空气来作为能源的技术；一种是利用太阳能源的技术。

1）利用空气作为能源的技术

如果想做到建筑室内给排水的节能，就需要运用一些可再生或能源量丰富的资源来作为给排水节能能源的使用。给水加热常见的方法有用煤的燃烧加热、天然气的燃烧加热等，这些资源都是不可再生能源，如果过度浪费，则会使我国陷入资源匮乏的处境中。对此，空气是取之不尽用之不竭的能源，运用空气作为能源来进行水的加热，则能够达到节约能源的作用。具体是通过空气源热泵技术来实现的，其技术原理是空气能源泵将制冷剂作为媒介，因为制冷剂与空气相比温度低，且汽化的温度也低，所以通过制冷剂来吸收空气中的热量，当热量达到一定的温度时，就会使制冷剂汽化。将汽化的制冷剂通过压缩机进行压缩，就可以产生热能，再通过热交换器，就可以为水提供提高温度的热能。这个产生热能的过程是可以不断循环的，制冷剂遇热汽化，温度降低液化，使得其热量传递的过程中不会产生稀有资源耗能，从而实现建筑室内给排水节能的作用。

2）利用太阳能源的技术

利用太阳能进行水资源的加热，已经不是什么新奇的技术。太阳能资源和空气资源都是一样具有取之不尽、用之不竭的可再生性强的资源，所以用这种资源进行建筑室内给排水的节能是非常具有意义的。目前，我国正不断的进行着太阳能资源利用的研发过程中，而利用太阳能源的节能产品也在节能市场中广泛的推广和使用中。随着不可再生资源的使用和日趋匮乏，太阳能资源将会逐步的成为我国未来主要能源，在节能领域广泛使用。

6.3.2　施工技术方案

1. 建筑给排水施工工艺

1）给水施工工艺

工艺流程：图纸会审→安装准备→预制加工→同时挖管沟→安装立管套管→安装地下管道→安装一层立管及横管→安装一层以上立管及横管→施工质量检查→管道试压→消毒冲洗。

2）建筑排水施工工艺

工艺流程：图纸会审→安装准备→预制加工→同时挖管沟→安装地下管道→砌筑排水井→安装安装主排水管 →安装一层排水管→安装二层以上立管及横管→调整排水管，固定排水管 →质量检查 →灌水及通球试验。

2. 建筑管道施工技术要点

1）配合土建工程预留、预埋

应在开展预留预埋工作之前认真熟悉图纸及规范要求，校核土建图纸与安装图纸的一致性，现场实际检查预埋件、预留孔的位置、样式及尺寸，配合土建施工及时做好各种孔洞的预留及预埋管、预埋件的埋设，确保埋设正确无遗漏。

2）管道测绘放线

测量前应与建设单位（或监理单位）进行测量基准的交接，使用的测量仪器应经检定合格且在有效期内，且符合测量精度要求。应根据施工图纸进行现场实地测量放线，以确定管道及其支吊架的标高和位置，也可利用计算机 CAD 软件绘制三维立体图进行空间模拟，提前发现问题，避免管道之间出现打架现象。

3）管道元件的检验

管道元件包括管道组成件和管道支撑件，安装前应认真核对元件的规格型号、材质，外观质量和质量证明文件等，对于有复验要求的元件还应该进行复验，如合金钢管道及元件应进行光谱检测等。管道所用流量计及压力表应进行校验检定，设备及管道上的安全阀应由具备资质的单位进行核定。阀门应按规范要求进行强度和严密性试验，试验应在每批（同牌号、同型号、同规格）数量中抽查10%，且不少于1个。安装在主干管上起切断作用的闭路阀门，应逐个做强度试验和严密性试验。

4）管道支架制作安装

管道支架、支座、吊架的制作安装，应严格控制焊接质量及支吊架的结构形式，如滚动支架、滑动支架，固定支架、弹簧吊架等。支架安装时应按照测绘放线的位置来进行，安装位置应准确、间距合理，支架应固定牢固、滑动方向或热膨胀方向应符合规范要求。

5）管道加工预制及安装

管道预制应根据测绘放线的实际尺寸，本着先预制后安装的原则来进行，预制加工的管段应进行分组编号，非安装现场预制的管道应考虑运输的方便，预制阶段应同时进行管道的检验和底漆的涂刷工作。管道安装一般应本着先主管后支管、先上部后下部、先里后外的原则进行安装，对于不同材质的管道应先安装钢质管道，后安装塑料管道，当管道穿过地下室侧墙时应在室内管道安装结束后再进行安装，安装过程应注意成品保护。冷热水管道上下平行安装时热水管道应在冷水管道上方，垂直安装时热水管道在冷水管道左侧。排水管道应严格控制坡度和坡向，当设计未注明安装坡度时，应按相应施工规范执行。室内生活污水管道应按铸铁管、塑料管等不同材质及管径设置排水坡度，铸铁管的坡度应高于塑料管的坡度。室外排水管道的坡度必须符合设计要求，严禁无坡或倒坡。埋地管道、吊顶内的管道等在安装结束，隐蔽之前应进行隐蔽工程的验收，并做好记录。

6）系统试验

建筑管道工程应进行的试验包括承压管道和设备系统压力试验、非承压管道灌水试验、排水干管通球、通水试验、消火栓系统试射试验等。

（1）压力试验。管道压力试验应在管道系统安装结束，经外观检查合格、管道固定牢固、无损检测和热处理合格、确保管道不再进行开孔、焊接作业的基础上进行。压力试验宜采用液压试验并应编制专题方案，当需要进行气压试验时应有设计人员的批准。试验压力应按设计要求进行，当设计未注明试验压力时，应按规范要求进行。高层建筑管道应先按分区、分段进行试验，合格后再按系统进行整体试验。

（2）灌水试验。室内隐蔽或埋地的排水管道在隐蔽前必须做灌水试验，灌水高度应不低于底层卫生器具的上边缘或房屋地面高度。灌水到满水15 min，水面下降后再灌满5 min，液面不降，管道的接口无渗漏为合格。室外排水管网按排水检查井分段试验，试验水头应以试验段上游管顶加i米，时间不少于30 min，管接口无渗漏为合格。室内雨水管应根据管材和建筑物高度选择整段方式或分段方式进行灌水试验。整段试验的灌水高度应达到立管上部的雨水斗，当灌水达到稳定水面后观察t小时，管道无渗漏为合格。

（3）通球试验。排水管道主立管及水平干管安装结束后均应作通球试验，通球球径不小于排水管径的2/3，通球率达100%为合格。

（4）消火栓试射试验。室内消火栓系统在竣工后应作试射试验。试射试验一般取有代表性的三处，即屋顶取一处和首层取两处。屋顶试验用消火栓试射可测得消火栓的出水流量和压力（充实水柱）；首层取两处消火栓试射，可检验两股充实水柱同时喷射到达最远点的能力。

（5）通水试验。排水系统安装完毕，排水管道、雨水管道应分系统进行通水试验，以流水通畅、不渗不漏为合格。

7）系统清洗及试运行

生活给水管道在交付前必须冲洗和消毒，并经有关部门取样检验，符合《生活饮用水卫生标准》（GB 5749—2006）方可使用。采暖管道冲洗完毕后应通水、加热，进行试运行和调试。

8）竣工验收

单位工程施工全部完成以后，各施工责任方内部应进行安装工程的预验收，提交工程验收报告，总承包方经检查确认后，向建设单位提交工程验收报告。建设单位组织有关的施工方、设计方、监理方进行单位工程验收，经检查合格后，办理交竣工验收手续及有关事宜。

6.3.3　常见质量问题及控制要点

1. 管道通水后，地面或墙角处局部返潮、积水，甚至从孔缝处冒水，严重影响使用

1）原因分析

（1）管道安装后，没有认真进行水压试验，管道裂缝、零件上的砂眼以及接口处渗漏，没有及时发现解决。

（2）管边支墩位置不合适，受力不均匀，造成丝头断裂，尤其当管道变径使用管补心以及丝头超长时更易发生。

（3）北方地区管道试水后，没有及时把水泄净，在冬季造成管道或零件冻裂漏水。

（4）管道埋土夯实方法不当，造成管道接口处受力过大，丝头断裂。

2）质量控制要点

（1）严格按照施工规范进行管道水压试验，认真检查管道有无裂缝，零件和管丝头是否完好。

（2）管道支墩间距要合适，支墩要牢固，接口要严密，变径不得使用管补心，应该用异径管箍。

（3）冬期施工前将管道内积水认真排泄干净，防止结冰冻裂管道或零件。

（4）管道周围埋土要用手夯分层夯实，避免管道局部受力过大，丝头损坏。

2. 管道主管甩口不准，不能满足管道继续安装对坐标和标高的要求

1）原因分析

（1）管道安装后，固定得不牢，在其他工种施工时受碰撞或挤压而位移。

（2）设计或施工中，对管道的整体安排考虑不周，造成预留甩口位置不当。

（3）建筑结构和墙面装修施工误差过大，造成管道预留甩口位置不合适。

2）质量控制要点

（1）管道甩口标高和坐标经核对准确后，及时将管道固定牢靠。

（2）施工前认真审查图纸，结合编制施工方案，全面安排管道的安装位置。

（3）关键部位的管道甩口尺寸应详细计算确定。

（4）管道安装前注意土建施工中有关尺寸的变动情况，发现问题，及时解决。

3. 给水管道结露:管道通水后,管道周围积结露水,并往下滴水

1) 原因分析

(1) 管道没有防结露保温措施或保温材料种类和规格选择不合适。

(2) 保温材料的保护层不严密。

2) 质量控制要点

(1) 设计中选择满足防结露要求的保温材料。

(2) 认真检查防结露保温质量,保证保护层的严密性。

4. 地下埋设排水管道漏水

排水管道渗漏处附近的地面、墙角缝隙部位返潮,埋设在地下室顶板与一层地面夹层内的排水管道渗漏处附近(地下室顶板下部)还会看到渗水现象。

1) 原因分析:

(1) 管道支墩位置不合适,在回填土夯实时,管道因局部受力过大而破坏,或接口处活动而产生缝隙。

(2) 预制管段时接口养护不认真,搬动过早,致使水泥接口活动,产生缝隙。

(3) 冬期施工时,管道接口保温养护不好,管道水泥接口受冻损坏;没有认真排除管道内的积水,造成管道或零件冻裂。

(4) 管道安装后未认真进行闭水试验,未能及时发现管道和零件的裂缝和砂眼,以及接口处的渗漏。

2) 质量控制要点

(1) 管道支墩要牢靠,位置要合适,支墩基础过深时应分层回填土,回填土时严防直接撞压管道。

(2) 预制管段时认真做好接口养护,防止水泥接口活动。

(3) 冬期施工前注意排除管道内的积水,防止管道内结冰。

(4) 严格按照施工规范进行管道闭水实验,认真检查是否有渗漏现象,如果发现问题,应及时处理。

5. 排水管道堵塞:管道通水后,卫生器具排水不通畅

1) 原因分析

(1) 管道甩口封堵不及时或方法不当,造成水泥砂浆等杂物掉人管道中。

(2) 卫生器具安装前没有认真清理掉入管道内的杂物。

(3) 管道安装时,没有认真清除管道内杂物。

(4) 管道安装坡度不均匀,甚至有局部倒坡。

(5) 管道接口零件使用不当,造成管道局部阻力过大。

2) 质量控制要点

(1) 及时堵死封严管道的甩口,防止杂物掉进管道内。

(2) 卫生器具安装前认真检查原甩口,并掏出管内杂物。

(3) 管道安装时认真疏通管道内杂物。

(4) 保持管道安装坡度均匀,不得有倒坡。

（5）生活排水管道标准坡度应符合规范规定。生活排水管道标准坡度，根据生活排水管道管材及管径大小而定：当生活排水管管材为铸铁管，管径为 50 mm、75 mm、100 mm、150 mm 时，其标准坡度分别为 0.035，0.025，0.020，0.010。

（6）合理使用零件，地下埋设管道应使用 TY 和 Y 形三通，不宜使用 T 形三通；水平横管避免使用四通；排水出墙管及平面清扫口需用两个 45°弯头连接，以便流水通畅。

（7）主管检查口和平面清扫口的安装位置应便于维修操作。

（8）施工期间，卫生器具的返水弯丝堵最好缓装，以减少杂物进入管道内。

6. 排水管道甩口不准：在继续安装主管时，发现原管道甩口不准

1）原因分析

（1）管道层或地下埋设的管道未固定好。

（2）施工时对管道的整体安排不当，或者对卫生器具的安装尺寸了解不够。

（3）墙体与地面施工偏差过大，造成管道甩口不准。

2）质量控制要点

（1）管道安装后要垫实，甩口应及时固定牢靠。

（2）在编制施工方案时，要全面安排管道的安装位置，及时了解卫生器具的规格尺寸，关键部位应做样板交底。

（3）与土建密切配合，随时掌握施工进度，管道安装前要注意隔墙位置和基准线的变化情况，发现问题及时解决。

项目 6.4　其他节能应用

6.4.1　太阳能节能技术

太阳能是取之不尽的可再生能源，可利用量巨大。太阳每秒钟放射的能量大约是 1.6×10^{23} kW，其中到达地球的能量高达 8×10^{13} kW，相当于 6×10^{9} t 标准煤。按此计算，一年内到达地球表面的太阳能总量折合标准煤共约 1.892×10^{13} t，是目前世界主要能源探明储量的 10 000 倍。研究表明，在太阳能利用方面具有经济价值的地区是年辐射量高于 2 200 h 的地区，我国大部分地区建筑物都具备推广应用太阳能技术的良好条件，尤其是西北干旱地带、青藏高原等地区。

目前，太阳能在建筑领域中的应用可归纳为太阳能光电作用和太阳能光热应用。其中，当前应用最活跃并已形成产业的当属太阳能热水系统和太阳能发电系统。

1. 太阳能热水系统

太阳能热水系统是以太阳辐射能为热源，将吸收的太阳能转化为热能以加热水的装置，包括太阳能集热装置、储热装置、循环管路装置等。由于太阳能热水系统在全年运行中受天气的影响很大，其独立应用存在间歇性、不稳定性和地区差异性，在太阳能应用中除利用集热器将太阳能转换成热能外，一般还应采取热水保障系统（辅助加热系统）和储热措施来确保太阳能热水系统全天候稳定供应热水。

太阳能供热水系统按其集热、储热和辅助加热方式分为三种：①单机太阳热水器，即分户集热、储热、辅助加热；②集中式中央太阳能供热水系统，即集中集热、储热，集中辅助加热或分户辅助加热;③半集中方式,即集中集热、分户储热和辅助加热。

1）单机入户系统

家用太阳热水器的特点是用户单独安装、独立使用,太阳能热水系统相对简单,且互不干扰。由于不存在计费问题,物业管理方便。但用户辅助加热部分耗能大,综合造价与同档次的中央热水系统相比相对较高;因无可靠的回水系统,供水管路存水变凉造成热能浪费,热水资源无法共享使系统资源不能充分利用;系统管道较多,与建筑配合难度较大。该系统一般适用于统一安装的多层建筑。

单机入户的供水系统中有两种形式:一种是集热器与水箱一体,白天水在集热器中加热后存储在水箱中,用水时采用落水法或顶水法取水;另一种为分体式系统,换热介质通过循环泵在集热器和水箱内换热盘管中循环,将太阳热能传递到水箱中,用水时靠自来水水压将热水顶出。该种形式水箱与集热器分离,容易与建筑配合以实现与建筑的一体化。

2）集中集热储热系统

集中式中央太阳能供热水系统的特点是集成化程度高,集中储热方式利于降低造价并减少热损失,辅助加热系统集中利于补热;热水系统供应管路简单合理的干管循环回水保证供水品质,实现各用水终端即开即热;对于住宅小区,集中式系统相对分户系统有初期投资少、集成化程度高的优势,模块化的集热器与建筑结合也比较美观。但该类系统集中运行一旦出现故障,用户热水将不能得到保证。该系统在用水时间上可能受系统运行方式影响,当 24 h 供热水运行费用太高时,改用定时供热水将使用户用热水受到限制。

为解决以上问题,可在上述系统中将集中辅助加热方式改成分户加热方式。该方式运行成本低,能实现太阳能热水的免费供应,但同时也会出现个别用户大量使用热水造成其他用户的热水量减少的现象,需采用经济手段解决用水平衡。该方式在用水时间上不受限制,能实现 24 h 供热水,而且集热系统出现故障也不会对用户使用造成影响。

3）半集中式系统

该类系统类似于中央空调系统。集热器集中集热,循环泵将热水输送到每个用户的承压水箱中,通过换热盘管对水箱中的水加热。当需要用水时,若水箱中的水温没有达到设定温度时启用辅助加热;各户单独使用,热水资源分配均匀,且白天部分用户用掉箱中热水后,水箱中的冷水还可以得到一定的热能;集热部分可承压运行,系统闭式循环可避免因水质引起管路和集热器结垢,运行控制方式简单。该系统的最大特点是将热水储存于每户中,这样可以减少水箱占用屋面或地下室面积,整个系统的管路在建筑中也不影响建筑美观。此系统目前尚无应用实例,属创新概念。

太阳能集热器的优越性早为人们所认同,并有多年的使用经验。但在住宅建筑中往往将其作为一种设备支架或挂附在建筑物的墙面、屋面上,其特立独行的模样影响了建筑的观瞻,以至于许多地区从整顿市容的角度出发要求拆除群众自发安装的太阳能集热装置。怎样解决好上述问题,既有效利用太阳能又美化建筑环境,这已引起业内人士广泛关注。

太阳能与建筑一体化是太阳能利用健康发展的必由之路。国家发改委、建设部对此十分关注和支持,相继在全国范围内建立了一批太阳能与建筑一体化试点工程项目,对这一事业的发展起到了积极的推动作用。做好太阳能热水系统与建筑的一体化设计,应从太阳能集热器的选择和安装方式两方面着手,以下分别加以阐述。

4）太阳能集热器选择

集热器产品主要有平板式、全玻璃真空管式、热管式、U 型管式等，应根据当地气候特点及安装要求来选择适当的集热器。

（1）平板式集热器。平板式集热器具有整体性好、寿命长、故障少、安全隐患低、成本造价低等优点，其热性能也很稳定；采用紧凑式或无间隙安装，在生产热水的同时还具有保温、隔热、遮光、防水的传统屋面功能，这就为取代部分或全部屋面构件提供了基础；集热器形状结构可灵活设计，尺寸可与材料的建筑模数和建筑结构达到较好的相容性。此外，平板式集热器对安装方向角度有较高的要求。平板式集热器由于盖板内为非真空，保温性能差，故环境温度较低时集热性能较差。对于广东、福建、海南、广西、云南等冬天不结冰的南方地区用户，选取用平板式太阳能集热器是非常合适的。

（2）全玻璃真空管式集热器。全玻璃真空管式集热器效率高，四季均可提供生活热水，对长江、黄河流域地区的用户比较适宜。真空管对安装角度无特殊要求，水平安装时可实现按季节跟踪阳光，竖向安装可实现一天内跟踪阳光，但与平板式集热器相比存在一定的安全隐患，有可能发生爆管的现象，且系统不能承压运行。

（3）热管式集热器。热管式集热器能抗 -40℃低温，而平板式、真空管式都无法抵抗如此低温，故东北三省、内蒙古、新疆、西藏地区的用户必须选用热管式太阳能集热器，但热管式的造价高昂。

（4）U 型管式集热器。对于工业用途的热水，一般要求 70℃ ~900℃的较高温度，并且要求承压，因此选用 U 型管式是比较划算的，它可承压，产水温度高且无安全隐患，系统稳定性好，价格也比热管式低。

5）太阳能集热器安装设计

城市建筑多属多层以上建筑，其中多层建筑屋顶集热面积一般能满足太阳能热水系统需求，故安装形式以屋顶安装为主。高层建筑由于建筑面积大，相对屋顶面积过小故不能满足集热需求，可利用东、南、西三个建筑立面的阳台、窗间墙等部位解决集热面积不足的问题。

（1）坡屋面安装方式。坡屋面多采用集热器与屋面结合，平铺在屋面上的集热器能很好地与屋面一体化。

（2）平屋面安装方式。在平屋面建筑中，屋面安装是一种风险较小、较安全的方式，故一般尽可能将集热器安装在屋面上。在安装中，如果直接将集热器布置在屋面上，将占据住户活动的空间并影响屋面的使用。而将集热器安装在屋面上的架空钢架上，则不影响原楼面的利用（绿化、晒被褥、休闲等），甚至可以起到美化和遮阳的作用。架空安装在一定程度上能增加集热面积，其遮阳效果还能降低顶层房间的空调能耗，但必须考虑安全性能以及维修的方便。

（3）立面安装方式。在高层建筑中，有时即使屋面全部利用了还不能解决集热面积不足的问题，这时可采用立面安装形式。立面安装应尽量使集热器多接收太阳光，避免遮挡，且安全问题应特别重视。

全玻璃真空管集热器在立面安装使用时，由于存在爆管问题，一般以内插 U 型管式集热器或热管集热器代替，采用承压运行方式。平板式集热器由于对安装位置角度要求较严，在立面安装使用时应尽量与墙面成一定角度。目前立面利用太阳能多采用分体式单机系统，每户单独安装，水箱置于阳台或卫生间内。在与建筑一体化方面，可将集热器与建筑遮阳结合，在集热的同时起到遮阳与挡雨的作用;可在立面垂直安装,利用阳台栏杆或者窗间墙等作为集热器布置空间或直接将集热器作为阳台护栏。此外集热器还可以安装在南立面空调机外侧,这样可起到遮挡空调机的目的。

随着多种太阳能产品的成熟,能满足不同安装形式的产品日益增多,太阳能热水系统与建筑一体化将能更好地得到实现。在设计过程中,首先应由建筑师根据需求确定太阳集热器面积,在建筑设计中根据不同形式集热器特点,预先留有集热器安装位置并安排预埋件,同时预留相应的孔洞方便管路的安排。其他的专业如给水专业根据使用要求确定系统运行方式,进行管路的布置和水力计算,再由太阳能设备厂家完成安装施工。

2. 太阳能发电系统

太阳能作为世界上最清洁的能源有着广泛的用途。但由于质量、价格的限制,太阳能发电在国内的利用还处在低水平上,与中国的经济发展形成很大的反差。随着人民生活水平的提高,解决偏远地区居民用电问题也摆上了政府的议事日程;同时各类无人值守地点也适合太阳能发电系统,如各类微波传送站、无线发射点、水文监测点等,随着国家对环保要求不断提高,对太阳能发电的需求越来越多,迫切需要一些价廉物美的太阳能发电系统。

太阳能光伏发电系统是利用太阳能电池半导体材料的光伏效应,将太阳光辐射能直接转换为电能的一种新型发电系统,有独立运行和并网运行两种方式。独立运行的光伏发电系统需要有蓄电池作为储能装置,主要用于无电网的边远地区和人口分散地区,整个系统造价很高;在有公共电网的地区,光伏发电系统与电网连接并网运行,省去蓄电池,不仅可以大幅度降低造价,而且具有更高的发电效率和更好的环保性能。

一套基本的太阳能发电系统是由太阳能电池板、充电控制器、逆变器和蓄电池构成的,下面对各部分的功能做一个简单的介绍。

1）太阳能电池板

太阳能电池板的作用是将太阳辐射能直接转换成直流电,供负载使用或存贮于蓄电池内备用。一般根据用户需要,将若干太阳能电池板按一定方式连接,组成太阳能电池方阵,再配上适当的支架及接线盒使用。

2）充电控制器

充电控制器主要由电子元器件、仪表、继电器、开关等组成,是对蓄电池进行自动充电、放电的监控装置。太阳能电池将太阳的光能转化为电能后,通过充电控制器的控制,一方面直接提供给相应的电路或负载用电,另一方面将多余的电能存储在蓄电池中,可供夜间或是太阳能电池产生电力不足时使用。

当蓄电池充满电时,充电控制器将自动切断充电回路或转换为浮充电方式,使蓄电池不致过充电;当蓄电池发生过度放电时,它会及时发出报警提示以及相关的保护动作,从而保证蓄电池能够长期可靠运行。当蓄电池电量恢复后,系统自动恢复正常状态。控制器还具有反向放电保护功能、极性反接电路保护等功能。如果用户使用直流负载,通过充电控制器还能为负载提供稳定的直流电(由于天气的原因,太阳能电池方阵发出的直流电的电压和电流不是很稳定)。

3）逆变器

逆变器的作用就是将太阳能电池方阵和蓄电池提供的低压直流电逆变成 220 V 交流电,供给

交流负载使用。

4）蓄电池组

蓄电池组是将太阳能电池方阵发出的直流电能储存起来，供负载使用。在光伏发电系统中，蓄电池处于浮充/放电状态，夏天日照量大，除了供给负载用电外，还对蓄电池充电；在冬天日照量少，这部分贮存的电能逐步放出。白天太阳能电池方阵给蓄电池充电（同时方阵还要给负载用电），晚上负载用电全部由蓄电池供给。因此，要求蓄电池的自放电要小，而且充电效率要高，同时还要考虑价格和使用是否方便等因素。常用的蓄电池有铅酸蓄电池和硅的镍镉蓄电池。

图6-1为一个典型的太阳能发电系统示意图。

3. 太阳能空调

太阳能是取之不尽、用之不竭、廉价、无污染且安全的能源，利用太阳能作为能源的空调系统，太阳能辐射越是强烈，环境气温越高，太阳能空调越能满足空调环境的制冷要求。同时，除循环用电能外没有其他电能输入。另一方面，太阳能空调既能节约能源，其制冷循环工质也不会破坏大气臭氧层及产生温室效应。太阳能在空调系统中的应用主要有被动式和主动式两种类型，其中主动式包括太阳能采暖和太阳能制冷两个方面。

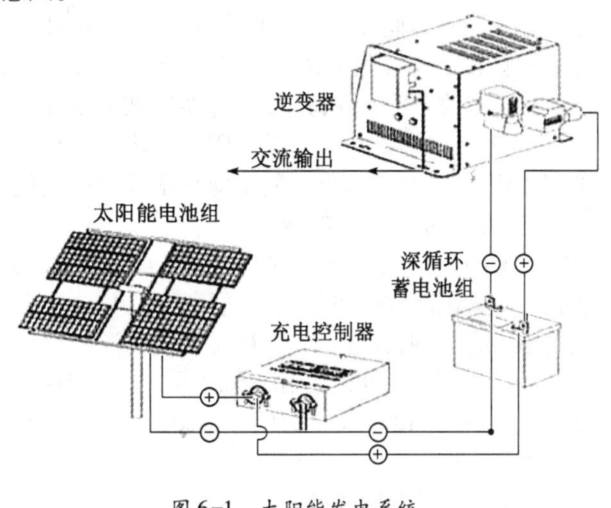

图6-1 太阳能发电系统

1）太阳能被动式热利用

被动式太阳房是通过建筑朝向和周围环境的合理布置，内部空间和外部形体的巧妙处理，以及建筑材料和结构、构造的恰当选择，在冬季集取、保持、贮存、分布太阳热能，从而解决建筑物的采暖问题。被动式太阳房具有结构简单、造价低廉、维护简便的优点，但也有室内温度波动较大、舒适度差、在夜晚室外温度较低或连续阴天时需要辅助热源来维持室温等缺点。

2）太阳能主动式热利用

主动式太阳房一般由集热器、传热流体、蓄热器、控制系统及适当的辅助能源系统构成。它需要热交换器、水泵和风机等设备，电源也是不可缺少的。其造价较高，但具有适用范围广、布置灵活、舒适性好和调节性能好等优点。

3）太阳能采暖

主动式太阳能采暖用电作为辅助能源，驱动利用太阳能加热的水在管道中循环流动向房间供热。具有工作温度高、承压力大、耐冷热冲击和抗冰雹等优点的热管式真空管太阳能集热器的研制开发使得主动式太阳能采暖系统的应用成为可能。太阳能采暖系统形式多样，如应用较为广泛的太阳能地板采暖系统是把白天太阳能集热器得到的热水经管子送给地板下的相变蓄热材料（PCM）储存起来，供晚上使用，PCM在蓄热和放热的过程中，其潜热的吸收和释放过程是一个等温过程，室内温度波动小，可以维持一个稳定的热环境，因而具有较好的热舒适性。

4）太阳能制冷

太阳能制冷主要包括太阳能压缩式制冷、太阳能吸收式制冷和太阳能吸附式制冷。

（1）太阳能压缩式制冷。

太阳能压缩式制冷研究的重点是如何将太阳能有效地转换成电能，再用电能去驱动压缩式制冷系统。从目前的情况来，由于光电转换技术的成本太高，距离市场化还比较远。

（2）太阳能吸收式制冷。

以太阳能作为热源的吸收式制冷技术是利用吸收剂的吸收和蒸发特性进行制冷的技术，根据溶液在一定条件下能析出低沸点组分的蒸汽，在另一条件下又能强烈吸收低沸点组分的蒸汽这一特性完成制冷循环。根据吸收剂的不同，分为氨-水吸收式制冷和溴化锂-水吸收式制冷两种。它以太阳能集热器收集太阳能产生热水或热空气，再用太阳能热水或热空气代替锅炉热水输入制冷机中制冷。由于造价、工艺、效率等方面的原因，这种制冷机不宜做得太小。所以，采用这种技术的太阳能空调系统一般适用于中央空调，系统需要有一定的规模。例如，中科院广州能源研究所研制成功的实用型吸收式太阳能空调系统，采用500 m^2 高效率平板集热器，制冷用热水温度65℃～75℃，通过一台100 kW两级吸收式制冷机可满足超过600 m^2 的空调负荷。图6-2为吸收式太阳能空调示意图。

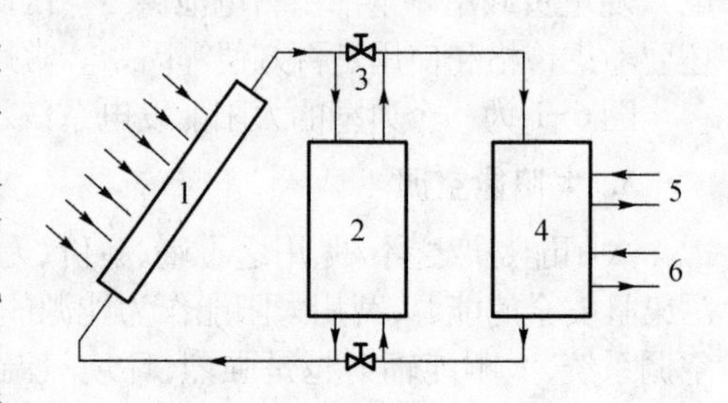

1—集热器；2—蓄热器；3—阀门；
4—溴化锂吸收式制冷剂；5—冷却水回路；
6—冷媒水回路

图6-2　太阳能吸收式制冷空调示意图

（3）太阳能吸附式制冷。

太阳能吸附式制冷是利用固体吸附剂（例如沸石分子筛、硅胶、活性炭、氯化钙等）对制冷剂（水、甲醇、氨等）的吸附（或化学吸收）和解吸作用实现制冷循环的。吸附剂的再生温度可在80℃～150℃，适合于太阳能的利用。太阳能吸附式制冷循环系统为间歇性运行，结构简单、没有运动部件，能制作成小型装置。上海交通大学制冷与低温工程研究所对吸附式制冷系统做了大量的研究工作，他们所研制的连续回热型活性炭-甲醇吸附式热泵空调系统，在100℃的热源驱动下，单位质量吸附剂空调工况制冷量达到了150 W/V，并且系统COP达到了0.4～0.5。图6-3为吸附式太阳能空调示意图。

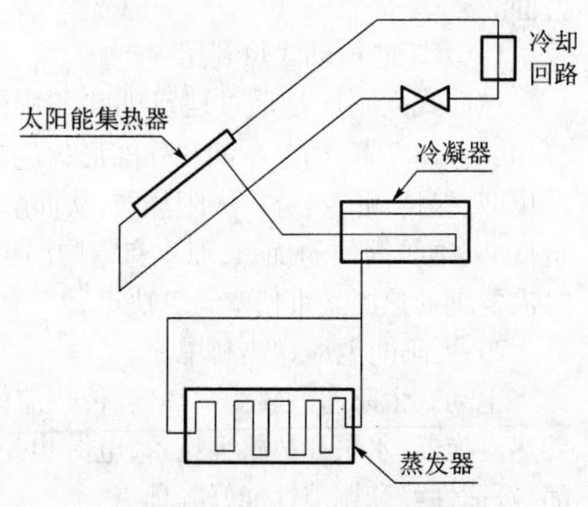

图6-3　吸附式太阳能空调示意图

总的来说，太阳能空调系统多是建立在太阳能集热器基础上，因此普遍效率低、价格高，并且受时效影响，需要很好的蓄热系统。对于居住相对集中的楼房来说，如果楼房的设计没有考虑到太阳能空调，集热器的安装将受到很大的限制。但是，经过几十年的发展，随着科技的进步和经济的发展对能源与环境提出了更高的要求，太阳能空调技术已经开始迈入实用化阶段，并逐渐走入

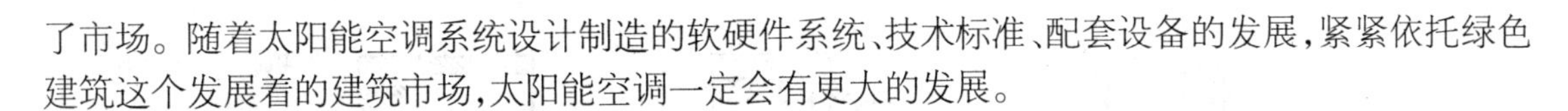

了市场。随着太阳能空调系统设计制造的软硬件系统、技术标准、配套设备的发展,紧紧依托绿色建筑这个发展着的建筑市场,太阳能空调一定会有更大的发展。

6.4.2　地源热泵技术

地源热泵系统是利用地下浅层地热资源的低品位能源,通过热泵技术获取可供空调使用的冷热水的空调系统。地源热泵是一个广泛的概念,根据利用地热源的种类和方式不同可以分为以下两类:土壤源热泵或称土壤耦合热泵(GCHP)和地表水热泵(SWHP)。图 6-4 为两种地源热泵系统的示意图。

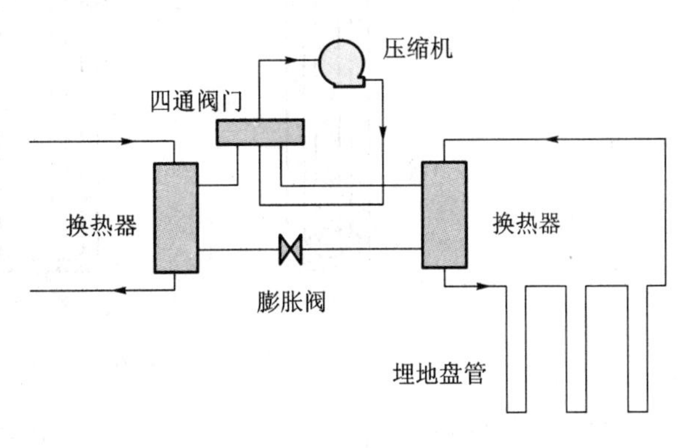

图 6-4　地源热泵示意图

地源热泵系统利用水与地能(土壤或地表水)进行冷热交换来作为水源热泵的冷热源,冬季把地能中的热量取出来,供给室内采暖,此时地能为热源;夏季把室内热量取出来,释放到土壤或地表水中,此时地能为冷源。

地源热泵空调系统通常由地源热泵机组、地热能换热系统、建筑物内系统组成。地源热泵机组与常用的水冷式冷水机组的工作原理基本相同,仅水源部分的温度有所差别。此外,地源热泵冷热工况的转换一般是通过机组以外管道阀门的切换来实现的。

地源热泵技术节能效果显著,消耗 1 kW 的能量,用户可以得到 4 kW 以上的热量或冷量。另外,它不向外界排放任何废气、废水、废渣,是一种的理想的“绿色技术”。从能源角度来说,它还是一种用之不尽的可再生能源。我国目前发现的地热以中低温为主,多为低温热水型资源,绝大部分适宜直接利用;高温地热源不多,主要集中于西藏、云南和台湾,这些地区一方面可以直接采用地热供暖,另一方面采用高温热泵也是很好的选择。在海水深度 50 ~ 100 m 范围内,我国四大海域(渤海、黄海、东海、南海)全年的海水平均温度约为 20℃,可在夏季作为空调装置的冷源,冬季作为热泵装置的热源。因此,在沿海地区,海水源热泵前景广阔,还可与海水淡化、制盐装置综合考虑,构建冷、热、水、盐四种产品联产的集成系统。

1. 土壤源热泵系统

土壤源热泵以大地作为热源和热汇,热泵的换热器埋于地下,与大地进行冷热交换。在土壤源热泵系统中,由于冬季从大地中取出的热量在夏季得到补偿,因而使大地热量基本平衡。土壤源热泵系统主机通常采用水-水热泵机组或水-气热泵机组。根据地下热交换器的布置形式,主要分为竖直埋管、水平埋管和蛇行埋管三类。

1) 竖直埋管

竖直埋管地源热泵系统是国际地热组织(IGSHPA)的推荐形式,它比较适合我国这样人多地少的国家。竖直埋管换热器根据埋设的方式不同大体可分为三种:U 型、套管型和单管型(图 6-5)。

U 型换热器应用较多,管径一般在 50 mm 以下,流量不宜太大。埋置深度取决于可提供的场地面积以及施工技术,一般为 60 ~ 100 m。国外 U 型管最深的埋置深度已超过了 180 m。

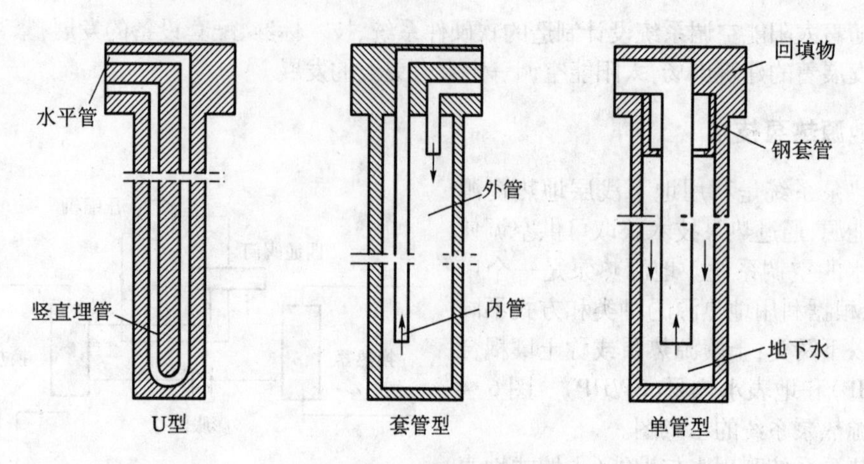

图 6-5 竖直埋管形式

套管型换热器外管的直径可达 200 mm。由于增大了换热面积，可减少钻孔数和埋置深度。但内管与外管腔中的液体发生热交换会带来热损失，下管的难度和施工费用也较高。

单管型换热器埋设的方式：在地下水位以上用钢管作为护套，典型的孔径为 150 mm，地下水位以下为自然孔洞，不加任何设施，可以降低安装费和运行费。这种方式受水文地质条件限制而使用有限。

竖直埋管换热器按其埋管深度可分为浅层（<30 m），中层（30～100 m）和深层（>100 m）三种。埋管深，地下岩土温度比较稳定，钻孔占地面积较少，但相应会带来钻孔及钻孔设备经费和高承压埋管造价的提高。

总的来说，竖直埋管换热器热泵系统优势在于：①占地面积小；②土壤的温度和热特性变化小；③需要的管材最少，泵的能耗低；④能效比很高。而劣势主要在于：由于相应的施工设备和施工人员的缺乏，造价偏高。

竖直埋管换热器的回路布置有串联和并联两种形式。

串联系统的优点：有单一的流程和管径；管道有较高的换热性能；系统中的空气和废渣容易排除。串联系统的缺点：需要较大的流体体积和较多的抗冻剂；管道费用和安装费用较高；单位长度的压力降较大，限制了系统能力。

并联系统的优点：管径较小，管道费用较低；抗冻剂用量较少；安装费用较低。并联系统的缺点：一定要排除系统内的空气和废渣；在保证等长度环路下，每个并联路线之间的流量要保持平衡。

U 型或套管型换热器的进出水管之间存在热交换的短路现象，通常可通过增大套管换热器内管壁的热阻和加大 U 型管间距来减少热短路。为了尽量减小钻孔之间的热影响，应根据可利用土地面积及换热器效能确定埋管的间距。U 型竖埋管钻孔的水平间距通常为 4～6 m。对于具体工程来说，可以通过计算方法进行方案比较，确定合适的间距。

换热器管要长期埋于地下工作，首先要求材料耐腐蚀、寿命长；其次要求热交换效率高；最后要考虑易加工及造价低等因素。目前，国内外应用较多的是高密度聚乙烯（PE）管和聚丁烯管。管道直径应以流体压降和传热性能相协调为原则。管子壁厚的选择要综合考虑地源热泵系统换热要求、换热管数量、埋置深度与地质条件等。

2）水平埋管

水平埋管换热器有单管和多管两种形式。其中单管水平换热器占地面积最大，虽然多管水平埋管换热器占地面积有所减少，但管长应相应增加来补偿相邻管间的热干扰。除需要较大场地外，水平埋管换热器系统的劣势还在于：由于浅层大地的温度和热特性随着季节、降雨以及埋深而变化，造成系统运行性能不稳定，系统效率降低，同时泵的耗能较高。

3）蛇行埋管

蛇行埋管换热器比较适用于场地有限又较经济的情况下。虽然挖掘量只有单管水平埋管换热器的20% ~30%，但是用管量会明显增加。这种方式优缺点类似于水平埋管换热器，所以有的文献将其归入水平埋管换热器。

2. 地表水热泵系统

地表水热泵系统分为开路和闭路系统两种。在寒冷地区，只能采用闭路系统。总的来说，地表水热泵系统具有造价低廉、泵耗能低、维修率低以及运行费用少等优点。但是，在公共使用的河中，管道或水中的其他设备容易受到损害。另外，如果湖泊过小或过浅，湖泊的温度会随着室外气候发生较大的变化，导致系统效率及制冷供热能力的降低。

3. 地源热泵系统的优点

由于地源热泵系统采取了特殊的换热方式，使它具有普通中央空调和锅炉不可比拟的优点。

1）高效节能

与锅炉（电、燃料）供热系统相比，土−气型地源热泵系统的转换效率最高可达4.7，而锅炉供热只能将90%以上的电能或70% ~90%的燃料内能转换为热量供用户使用，因此它要比电锅炉加热节省2/3以上的电能，比燃料锅炉节省1/2左右的能量，运行费用为各种采暖设备的30% ~70%。由于土壤的温度全年稳定在10℃ ~20℃之间，其制冷、制热系数可达3.5 ~4.7，与传统的空气源热泵（家用窗式和分体式空调、中央式风冷热泵）相比，要高出40%以上，其运行费用仅为普通中央空调的50% ~60%。夏季高温差的散热和冬季低温差的取热，使得土−气型地源热泵系统换热效率很高，因此在产生同样热量或冷量时，只需小功率的压缩机就可实现，从而达到节能的目的，其耗电量仅为普通中央空调与锅炉系统的40% ~60%。

2）绿色保护

土−气型地源热泵系统在冬季供暖时，不需要锅炉，无废气、废渣、废水的排放，可大幅度降低温室气体的排放，能够保护环境，是一种理想的绿色技术。

3）系统可靠性强

每台机组可独立供冷或供热，个别机组故障不影响整个系统的运行。机组的运行工况稳定，几乎不受环境温度变化的影响，即使在寒冷的冬季制热量也不会衰减，更无结霜除霜之虑。

4）维护费用低廉

土−气型地源热泵系统不带有室外安装的设备，多数不设冷却塔和屋顶风机，没有室外设备安装维护费用。压缩机工作稳定，不会出现传统设备中制冷剂压力过高或过低的现象。其维护费用大大低于中央空调。

6.4.3 其他可再生能源应用技术

1. 自然风应用技术

利用自然风供冷是可再生能源在暖通空调应用中的重要组成部分。当室外空气的焓值和温度低于室内时,在供冷期内可以利用室外风所带有的自然冷量来全部或部分满足室内冷负荷的需要。通常这种情况出现在供冷期的过渡季和夜间,可采用的方法为新风直接供冷和夜间通风蓄冷。由于利用了自然风提供建筑所需要的冷量,与常规空调系统相比,在运行中不用电或少用电,既节约能源,又减少对环境的污染,同时也改善了室内空气品质。

1）自然风直接供冷

由于自然风在过渡季具有天然的冷量,在暖通空调设计中,设计者总是希望过渡季新风量尽可能地接近系统的设计总风量,即使系统以100%的新风运行,夏季新风冷负荷按“逐时”方法计算,以使得计算的新风冷负荷符合实际工况,节能的同时改善了室内的空气品质。但即使过渡季以系统的设计总风量运行时,仍会出现新风所带入的冷量不能满足室内负荷要求的情况,故仍需开启人工冷源制冷。针对这种情况,有人提出了一种组合变风量空调系统,突破了传统空调系统的新风量以设计风量为最大值的限制,使空调系统的总风量大于夏季设计风量,系统的风量在夏季设计风量的基础上不仅可以减少而且可以增加,这样,在过渡季能够更大限度地利用新风供冷,进一步减少冷水机组的运行时间,从而节约了能源并减少了环境污染。这项技术在哈尔滨大中型商场中得以应用,统计分析表明,其节能量可达36.6%。

2）夜间通风蓄冷

由于夏季夜间的室外空气温度比白天低得多,所以夜间室外冷空气可以作为一种很好的自然冷源加以利用。夜间通风蓄冷的原理是在夜间引入室外的冷空气,冷空气与作为蓄冷材料的建筑围护结构接触换热,将冷量储存在建筑材料中;在白天则通过房间的空气与建筑材料换热,将建筑材料中储存的冷量释放到房间,抑制房间温度上升,从而大大延长房间处于舒适环境的时间,甚至无需空调系统就可获得舒适的室内环境。夜间通风蓄冷技术的节能和环保效益是显而易见的,也是削减夏季空调系统用电峰值的有效手段之一。

在昼夜温差比较大的城市,如乌鲁木齐、呼和浩特等,夏季夜间通风的利用潜力很大,尤其适用于舒适度要求不是很高的民宅和商业建筑。在严寒地区,自然风、夜间通风和蒸发冷却的复合利用技术的开发也有很大的潜在经济效益。当室外空气焓值低于室内空气,但温度高于室内值时,无法采用新风直接供冷的方法,此时可将室外空气经蒸发冷却降温后,再将其送入室内,由于采用新风直接供冷,系统的总风量已远远大于夏季设计风量,所以应用范围会增大;在夜间,增大的风量也会加强通风蓄冷的效果,再辅以蒸发冷却,人工冷源的运行时间将会大大减少,甚至可能完全替代人工冷源。

3）地道风应用技术

地道风空调是我国20世纪70年代初期迅速发展起来的一项新技术,由于系统简单和造价低廉而引起人们的重视。地道风降温是利用地道(或地下埋管)冷却空气,然后送至地面上的建筑物,达到降温的一种专门技术。它包括空气通过地道时降温和送至空调房间供冷两部分,空气经过地道降温的状态变化过程近似为一个等湿冷却过程,在地道壁面温度低于空气露点温度的情况下，空气冷却过程的后期可发生水汽凝结从空气中分离出来的现象，即为降湿冷却过程。因此，地道风降温不但不会使空气的含湿量增加，还可能使空气的含湿量减少。并且，地道风降温不受湿球温度的限制，即可以将气温降到湿球温度以下。因此，地道风降温在我国高温高湿地区应用比蒸发降温效果更好。地道风供冷属直流式空调系统，其送风温度随室外气温的变化而变化。若系统的通风量不变，当室外气温随时间变化时，送风温度和房间冷负荷皆发生变化，使房间温度改变，倘若有全年气象(气温)逐时分布数据，结合建筑动态热过程(动态负荷)模拟计算方法，就可以分析和预测出该通风系统的实际运行效果。

还有人提出了一种基于地道风的空气源热泵系统。在济南地区，冬季以地道风为低位热源的空气源热泵有效地抑制了制热量的衰减，能够制取足够的热量，性能系数(COP)提高32%，省去了热泵系统的辅助加热设备，简化了空调系统。

2. 海洋能的应用

海洋能通常是指海洋本身所蕴藏的能量，它包括潮汐能、波浪能、海流能、温差能、盐差能和化学能，不包括海底或海底下储存的煤、石油、天然气等化石能源和“可燃冰”，也不含溶解于海水中的铀、锂等化学能源。海洋能利用的主体是海洋能发电，其技术已日趋成熟。海洋是地球气候和淡水循环的天然调节源，其容量巨大，与大气、陆地间通过水汽等方式不断进行能量和物质循环，是一个天然容量巨大的低位冷热源，为人类制冷供热提供了良好的条件，海水热泵是一个很好的选择。如由山东海阳富尔达热力工程有限公司与清华大学联合研制开发的一种海水热泵，冬天能从海水中汲取热量，夏天则用海水作为冷却水。

3. 生物质能的应用

生物质能是以生物质为载体的能量。可作为能源利用的生物质主要是农林业的副产品及其加工残余物，包括人畜粪便和有机废弃物。生物质能本质上来自于太阳，地球上的绿色植物、藻类和光合细菌通过光合作用储备化学能。生物质能有效利用的关键在于其转换技术的提高。生物质直接燃烧是最简单的转换方式。但普通炉灶的热效率仅为15%左右。生物质经微生物发酵处理，可转换成沼气、酒精等优质燃料。在高温和催化剂作用下，可使生物质转化为可燃气体；热分解法将木材干馏，可制取气体或液体燃料。

在美国、日本和加拿大等国，气化技术已能大规模地生产水煤气；巴西、美国用甘蔗、玉米等制取乙醇，用作汽车燃料。生物质能在暖通空调上的应用，主要是利用沼气采暖和生产热水。我国是农业大国，生物质能资源十分丰富，仅农作物秸秆每年就有6亿t，其中一半可作为能源利用。据调查统计，全国生物质能可再生能量按热当量计算为2亿t标准煤，相当于农村耗能量的70%。可见，在农村大力推广生物质能利用意义重大。

4. 风能

风力发电不消耗资源、不污染环境，作为一种无污染和可再生的新能源，具有广阔的发展前景。即使在发达国家，风能作为一种高效清洁的新能源也日益受到重视。然而，风能主要分布在西北、华北地区和东北的草原，以及东部和东南沿海及岛屿。这些地区一般是交通不便的边远山区，或者是地广人稀的草原牧场。对于空调系统需求量大的城市地区，目前仅仅能作为提供电能的一种途径。将风能直接用于绿色建筑的空调系统，现在还没有一个可利用的有效方法。

6.4.4 可再生能源应用范例

以上部分对地热热泵、太阳能、生物质能与风能的应用机理做了简明的介绍，地热和太阳能在空调应用技术中的技术方案和研究也比较多。下面主要列举一些可再生能源应用范例，为大规模推广积累经验。

1. 太阳能利用案例

1）世博园区太阳能光伏发电示范项目

2010 年上海世博会园区某并网型太阳能光伏发电示范项目采用光伏与建筑一体化设计理念，在 60.6 m 观景平台四周挑檐的中央部位和 68 m 平台，用光伏组件替代了原有的部分装饰屋面板和玻璃幕墙，使太阳能电池组件成为整体建筑中不可分割的建筑构件和建筑材料（图 6-6、图 6-7）。

图 6-6 2010 年上海世博会中国馆太阳能屋面

图 6-7 2010 年上海世博会中国馆菱形屋面

如图 6-6 所示，291 m × 220 m 的巨大屋面为太阳能光伏发电系统的规模化应用提供了天然的场址条件。工程采用光伏建筑一体化设计，结合菱形屋面造型结构，建设太阳能光伏发电系统。

世博园区太阳能光伏发电系统规划安装总容量约 3.127 MW，图 6-6 及图 6-7 中两个建筑的装机容量分别为 0.302 MW 和 2.825 MW。

世博太阳能工程建成后，年平均上网电量约 284 万 kW · h，与相同发电量的火电厂相比，每年可节约标煤约 1 000 t（火电煤耗按 2007 年全国平均值 357 kW · h 计），每年减少排放温室效应性气体二氧化碳 2 494 t/年，还可相应地减少排放二氧化硫 84 t/年，氮氧化合物 42 t/年，烟尘762 t/年。

2）深圳某救自站（太阳能加热泵中央热水工程）

采用空气源热泵热水机组制取洗浴热水，热水温度大于等于 55℃，热泵热水机组和水箱布置在屋顶。按客户提供参数，100 人洗浴，按 40 L/（天 · 人）计算，每天设计 55℃ 热水约为 100 × 40 L/天 = 4 000 L/d，即客户日需总热水量约为 4 t 55℃。系统设计：按用户要求采用空气源热泵热水器中央热水系统；按总用水量 100% 设计日用热水量，热水量为 4 t/d。

太阳能工程主机占地 100 ~ 120 m^2，（占据 8 ~ 10 m^2/每组 ϕ58 × 1 800 × 50G 太阳能真空管 50 支，共采光面积 5 m^2）每组太阳能工程主机能产 55℃ 热水 500 kg/d，或 85℃ ~ 95℃ 热水 500 kg/2d，阴天或水温不够自动起动热泵加热热水。

（1）导热油太阳能热水器优势：

① 冬季夏季都能产生的100℃以上热水或蒸汽。

② 实现集热器与储热水箱的分离，与建筑完美结合。

③ 导热油能储蓄能量。能升温到200℃～300℃。

④ 高效储热，封闭运行，日掉温少，免维护。

⑤ 太阳能集热管是导热油、没有水，不炸管、不结垢、不冻管。

⑥ 集热管意外破损不影响系统运行和使用。

⑦ 即开即用，不用排空放水等待，节约水资源。

⑧ 耐零下45℃～50℃低温、抗风雪能力强。

⑨ 无承压设计，也可承压设计，使用方便。

⑩ 新型介质为导热油的太阳能热水器或蒸汽发生器，包括由若干个介质为导热油的单元集热器并联组成的太阳能集热器总成，与太阳能集热器总成的介质输出管管路连接的保温水箱或蒸汽发生器，利用太阳能产生的100℃以上热水或蒸汽，可供高温热水蒸汽蒸饭、烧开水和工农业生产应用。

（2）太阳能三高管紫金管“三高”指的是耐高温、抗高寒、高效吸收，比普通管吸收多12%。零下30℃照常出热水；高温特效管，抗空晒，膜层在400℃条件下不老化、不衰减、不变色。

（3）太阳能普通管一般为白色，真空管：双层玻璃管，管内抽成真空，内管表面镀膜（提高阳光吸收率，反射小，利用率高，热传递效果好），真空管一端开口接水箱。原理：真空管吸热，管内水受热通过热传递及冷热微循环至水箱中储存并保温。优点：阳光利用率高，吸热效果好，热能损耗低。缺点：出现坏管、爆管情况，影响整机使用（实际使用中较少出现此现象）。

用太阳能热泵热水机组比电热水器、燃油、燃气、太阳能和电加热每年分别可节约6.2万元、3.7万元、2.5万元、2.1万元、0.86万元。

图6-8为太阳能热泵热水工程系统示意图。

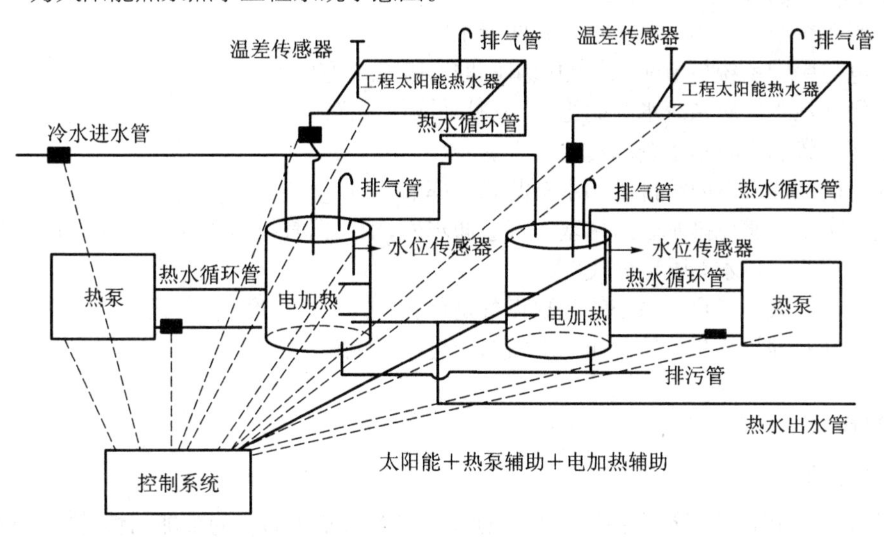

图6-8　太阳能热泵热水工程系统

2. 自然风利用案例

在世博园区某企业馆,设计师们考虑到静风期等候区的通风问题,采用了在国外曾采用过的增强型通风系统,也就是太阳能集热器加热天井内空气,利用热压形成自然的太阳烟囱拔风效果。在太阳烟囱作用下,静风期人员等候区域的风速会达到 0.12 m/s 左右,始终保持微风习习,让参观者不必为在闷热的高温环境下排队而担忧。

此外,该馆还采用了细水雾降温系统用来降温,使人员等候区域的温度能够进一步下降,特别是相对湿度较低而气温较高的天气,阳光辐射强烈的正午,喷雾降温所起到的作用更为明显,可降温 1℃ ~2℃。细水雾降温加大了通道与天井上部空气的温度差,增强了通风效果。

也有一些展馆将通过热压和风压两种自然通风的模式,尽可能最大化自然通风,减少空调使用的时间。设计师在大多数筒状建筑的屋面均安装了数量不等的无动力自然通风器(涡轮通风器),此通风器在温和季节靠自然风无动力运行,利用自然风力抽出室内空气。在使用空调时,通风器通过电动风阀制动。

复习思考题

1. 采暖节能技术在围护结构保温措施上常用的措施有哪些?各自有什么优点?
2. 你如何看待采暖、通风与空调技术三者在建筑节能应用上的关系?
3. 所谓的变频节能空调工作原理是什么?
4. 常见的空调节能技术有哪几种?
5. 通风与空调工程应包含哪些子分部工程?其施工程序是怎么样的?
6. 如何进行采暖系统的调试?
7. 采暖及通风空调工程的质量通病有哪些?
8. 家中空调制冷效果不佳,你认为是什么原因造成的?
9. 电气节能设计的原则是什么?
10. 照明系统节能工作一般从哪几方面着手?
11. 配电与照明系统与节能相关的质量问题有哪几个方面?
12. 为保证热水供应系统水温的稳定,一般采取什么措施?
13. 如何有效利用降水水资源?
14. 如何提高建筑室内给排水的水资源利用率?
15. 施工中如何避免排水管道堵塞?管道通水后,卫生器具排水不通畅的问题有哪些?
16. 太阳能节能技术有哪些分类?
17. 单机入户太阳能热水系统的优缺点各是什么?
18. 尝试分析地源热泵系统工作原理,它具有什么优点?

实训练习题

1. 作业目的

训练学生树立正确的建筑设备用能的观点和良好的日常生活中的节能习惯;熟练掌握质量验收规范;能进行墙体材料改变时传热系数的校核计算。

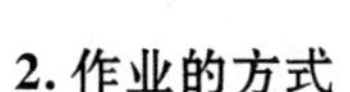

2. 作业的方式

各人以家庭情况为背景(住宅的结构类型、使用人数和配套设施、用能习惯,以前的用能资料收集等),制定一份家庭建筑用能设备新的节能使用方案,实施两个月后进行方案前后的参数对比,得出结论,并以 PPT 的形式进行结论的介绍。

3. 作业内容

(1) 家庭自有住宅和生活习惯情况介绍。

(2) 方案使用前后的图表对比情况介绍。

(3) 在不同的季节,你认为家庭最大的能耗是什么? 如何降低? 哪些是你认为你家做的比较好的用能习惯或者规定?

(4) 你认为正确的用能观点是什么?

4. 要求

(1) 该作业先以个人在小组中介绍,然后由小组选取小组成员中比较成功的,或者汇总了小组成员中比较具有代表性的成果,再以小组形式在课余时间完成,任务提前一个月布置,资料收集完成后上交时间为一周。

(2) 成绩评定分成:①PPT 编制的质量,10%;②小组个人上交的质量的完整度与系统性,40%;③汇报资料的提炼度,40%;④介绍人的状态,10%。

参 考 文 献

[1] 清华大学建筑节能研究中心.中国建筑节能年度研究报告2010[M].北京:中国建筑工业出版社,2010.

[2]《建筑节能应用技术》编写组.建筑节能应用技术[M].上海:同济大学出版社,2011.

[3] 曾俊.大型公共建筑空调系统能耗监测探讨[J].应用能源技术,2009,(4):37-39.

[4] 邱国均,戴陆洲.住宅给排水工程中若干问题的探讨[J].大众科学(科学研究与实践),2007,(11):5-8.

[5] 高明远,岳秀萍.建筑给水排水工程学[M].北京:中国建筑工业出版社,2002.

[6] 周晓琪.试论建筑室内排水系统堵塞与渗漏问题的防治措施[J].广东科技,2012,(24):149.

[7] 杨荣宗.暖通空调安装施工过程中的问题分析[J].建筑与装饰,2009,(9):283-285.

[8] 辽宁省建设厅.GB 50242—2002 建筑给水排水及采暖工程施工质量验收规范[S].北京:中国建筑工业出版社,2002.

[9] 施蓉菁.房屋建筑节能施工技术实施应用[J].建材与装饰,2013,(2):97-99.

[10] 肖玲芳.试论关于建筑节能施工技术的应用[J].中外建筑,2012,(12):112-113.

[11] 中国建筑科学研究院.GB/T 8484—2008 建筑外门窗保温性能分级及检测方法[S].北京:中国标准出版社,2008.

[12] 中华人民共和国建设部.GB 50411—2007 建筑节能工程施工质量验收规范[S].北京:中国建筑工业出版社,2007.

[13] 上海安装工程有限公司.GB 50304—2012 通风与空调工程施工质量验收规范[S].北京:中国建筑工业出版社,2012.

[14] 中华人民共和国住房与城乡建设部.GB 50300—2013 建筑工程施工质量验收统一标准[S].北京:中国建筑工业出版社,2013.